煤系气储层缝网改造技术及应用

Fracture Network Stimulating Technology and Its Application for Unconventional Natural Gas Reservoir in Coal Measure

苏现波　马　耕等　著

科学出版社

北　京

内 容 简 介

本书以煤系气储层特性和煤系气运移产出机理的研究为前提,研制了煤系气储层水力压裂专用的防水锁、防水敏、防速敏压裂液体系,并对其增产机理进行探讨;提出煤系气储层缝网改造技术,建立了基于损伤力学的缝网改造数理模型,在 ANSYS 软件平台下进行了数值模拟。这一技术在水平井和垂直井中得到了成功应用。

本书可供从事非常规天然气勘探开发、煤矿井下瓦斯抽采的工程技术人员和科研人员,以及高等院校师生参考使用。

图书在版编目(CIP)数据

煤系气储层缝网改造技术及应用=Fracture Network Stimulating Technology and Its Application for Unconventional Natural Gas Reservoir in Coal Measure/苏现波等著 . —北京:科学出版社,2017.6

ISBN 978-7-03-053032-5

Ⅰ.①煤… Ⅱ.①苏… Ⅲ.①煤层-地下气化煤气-地下开采-研究 Ⅳ.①P618.11

中国版本图书馆 CIP 数据核字(2017)第 120055 号

责任编辑:刘翠娜 / 责任校对:桂伟利
责任印制:张 倩 / 封面设计:无极书装

科 学 出 版 社 出版
北京东黄城根北街 16 号
邮政编码:100717
http://www.sciencep.com

新科印刷有限公司 印刷
科学出版社发行 各地新华书店经销

*

2017 年 6 月第 一 版 开本:720×1000 1/16
2017 年 6 月第一次印刷 印张:21 3/4
字数:418 000
定价:128.00 元
(如有印装质量问题,我社负责调换)

本书撰写人员名单

苏现波　　马　耕　　宋金星
蔺海晓　　郭红玉　　林晓英
倪小明　　刘　晓　　王　乾

前　言

　　煤系气是由整个煤系中的生烃母质在地质演化过程中生成的,并保存在煤系各类岩层中,以甲烷为主的所有天然气。根据其赋存岩性可分为煤层气、泥页岩气和致密砂(灰)岩气等。这三种煤系气中,煤层气资源最为丰富,研究程度最高,开发技术相对成熟,一些国家和地区已经实现了大规模商业化开发;其他两种煤系气的开发刚刚起步,在浅层(1500m 以浅)究竟有没有单独开发价值,目前还没有定论。

　　世界煤层气工业已跨越了 40 年的历程,目前在美国的大部分煤盆地、加拿大的阿尔伯特地区、澳大利亚的苏拉特盆地等已经实现了商业化开发。由于近些年来页岩气工业的飞速发展和全球性经济增速减缓,煤层气行业处于徘徊不前的局面,2014 年,美国的煤层气产量已不足 $500 \times 10^8 m^3$。中国自 1980 年在焦作矿区施工 4 口地面煤层气试验井至今已经 37 年了,施工的煤层气井数 16000 余口,2015年的煤层气产量为 $44 \times 10^8 m^3$,仅仅在个别区块实现了商业化开发,连续两个五年计划目标落空。近 40 年,煤层气勘探开发的经验和教训说明中国煤层气赋存的地质条件复杂,与现行的工艺技术配伍性差,只有探索出一套适合中国具体地质条件的技术体系,才能摆脱目前的被动局面。

　　从国内外煤层气开发成功的经验看,“一区一策、一井一法”、具体问题具体分析是实现煤层气商业化开发的必由之路。美国东部黑勇士盆地石炭系—二叠系多煤层发育,采用大规模水力压裂法取得商业产量;西部圣胡安盆地北部的高渗高压带,采用裸眼洞穴法完井,取得了日产数万方的产量;粉河盆地低煤阶、低含气量、高资源丰度、高渗透性,在煤层段采用裸眼完井、机械扩孔,15min 内泵注 $100m^3$ 压裂液解堵,取得了成功。鉴于加拿大阿尔伯特地区煤储层为干层,在水力压裂失败后采用氮气压裂解堵,突破了商业化开发的技术瓶颈。澳大利亚苏拉特盆地以煤层厚度大、高渗、高资源丰度、煤体结构完整为特点,采用多分支水平井取得显著效果。中国沁水盆地东南部的缓斜坡带因煤层埋深浅、煤体结构完整、含气量高成为目前最有利的开发区块,采用活性水压裂法,实现了商业化开发。这一切都充分说明开发技术必须与地质条件相匹配,否则得到的只能是教训。

　　中国的大部分煤层气井采用的是活性水压裂方法,压裂对象是煤层。从煤矿井下揭露的情况看,软煤层或软硬互层的煤层,支撑剂多沿煤岩交界面和软硬煤分层交界面分布;对硬煤层而言,支撑剂沿裂缝分布。支撑剂大部分集中在近井地带,25m 以外分布的很少,且存在裂缝严重上窜现象,可见活性水的携砂能力低是致命弱点。采用胍胶压裂液压裂,携砂能力提高了,但因储层温度低而破胶困难,加上残渣等对储层伤害严重削弱了储层增透效果。以往成功的经验和失败的教训告诉我们,要实现中国煤层气的商业化开发不可回避的三个技术瓶颈是:①自身不可改造的软煤、软硬互层煤层中赋存煤层气的开发技术,这部分煤层气资源量占比较高。②硬煤储层压裂裂缝的有效支撑技术,特别是深部,当有效应力大于煤层抗压强度时的支撑剂镶嵌、裂缝闭合问题如何解决。③水锁伤害控制技术。以往基本没有考虑这一因素,近期的研究表明水锁伤害可能是造成我国大部分地区煤层气井低产的主因。

缝网改造技术为低渗储层非常规天然气的商业化开发提供了强有力的技术支撑。缝网改造是指采用分段(层)多簇(均匀、不均匀)射孔压裂、水力喷射分段压裂和"四变压裂(变排量、变支撑剂、变压裂液和变砂比)",以及一些辅助措施(限流、端部脱砂、投球暂堵等技术),最大限度地扰动原始地应力场,从而使裂缝的起裂与扩展不单是储层的张性破坏,还存在剪切、滑移、错断等复杂的力学行为,进而形成径向引张、周缘引张和剪切裂缝。由于应力场不断被扰动,这三类裂缝不断转向,在主干裂缝外还可形成次级和更次一级裂缝;同时在强化过程中储层自身形成的脆性颗粒可起到自我支撑作用,壁面位移也可实现裂缝增容。这样就在储层内形成了一个由天然裂缝与人工改造的多级、多类裂缝相互交错的裂缝网络体系,整体上改变了储层的渗透性,而不单单是几条裂缝的导流能力。

缝网改造技术的形成经历了一个漫长的过程。笔者早在 1998 年就提出了一种针对软煤储层的煤层气开发工艺,即对煤层的顶底板进行压裂改造,在围岩中建立通道,赋存在煤层中的煤层气只需要经过短距离的运移到达围岩裂缝中就可产出,称为虚拟储层强化技术。随后,这一技术于 2008 年在煤矿井下试验成功;2012年,河南理工大学与河南能源化工集团有限公司合作,在焦作矿区施工的第一口位于煤层顶板的虚拟储层水平井,采用水力喷射缝网改造技术进行强化,试验取得成功;2013 年,河南理工大学在左权县的山西潞安矿业集团有限责任公司的五里堠煤矿,采用缝网改造技术,建立了第一个煤系气垂直井开发井组,在软煤发育区实现商业达产。这些井地联合试验充分说明,煤层气的开发要由单一的煤储层改造向围岩改造转化;开发的对象要由单一的煤层气向煤系气转化。煤系三气共采,不仅克服了软煤不可改造和硬煤抗压强度低、支撑剂严重镶嵌、裂缝闭合的弊端;同时还可获取煤系泥页岩和致密砂岩气,达到事半功倍的效果。近些年来,页岩气的开发技术为煤层气的开发提供了借鉴,在此基础上发展起来的缝网改造技术,实现了人工高渗储层再造,使得煤系三气共采成为现实。本书通过大量实验形成的"三防(防水敏、防速敏和防水锁)"压裂液可显著降低压裂液对储层的伤害,特别是有效控制水锁伤害,为缝网改造提供保障。

　　煤系气的开发是以地质为基础、以储层改造为核心、以排采为保障的系统工程,这一系统工程的技术关键是储层改造。本书正是基于上述煤层气开发领域存在的问题和笔者近 20 年来的实验室测试和现场试验取得的成果,借鉴了其他学科的先进理论和技术,经过系统的分析研究,历时 3 年撰写的一部关于煤系气开发核心技术的著作。希望此书能够为我国煤系气大规模商业化开发提供一些基本思路和技术。

　　全书的整体思路、撰写大纲由苏现波、马耕提出,共分 8 章,具体分工为:前言,由苏现波、马耕撰写;第 1 章,由郭红玉、宋金星、林晓英撰写;第 2 章,由郭红玉、林晓英撰写;第 3 章,由郭红玉、蔺海晓撰写;第 4 章,由苏现波、宋金星、王乾撰写;第 5 章,由苏现波、宋金星、王乾撰写;第 6 章,由苏现波、蔺海晓、马耕、刘晓撰写;第 7 章,由苏现波、郭红玉、倪小明撰写;第 8 章,由郭红玉、倪小明、马耕撰写。全书由苏现波统一审稿、定稿。

　　本书是"河南省煤层气工程科技创新型团队"与"中原经济区煤层(页岩)气河南省协同创新中心"的最新成果,是集体智慧的结晶,是在国家自然科学基金项目[国家自然科学基金面上项目(项目编号:41472129、41472127)、国家自然科学青年基金(项目编号:41402142、41502158)]、山西省煤基重点科技攻关项目(招标编号:MQ2014-01)、山西省煤层气联合研究基金(基金编号:2013012004)的资助下完成的。参与本书研究工作的还有博士研究生夏大平,硕士研究生陈培红、姚顺、洪江涛、王少雷、司青、孙佳楠、张士伟、王鹏、王惠风、陈鑫、陈俊辉、吴昱、拜阳、陈山来、马俊强,博士后陶云奇、韩颖、张丽萍,在此笔者一并表示感谢! 笔者引用了大量的国内外参考文献,借此机会对这些文献的作者表示感谢!

　　由于笔者水平有限,书中难免存在疏漏和不足之处,恳请读者予以指正!

苏现波　马　耕

2017 年 1 月

目　　录

第1章　储层的岩石学特征

与常规油气储层一样,煤系气储层也是由岩石组成的,只不过要复杂得多:其中的煤储层是一种特殊的岩石——有机岩;泥页岩储层中含有一定量的有机质,尤其是炭质泥岩中有机质的丰度还比较高,即使是致密砂岩储层,也含有一定量的有机质。因此,煤系气储层与常规油气储层有相同的部分,也有独特的一面。本章从岩石学的角度对煤系气储层的特征进行系统论述,这是煤系气储层缝网改造的基础。

1.1　煤储层的岩石学特征

煤作为一种特殊的岩石——有机岩,是植物遗体在经历了泥炭化作用、成岩作用和变质作用形成的一种有机质聚集体。这一聚集体在漫长的地质历史时期发生了一系列的生物、物理和化学变化,形成了具有不同变质程度、不同物理化学性质的煤;同时在构造应力作用下发生了不同程度的变形,煤体结构遭受了不同程度的破坏,形成了不同结构的煤体。所有这些都会对储层的后期强化改造和煤层气的赋存、运移产出造成影响。因此,系统了解煤的岩石学特征是煤系气开发的前提和基础。

1.1.1　煤岩学特征

在构造应力的作用下,煤体由原生结构煤逐渐被破坏为碎裂煤、碎粒煤和糜棱煤。只有原生结构和碎裂结构煤(俗称"硬煤")可观测到宏观煤岩学特征;碎粒煤和糜棱煤(俗称"软煤")的原始岩石学特征破坏殆尽,无法观测其宏观煤岩学特征。但二者的显微煤岩学特征都可观测。

1.1.1.1　宏观煤岩成分和类型

对于原生结构煤和碎裂煤,其原生结构和构造清晰可见,宏观煤岩组分和类型肉眼可辨。

1. 宏观煤岩成分

宏观煤岩成分是用肉眼可以区分的煤的基本组成单位,包括镜煤、亮煤、暗煤和丝炭。镜煤和丝炭是简单煤岩成分,暗煤和亮煤是复杂煤岩成分[1](图1-1)。

(a)　　　　　　　　　　　(b)　　　　　　　　　　　(c)

图 1-1　宏观煤岩类型

(a)中部为镜煤,割理发育,上部和下部为亮煤;(b)上部为镜煤,割理密集,中下部的条带为暗煤;
(c)上部和下部为亮煤,被方解石充填的割理稀疏,中部的线理状条带为镜煤,割理密集,
包裹这些镜煤线理的是丝炭

1)镜煤

镜煤颜色深黑,光泽强,是煤中颜色最深和光泽最强的成分。它质地纯净,结构均一,具有贝壳状断口和内生裂隙(割理)。镜煤性脆,易碎成棱角状小块。在煤层中镜煤常呈透镜状或条带状,条带厚几毫米到 $1\sim2$cm,有时呈线理状存在于亮煤或暗煤中。镜煤中内生裂隙最发育。

镜煤是由植物的木质纤维组织经凝胶化作用转变而成。镜煤的显微组成比较单一,是一种简单的宏观煤岩成分。

2)亮煤

亮煤的光泽仅次于镜煤,一般呈黑色,较脆易碎,断面比较平坦,密度较小。亮煤的均一程度不如镜煤,表面隐约可见微细层理,有时也有内生裂隙,但不如镜煤发育。

亮煤的组成比较复杂。它是在覆水的还原条件下,由植物的木质纤维组织经凝胶化作用,并掺入一些由水或风带来的其他组分和矿物杂质转变而成。

3)暗煤

暗煤的光泽暗淡,一般呈灰黑色,致密坚硬,密度大,韧性大,不易破碎,断面比较粗糙,一般不发育内生裂隙。在煤层中,暗煤是常见的宏观煤岩成分,常呈厚、薄不等的分层,也可组成整个煤层。

暗煤的组成比较复杂。它是在活水有氧的条件下,富集了壳质组、惰性组或掺进较多的矿物质转变而成。含惰性组或矿物质多的暗煤,质量较差;富含壳质组的暗煤,则煤质较好,且密度往往较小。

4)丝炭

丝炭外观像木炭,颜色灰黑,具有明显的纤维状结构和丝绢光泽。丝炭疏松多孔,性脆易碎,能染指。丝炭的空腔常被矿物质充填,称为矿化丝炭,矿化丝炭坚硬致密,密度较大。在煤层中,丝炭常常呈扁平透镜体沿煤的层面分布,厚度多在

1～2mm 至几毫米,有时能形成不连续的薄层;个别地区,丝炭层的厚度可达几十厘米以上。

显微镜下观察,丝炭是植物的木质纤维组织在缺水的多氧环境中缓慢氧化或森林火灾所致。丝炭也是一种简单的宏观煤岩成分。

2. 宏观煤岩类型

习惯把宏观煤岩类型划分为光亮煤、半亮煤、半暗煤和暗淡煤,为肉眼观察时,按照同一变质程度煤的平均光泽强度所划分的类型。各类型分层在煤层中常多次交替出现。煤岩类型多具复杂结构,因此又常按结构划分为若干亚型,如条带状亚型、不明显条带状亚型、线理状亚型和均一状亚型等。煤岩类型通常作为煤层分层的划分单位,分层厚度一般为 3～10cm。影响煤的光泽强度的因素较多,如煤岩组分、矿物质的含量、风化程度及挤压错动和破碎程度等,特别是煤的光泽强度随变质程度的加深而增强。例如,高变质半暗煤的光泽强度往往强于低变质半亮煤的光泽强度,因此划分煤岩类型应以变质程度相同的煤做比较。

1)光亮煤

光亮煤是光泽强度最强的煤岩类型,条带状一般不明显,结构近于均一,但偶尔也夹有暗煤线条。内生裂隙发育,脆性大,机械强度小,易破碎,常具贝壳状断口。其光亮成分含量大于 80%。

2)半亮煤

半亮煤是光泽强度次强的煤岩类型,由亮暗不同的煤岩组分交替成明显的条带状、凸镜一条带状和线理一条带状结构;内生裂隙较发育,常具棱角状或不平坦状断口。其光亮成分含量为 50%～80%。

3)半暗煤

半暗煤是光泽强度次暗的煤岩类型,常具条带状和线理状结构,内生裂隙不发育,断口参差不齐,比较坚硬,相对密度较大。其光亮成分含量为 20%～50%。当半亮煤的矿物质含量增加而使光泽减弱时也可成为半暗煤。这种半暗煤的矿物质多分散在煤的基质中。

4)暗淡煤

暗淡煤是光泽强度最暗的煤岩类型,其中混有大量矿物质,层理不明显,质地坚硬,韧性大,密度大,多呈粒状结构,内生裂隙不发育,常具棱角状或参差状断口,通常为块状构造。光亮成分含量小于 20%。在四种类型中,暗淡煤中的矿物质含量往往最高,且多分散在基质中。有时整个分层都由丝炭组成,可称为丝质煤。

1.1.1.2　显微煤岩组分

1. 显微煤岩组分分类

显微镜下观测到的煤的显微组成单元称为煤的显微组分,煤的显微组分包括镜质组、半镜质组、惰质组和壳质组(表 1-1 和表 1-2)。

表 1-1 中国烟煤显微组分分类方案[2]

组	代号	组分	代号	亚组分	代号
镜质组	V	结构镜质体	T	结构镜质体1	T_1
				结构镜质体2	T_2
		无结构镜质体	C	均质镜质体	C_1
				基质镜质体	C_2
				团块镜质体	C_3
				胶质镜质体	C_4
		碎屑镜质体	VD		
半镜质组	SV	结构半镜质体	ST		
		无结构半镜质体	SC	均质半镜质体	SC_1
				基质半镜质体	SC_2
				团块半镜质体	SC_3
		碎屑半镜质体	SVD		
惰质组	I	半丝质体	SF		
		丝质体	F		
		微粒体	Mi		
		粗粒体	Ma	粗粒体1	Ma_1
				粗粒体2	Ma_2
		菌类体	Scl	菌类体1	Scl_1
				菌类体2	Scl_2
		碎屑惰质体	ID		
壳质组	E	孢子体	Sp	大孢子体	Sp_1
				小孢子体	Sp_2
		角质体	Cu		
		树脂体	Re		
		木栓质体	Sub		
		树皮体	Ba		
		沥青质体	Bt		
		渗出沥青体	Ex		
		荧光体	Fl		
		藻类体	Alg	结构藻类体	Alg_1
				层状藻类体	Alg_2
		碎屑壳质体	ED		

1)镜质组

镜质组是由成煤植物的木质纤维组织经腐殖化作用和凝胶化作用而形成的显微组分组。在低煤化烟煤中,镜质组的透光色为橙色—橙红色,油浸反射光下呈深灰色,无突起。随煤化程度增加,反射率增大,反射色变浅,可由深灰色变为白色;透光色变深,可由橙红色变为棕色,直至不透明;正交偏光下光学各向异性明显增强。镜质组有时具弱荧光性。

根据细胞结构的保存程度及形态、大小等特征,分为 3 个显微组分和若干个显微亚组分。

表 1-2 国际硬煤显微组分分类[1]

显微组分组	显微组分	显微亚组分	显微组分种
镜质组	结构镜质体	结构镜质体1 结构镜质体2	科达树结构镜质体 真菌结构镜质体 木质结构镜质体 鳞木结构镜质体 封印木结构镜质体
	无结构镜质体	均质镜质体 团块镜质体 胶质镜质体 基质镜质体	
	镜屑体		
壳质组	孢子体		薄壁孢子体 厚壁孢子体 小孢子体 大孢子体
	角质体		
	树脂体	镜质树脂体	
	木栓质体		
	藻类体	结构藻类体	皮拉藻类体 轮奇藻类体
		层状藻类体	
	荧光体		
	沥青质体		
	渗出沥青体		
	壳屑体		
惰质组	半丝质体		
	丝质体	火焚丝质体 氧化丝质体	
	粗粒体		
	菌类体	真菌菌类体	密丝组织体 团块菌类体 假团块菌类体
	微粒体		
	惰屑体		

2)惰质组

惰质组主要由成煤植物的木质纤维组织受丝炭化作用转化形成的显微组分组。少数惰质组分来源于真菌遗体,或是在热演化过程中次生的显微组分。油浸反射光下呈灰白色—亮白色或亮黄白色,反射率强,中高突起。透射光下呈棕黑色—黑色,微透明或不透明,一般不发荧光。惰质组在煤化作用过程中的光性变化不及镜质组明显。

3)壳质组

壳质组主要来源于高等植物的繁殖器官、保护组织、分泌物和菌藻类,以及与这些物质相关的降解物。从低煤级烟煤到中煤级烟煤,壳质组在透射光下呈柠檬黄色—黄色—橘黄色—红色,大多轮廓清楚,外形特征明显;在油浸反射光下呈灰黑色—深灰色,反射率比煤中其他显微组分都低,突起由中高突起降到微突起。随煤化程度增高,壳质组反射率等光学特征比共生的镜质组变化快,镜质组反射率达1.4%左右时,壳质组的颜色和突起与镜质组趋于一致;当镜质组反射率大于2.1%以后,壳质组的反射率变得比镜质组还要高,常具强烈的光学各向异性。壳质组具有明显的荧光性。从低煤级烟煤到中煤级烟煤,壳质组在蓝光激发下发绿黄色—亮黄色—橙黄色—褐色荧光;随煤化程度增高,荧光强度减弱,直至消失。

2. 河南省煤的显微组成

河南省焦作、安阳、鹤壁、孟津、平顶山和商丘等地区的主采煤层为二$_1$煤、二$_2$煤和三$_{9-10}$煤,有机显微组分以镜质组为主,含量为54.0%~81.1%,平均值为67.0%,镜质组以基质镜质体为主,其次是均质镜质体和结构镜质体。惰质组含量为14.4%~36.5%,平均为25.4%,惰质组含量以半丝质体和丝质体为主,其次为少量粗粒体和微粒体。河南省古生代低煤阶煤较少,主要集中在平顶山矿区,煤中壳质组含量非常低。目前的煤层气井钻遇到的都为中、高煤阶煤,镜质体反射率为1.28%~4.62%,壳质组难以识别。煤中矿物以黏土为主,其次是碳酸盐类和氧化硅类,极个别出现硫化物类(表 1-3)。我国华北大部分地区煤的显微组成与此类似,华南晚二叠世龙潭组个别煤层树皮体含量较高;个别地区中生代煤的惰质组含量偏高[3]。

表 1-3　河南省煤化学与岩石学特征

地区	煤层	有机物/%		矿物/%				工业分析/%				R_{max}/%
		镜质组	惰质组	黏土类	硫化物类	碳酸盐类	氧化硅类	水分	灰分	挥发分	固定碳	
焦作	二$_1$煤(X-002)	64.9	30.9	3.1	—	0.4	0.7	0.86	14.86	5.71	78.57	4.62
	二$_1$煤(X-012)	62.0	36.5	1.1	—	0.4	—	1.24	11.47	5.44	81.85	4.55
	二$_1$煤(X-016)	58.8	36.5	3.4	—	1.3	—	1.79	11.49	5.38	81.34	4.84
	二$_1$煤(X-02)	54.0	33.7	9.1	0.4	2.4	0.4	1.36	7.96	7.13	83.55	3.54
	二$_1$煤(X-08)	59.0	29.4	9.7	0.2	1.5	0.2	1.53	8.08	8.16	82.23	3.45
安阳	二$_1$煤	66.9	21.0	10.8	0.4	0.7	0.2	0.73	15.20	17.80	66.27	1.746
鹤壁	二$_1$煤	76.8	21.2	1.9	—	0.2	—	0.69	11.95	16.05	71.31	1.72
孟津	二$_1$煤	81.1	14.4	3.2	—	1.3	—	0.52	16.53	10.42	72.53	2.26
平顶山	三$_{9-10}$煤	73.8	20.6	2.0	—	2.0	1.6	0.64	29.28	24.85	45.23	1.28
	二$_1$煤	76.6	18.6	4.0	—	0.4	0.4	0.88	31.49	21.51	46.12	1.55
商丘	二$_2$煤	68.4	25.6	5.8	—	0.2	—	0.61	12.51	10.60	76.05	2.33

1.1.2 煤中类石墨微晶的特征和演化

煤的宏观和微观岩石学特征的观测已经表明煤的组成的复杂性和强烈的非均质性,这就决定了煤层气的开发工艺要有针对性。而煤的超微结构—晶体结构特征更加反映了非均质性的客观存在。煤是植物经过泥炭化作用、成岩作用和变质作用后形成的高分子有机物,对煤分子结构的研究关系到煤化作用的实质、煤的物理化学性质以及煤的加工利用等,长期以来一直是人们关注的焦点。

煤分子结构的研究主要集中在两个方面:一是煤的化学结构特征,多从有机化学角度对其进行研究,以此为基础建立的煤大分子结构模型主要有 Wiser 模型[4]、Shinn 模型[5]、Fuchs 模型[6]、Given 模型[7]和两相模型[8]。Wiser 模型中芳香环分布较宽,包含了 1~5 个环的芳香结构,结构单元之间的桥键主要是短烷键[—(CH$_2$)$_{1-3}$—]、醚键(—O—)和硫醚键(—S—)等弱键以及两芳环直接相连的芳基碳-碳键(ArC-CAr)。Shinn 模型包含了 14 个可能发生聚合的结构单元和大量在加入过程中可能发生断裂的脂肪族桥键,其中明显的结构单元有喹啉、呋喃和吡喃等,羟基是其主要的杂原子。Fuchs 模型将煤描绘成由很大的蜂窝状缩合芳香环和在其周围任意分布的以含氧官能团为主的基团所组成;缩合芳香环很大,平均为 9 个,最大部分有 11 个苯环,芳环之间主要通过脂环相连。Given 模型采用 IR 光谱、^{1}H-NMR 和 X 射线衍射(XRD)法,对碳质量分数为 82.1% 的镜质体分析,测得其芳香氢和脂肪氢的比例、元素组成、分子量、—OH 量等信息,将单体单元(9,10-二氢蒽)与随机分布的取代基团结合,构造成共聚合体,各共聚合体再次聚合得到煤的 Given 模型。两相模型中煤大分子有机物多数是交联的大分子网络结构,为固定相,小分子因非共价键的作用陷在大分子网络结构中,为流动相,相同煤种的主体是相似的。以上各模型从不同角度揭示了煤的高分子有机物特征,但煤是一种极其复杂的物质,不同植物来源、不同形成环境、不同演化控制因素和程度,都会导致煤的分子结构的差异;同一煤层不同的煤岩组分都会有不同的分子组成。因此,人们从更为概括的角度来研究煤的物理结构特性,即把煤作为一种由类石墨微晶构成的矿物研究。早期以无定型碳为主的高分子有机物,随着温度和压力的逐渐增高,经过复杂的物理化学变化形成了类石墨微晶,这种微晶经历了从无到有、从小到大、从无序到有序的石墨化过程[9]。最常见的是采用 X 射线衍射来揭示煤中微晶的石墨化程度[10-14],采用拉曼光谱测试反映微晶的缺陷[15-20];还可采用红外光谱[21-25]、核磁共振[26-29]和顺磁共振[30-33]测试煤的结构特征;最直接的还是采用光学显微镜[34-36]和电子显微镜[37-48]观测煤中微晶的形貌特征。这些研究基本证实煤,尤其是高阶煤是由类石墨微晶组成的,其演化特征与煤化作用密不可分。据此建立的煤大分子结构模型主要有 Hirsch 模型[49]和交联模型[50]。Hirsch 模型认为煤结构主要是由芳香层构成,其中有些芳香层是单独存在的,而有些是以两组、三组甚至更多组相互平行堆垛存在,模型将不同煤化程度的煤划分为 3 种物理结构:敞开式结构、液态结构和无烟煤结构。交联模型认为煤大分子结构中非共价键起着重要作用,氢键在处于玻璃态的煤中起交联作用,可很好地解释煤在有机溶剂中不被完全溶解的现象。

1.1.2.1　煤中类石墨微晶结构参数测试

将煤视为由类石墨微晶组成的物质,采用激光拉曼光谱(LRS)、X 射线衍射和高分辨透射电镜(HTEM)对其进行研究,以揭示随煤阶的增高煤中类石墨微晶的演化特征。激光拉曼光谱在研究炭质材料石墨化程度领域有着广泛应用,其属于分子振动散射光谱,分子振动与旋转引起极化率的变化从而产生拉曼散射,其拉曼位移与分子的振-转能级特征相关,使得拉曼光谱能够有效提供分子的化学和生物结构的指纹信息。煤是一种特殊的炭质材料,其拉曼光谱与其他碳质材料一样有着明显的特性。结合本书拟合出的 Raman 谱峰及前人对碳质材料拉曼光谱的研究,将各谱带峰含义综合为表 1-4。

表 1-4　拉曼光谱各谱带峰概述[51-54]

谱带名称	拉曼位移/cm^{-1}	描述	键型
D_1	1350	芳环及不少于 6 个环的芳香族化合物之间的 C—C 键振动,归属于非晶质石墨不规则六边形晶格结构的 A_{1g} 振动模式,与分子结构单元间的缺陷及杂原子有关	SP^2
D_2	1540	3~5 个环的芳香族化合物;无定形碳结构,如无序度高的碳材料中的有机分子、碎片或官能团	SP^2
D_3	1230	芳基-烷基醚;准芳香族化合物;脂肪结构或类烯烃结构中 C—C 键振动	SP^2、SP^3
D_4	1185	芳基-烷基醚及氢化芳环之间的 C—C 及芳环 C—H 键振动;钻石六方碳 SP^3;只有在石墨化程度较低的煤中才会出现	SP^2、SP^3
$D_4{}^1$	1060	芳环上的 C—H 键振动;临位二取代苯环	SP^2
G	1590	布里渊区中心双重简并的 iTO 和 iLO 光学声子相互作用产生;石墨特征峰,E_{2g} 对称性;芳环呼吸振动,C—C 键振动	SP^2
$2D_1$	2560	D_1 峰倍频峰,芳环间 C—C 键振动;与大芳环体系及其结构的堆垛状态有关	SP^2
D_1+G	2860	D_1 峰与 G 峰的和频峰,芳环呼吸振动	SP^2
2G	3180	G 峰倍频峰,芳环呼吸振动	SP^2

由表 1-5 可知,煤的特征拉曼光谱一级模中,D_1 峰拉曼位移波动为 1335~1356cm^{-1},G 峰为 1587~1605cm^{-1}。纯的结晶质石墨的拉曼光谱一级模只显示一个位于 1580cm^{-1} 附近的单峰(G 峰),但自然界中大部分石墨会像煤一样,单峰向高频范围移动,且煤阶越高移动距离越大,峰型相对越尖锐(图 1-2);同时在 1350cm^{-1} 附近出现 D_1 峰,随煤阶升高向低频范围移动,峰型相对 G 峰渐趋宽矮。由这两个峰得到的峰位差(G-D_1)与半高宽比(G/D_1)在一定程度上能够反映出煤分子的有序化程度及其进程。

表 1-5　XRD 与 Raman 基本参数

编号	R_{max}/%	类型	XRD 主要参数			Raman 主要参数						
			d_{002}/Å	L_a/Å	L_c/Å	D_1		G		$2D_1$	D_1+G	2G
						峰位/cm^{-1}	半高宽	峰位/cm^{-1}	半高宽	峰位/cm^{-1}	峰位/cm^{-1}	峰位/cm^{-1}
QQ-S	0.5	软煤	3.622	5.120	5.782	1352	164	1587	104	2667	2868	3107
DT2-K	0.7	硬煤	3.586	10.159	14.468	1354	153	1592	94	2724	2963	3166
PM6-K	1.1	硬煤	3.425	7.228	10.651	1354	152	1592	84	2644	2833	3061
PM6-S	1.2	软煤	3.481	1.779	11.820	1347	171	1589	94	2632	2819	3051
XY-S	1.9	软煤	3.400	13.644	27.282	1356	166	1594	75	2656	2922	3093
DP-S	2.2	软煤	3.497	16.577	25.194	1347	159	1593	62	2626	2785	3006
GC-S	2.3	软煤	3.380	14.827	24.951	1350	161	1605	69	2651	2907	3047
JLS-K	3.3	硬煤	3.428	15.476	25.700	1344	137	1592	65	2759	2937	3157
JLS-S	3.7	软煤	3.398	35.547	14.874	1338	113	1601	51	2728	2954	3148
XT-K	3.5	硬煤	3.456	25.139	29.014	1338	121	1590	58	2702	2925	3139
XT-S	3.7	软煤	3.404	30.531	23.560	1341	144	1596	54	2718	2965	3182
DYG-K	4.1	硬煤	3.454	28.087	20.778	1341	107	1599	44	2651	2922	3198
DYG-S	4.2	软煤	3.427	30.117	18.309	1338	114	1605	50	2671	2930	3196
ZM-K	4.2	硬煤	3.421	19.584	24.350	1341	103	1590	46	2633	2919	3203
ZM-S	4.4	软煤	3.391	21.574	22.946	1339	152	1597	63	2703	2944	3171
JY-K	5.8	硬煤	3.407	39.880	16.594	1335	107	1598	45	2654	2919	3187
JY-S	6.0	软煤	3.436	38.046	19.005	1338	114	1601	46	2655	2934	3214
石墨	13.5	—	3.358	510.33	526.46	1352	48	1578	16	2715	2844	3240

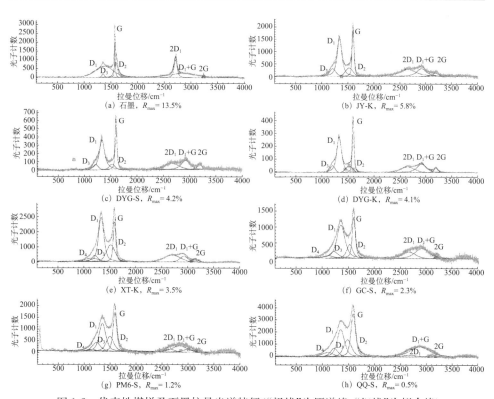

图 1-2　代表性煤样及石墨拉曼光谱特征（"粗线"为原谱峰，"细线"为拟合峰）

为量化分析煤拉曼光谱二级模谱带峰随煤阶的分裂现象,对拟合的 $2D_1$ 峰、$D_1 + G$ 峰和 $2G$ 峰峰位进行了离散性分析,即求取三峰峰位的标准差:

$$\delta = \sqrt{[(P_{2D_1} - P_0)^2 + (P_{D_1+G} - P_0)^2 + (P_{2G} - P_0)^2]/3} \qquad (1\text{-}1)$$

式中,δ 为三峰峰位标准差,cm^{-1};P_{2D_1} 为 $2D_1$ 峰峰位,cm^{-1};P_{D_1+G} 为 $D_1 + G$ 峰峰位,cm^{-1};P_{2G} 为 $2G$ 峰峰位,cm^{-1};P_0 为三峰峰位均值,cm^{-1}。

根据前人的研究成果和本书的测试结果,可采用 G-D_1、G/D_1 和 δ 与镜质体反射率 R_{max} 的关系来表征煤的微晶结构演化特征(图 1-6);其他一些峰也可定性反映煤的结构特征。

X 射线是原子内层电子在高速运动电子的轰击下跃迁而产生的光辐射,晶体可被用作 X 光的光栅,使得散射的 X 射线的强度增强或减弱,从而可通过 XRD 谱图获得晶体的内部结构信息。煤作为一种石墨微晶,XRD 图谱中一般只能识别出(002)峰和(100)峰或(101)峰(二者难以分开,以下统称 100 峰),多采用芳构碳面网间距(d_{002})、单元延展度(L_a)和单元堆砌度(L_c)来描述其晶体结构特征。这些参数通过下式计算:

$$d_{002} = \frac{\lambda}{2\sin\theta_{002}} \qquad (1\text{-}2)$$

式中,λ 为 X 射线的波长,值为 1.5406Å;θ_{002} 为 002 峰的峰位。

$$L_a = K_2 \frac{\lambda}{\beta_{100}\cos\theta_{100}} \qquad (1\text{-}3)$$

式中,K_2 为形状因子,值为 1.84;β_{100} 为 100 峰半高宽;θ_{100} 为 100 带的峰位。

$$L_c = K_1 \frac{\lambda}{\beta_{002}\cos\theta_{002}} \qquad (1\text{-}4)$$

式中,K_1 为形状因子,值为 0.94;β_{002} 为 002 峰半高宽;θ_{002} 为 002 峰的峰位。

1.1.2.2　煤中类石墨微晶结构演化阶段划分

LRS、XRD、HTEM 特征与反射率的关系充分表明煤中的类石墨微晶结构演化经历了从量变到质变的过程,反映出了明显的阶段性和跃变性,对应于煤化作用跃变[55,56]。在本书研究的煤阶区间内大体可分为六个阶段(图 1-3)。

阶段一:R_{max} 低于 0.6%,即第一次煤化作用跃变之前,对应于煤化作用中的成岩作用阶段。这一阶段是泥炭向褐煤的转化阶段,以微生物和物理压实作用为主。微生物作用生成了甲烷、二氧化碳、氢气、硫化氢、水和氮气等[9,57,58],间或生成微量的未成熟油[59];压实作用降低煤的孔隙度和水分含量。煤的结构没有发生实质性变化,基本继承了植物和泥炭的分子结构,以无定型碳为主,几乎见不到有序定向排列的结构单元[图 1-4(a)]。

阶段二:R_{max} 在 0.6%~1.3%,处于第一次、第二次煤化作用跃变之间。第一

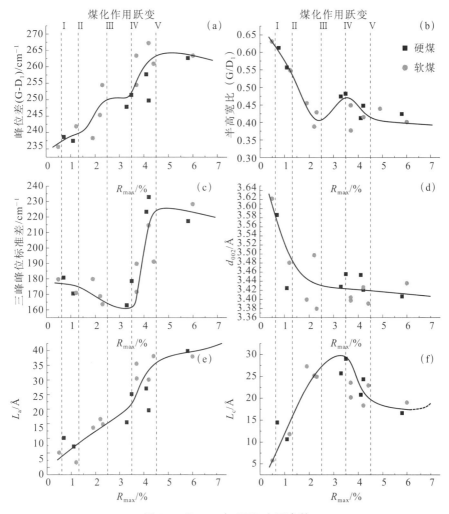

图 1-3　Raman 与 XRD 主要参数

次煤化作用跃变的到来预示着煤的变质作用真正开始、煤的石墨微晶化进程真正启动。该阶段煤发生了强烈芳构化作用,其烷烃、环烷烃和芳烃的侧链、部分官能团(—OH、—COOH、—S—、—SH、—NH$_2$ 及—CN 等)逐渐脱落形成液态烃,至 R_{max}=0.9%左右达到高峰;湿气也是该阶段的主要产物;同时伴随着一些非烃的形成,如水、硫化氢、二氧化碳、氢气、氮气等[59,60]。与以上变化相对应的 Raman 参数中,G-D$_1$ 随煤阶增高而增大,G/D$_1$ 与 δ 随煤阶增高而减小,说明煤的有序化程度在增强。XRD 参数中,d_{002} 随煤阶增高急剧减小,L_a 与 L_c 不断增大,这表明强烈的芳构化作用使得煤在脱除了一些小分子后形成了较为有序的结构单元,这些结构单元大小不一,单元内芳环层片定向排列但连续性差,这正是煤中类石墨微晶雏形的特征[图 1-4(b)]。

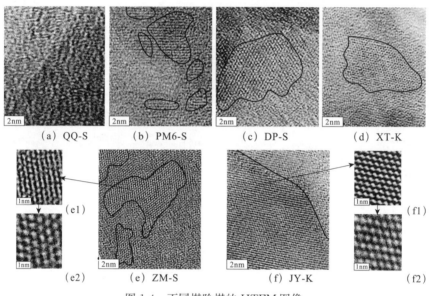

（a）QQ-S　　　（b）PM6-S　　　（c）DP-S　　　（d）XT-K

（e1）（e2）　（e）ZM-S　　　（f）JY-K　　　（f1）（f2）

图 1-4　不同煤阶煤的 HTEM 图像

　　阶段三:R_{max}在 1.3%~2.5%,处于第二次、第三次煤化作用跃变之间。芳构化作用持续进行,芳环缩合作用逐渐显现。小分子进一步脱落,但液态烃的生成逐渐终止,进入了气态烃的大量生成阶段,且随煤阶的增高甲烷的生成比率显著增加,气态重烃逐渐降低,非烃类物质大幅度减少[57]。值得注意的是前一阶段生成的液态烃在该阶段进一步发生芳构化作用不仅生成气态烃,还生成了沥青[60]。Raman 参数中,G-D_1随煤阶增高急剧增大,G/D_1与 δ 持续降低,说明煤的有序化进程有所加快。XRD 参数中,d_{002}随煤阶增高进一步减小,但降幅减缓,处于一个过渡期;L_a与 L_c 增大速率保持不变。说明该阶段煤中的类石墨微晶进一步加大,层片叠置更加紧密。图 1-4(c)黑线中的微晶比图 1-4(b)显著增大、排列更加有序,但是仍然存在着大量的点缺陷和线缺陷。可见该阶段发生的缩合作用使得煤中的类石墨微晶大小显著增加,但“质量”提升减缓了。

　　阶段四:R_{max}在 2.5%~3.5%,处于第三次、第四次煤化作用跃变之间。芳构化作用逐渐减弱,芳环缩合作用成为该阶段的主导,聚合作用开始显现。该阶段生成的小分子物质基本上只有甲烷,且生成量急剧减少,这是由于缩合作用所脱落的侧链非常有限[59]。该阶段,Raman 和 XRD 参数都经历了一个明显的调整期:Raman 参数中,随煤阶增高 G-D_1基本不变,G/D_1在经历了 R_{max}=2.5%的低谷后开始增大且在 R_{max}=3.5%处达到峰值,δ 持续下降在 R_{max}=3.5%附近达到低谷,表明煤的类石墨微晶结构有序化进程进入一个调整阶段,预示着更为剧烈的变化即将发生。XRD 参数中,d_{002} 随煤阶增高进入了持续缓慢减小过程;L_a 增速不变,L_c 增速减缓且在 $R_{max}=3.5\%$ 左右时达到一个极大值。该阶段强烈的缩合作用使得煤中类石墨微晶进一步加大,尤其是垂向上的堆砌度达到极大值,排列更加有序。图 1-4(d)黑线所圈范围内是一个排列更加有序且连续性更强的类石墨微晶,相对于图 1-4(c),其中的缺陷有所减少。拉曼参数的变化特征揭示出该阶段煤结构变化的复杂性,晶体内部结构的缺陷明显存在。

阶段五:R_{max} 在 3.5%～4.5%,位于第四次、第五次煤化作用跃变之间,是缩合作用向聚合作用转化的阶段,芳构化作用基本终止,除了微量的甲烷生成外,几乎没有其他小分子物质产生。Raman 参数中,随煤阶增高 $G\text{-}D_1$ 与 δ 急剧增大,且在 $R_{max}=4.5\%$ 处达到极大值;G/D_1 急剧减小,且在 $R_{max}=4.5\%$ 处进入缓慢降低阶段。XRD 参数中,d_{002} 随煤阶增高保持稳定缓慢降低,L_a 急剧增大,L_c 则出现逆转,开始大幅度减小,煤中类石墨微晶侧向生长明显。图 1-4(e)黑线所圈部分即为聚合作用所形成的更大、"质量"更好的微晶,同时还得到了其放大 100 万倍[图 1-4(e1)]及 150 万倍[图 1-4(e2)]的图像,观察该结构单元可以发现其中仍存在着不同程度的缺陷,但相较于上一阶段明显减少。图中微晶尺寸相对于 XRD 所测结果要大得多,这从侧面说明 XRD 所测得的相关参数只是反映了煤中微晶结构的一个平均水平,并不能很好地反映其细节变化,HTEM 观测则弥补了这一缺点。该阶段强烈的聚合作用使得不同的微晶发生聚合,其延展度迅速增加,堆砌度则减小,在形成较大的类石墨微晶的同时,结构向扁平化转化;拉曼参数也反映出该阶段是煤结构调整最大的阶段,这种调整使得煤的微晶结构更加接近于石墨。图 1-2(a)为天然石墨的拉曼谱图,可以看出反映结构缺陷的 D_1 峰和三峰（$2D_1$、D_1+G 及 $2G$）都存在,自然界中天然的石墨很少有不存在 D_1 峰等缺陷峰的情况。该阶段 L_c 有所下降,可能是聚合作用以侧向的加聚为主,垂向堆砌层数没有增加而 d_{002} 在降低所致。

阶段六:当 R_{max} 大于 4.5% 以后,煤经历了第五次煤化作用跃变,缩合作用逐渐停止,不再有小分子物质生成,煤的演化从此进入了缓慢聚合作用阶段。该阶段各项参数都进入变化平缓期:Raman 参数中,随煤阶增高 $G\text{-}D_1$、G/D_1 与 δ 均进入了持续降低阶段,但这并非说明煤微晶结构的有序化进程发生了逆转,对比石墨拉曼光谱参数（$G\text{-}D_1$ 为 226cm^{-1},G/D_1 为 0.33,δ 为 223cm^{-1}）发现,该阶段之后煤的各项拉曼参数正逐渐趋近于石墨。拉曼光谱的这些参数随煤阶增高呈现有规律的变化,且与煤化作用跃变有着强烈的一致性,这无疑是反映了煤的分子结构的演化特征,但究竟是什么样的缺陷和振动还需要从量子物理学角度深入探讨。XRD 参数中,d_{002} 随煤阶增高进入了缓慢减小期,最终将达到完美石墨微晶的 0.335nm;L_a

同样进入了缓慢增加阶段;根据前人的研究[56],结合石墨的 L_c 大小,可以认为随煤阶的进一步增高,L_c 也将进入一个缓慢的增加阶段。图 1-4(f)显示出该阶段一个结构较为完整且延展度较高的类石墨微晶,将其放大至 100 万倍[图 1-4(f1)]及 150 万倍[图 1-4(f2)]时,可以清晰地观测到类石墨微晶的六方环结构,且基本没有缺陷,但白色(或黑色)原点是否为单个碳原子则有待于进一步探讨。该阶段,煤中已经有相对完美的类石墨微晶形成,HTEM 的分辨率几乎难以发现其缺陷,但 LRS 和 XRD 反映的仍然是类石墨微晶,而不是真正的石墨微晶。

值得注意的是拉曼光谱中的 D_4 峰峰位随煤阶的变化而变化(图 1-2),D_4 峰代表着芳基-烷基醚及氢化芳环之间的 C—C 键及芳环 C—H 键振动,当 R_{max} 小于 2.0%,D_4 峰的拉曼位移主要集中在 1060cm^{-1}(D_4)附近,随煤阶进一步升高,其拉曼位移更加接近于 1185cm^{-1},当 R_{max} 大于 3.5%,D_4 峰逐渐消失,可见 D_4 峰与煤的芳构化作用与缩合作用有着很好的响应,也更加印证了煤化作用过程中侧链的逐渐消失、有序芳构碳的逐渐形成这一事实。另外在低煤阶的 DT-K 煤中丝炭的类石墨微晶结构(图 1-5)说明其演化程度远远超前于镜质组和壳质组。

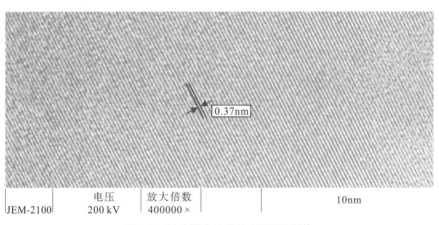

| JEM-2100 | 电压
200 kV | 放大倍数
400000 × | 10nm |

图 1-5　低阶煤中丝炭的 HTEM 图像

通过采用反映晶体结构参数的 XRD、反映晶体缺陷的 Raman 光谱和观测超微形貌特征的 HTEM 对煤进行系统观测表明,煤中的类石墨微晶经历了从无到有、从小到大、从无序到有序、从量变到质变的过程,结合煤化作用及其跃变,煤类石墨微晶结构的演化大致可概括为如图 1-6 所示。

成岩作用阶段,泥炭在微生物作用下生成甲烷、水及其他非烃类气体等,间或生成微量的未成熟油,煤的结构未发生实质性变化,以无定形碳为主。芳构化作用阶段,大量液态烃及湿气生成,同时伴有非烃的生成,煤中的类石墨微晶雏形形成。缩合作用阶段,小分子进一步脱落,液态烃的生成基本停止,甲烷气仍大量生成,微

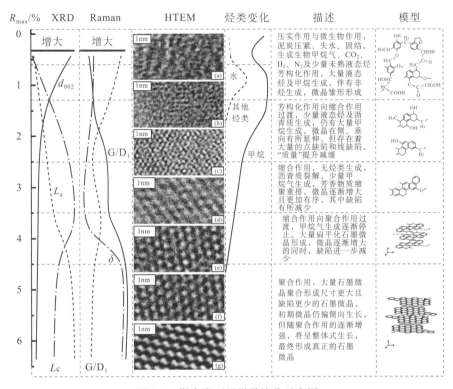

图 1-6　煤中类石墨微晶演化示意图

晶快速生长,尺寸进一步加大,但存在大量缺陷。聚合作用阶段,小分子的形成终止,煤中较完美的类石墨微晶形成,随聚合作用增强,微晶逐渐趋向整体式生长,缺陷逐渐消失,各项参数亦开始向石墨靠近。同时通过 HTEM 可以观测到煤类石墨微晶的超微结构经历了从无到有、从小到大、从无序到有序的过程。

1.2　泥页岩的岩石学特征

泥页岩主要指泥岩、页岩、粉砂质泥岩、泥质粉砂岩及粉砂岩。煤系中富含有机质的泥页岩普遍存在,特别是炭质泥岩,有机质丰度非常高。在成岩演化过程中受温度、压力等影响有机质降解或裂解形成气体,并保存在储层中,成为泥页岩气勘探开发的主要对象。泥页岩的岩石学特征主要包括矿物组成和有机质丰度及其类型。

1.2.1　矿物组成

煤系泥页岩主要由黏土矿物(高岭石、蒙脱石、伊利石等)、碎屑矿物(主要包括石英、长石、云母和岩屑等)和自生非黏土矿物(碳酸盐和黄铁矿等)。其中黏土矿物含量一般为30%~70%,碎屑矿物为15%~40%,另含有3%~30%的有机质。

不同矿物组成的泥页岩的力学性质、物性对气体的吸附能力不同。泥页岩中有机质和黏土矿物内大量孔隙的存在为天然气的赋存提供了空间;泥页岩中石英、长石以及碳酸盐矿物的存在,增强了泥页岩层的脆性,使储层的可改造性增强,为泥页岩气的运移产出奠定了基础。

河南省部分地区的山西组煤层顶板泥岩X射线衍射结果显示,黏土矿物含量较高,一般大于60%,且以高岭石和伊/蒙混层为主(表1-6)。岩石中的主要脆性矿物为石英,含量一般大于25%,另含有少量的赤铁矿、方解石、黄铁矿等。这类岩石实际上是粉砂质泥岩,其中脆性矿物的存在、没有严重膨胀的蒙脱石使得其可改造。

表 1-6   河南省部分地区煤系泥岩矿物组成

地区	取样层位	矿物含量/%					
		伊/蒙混层	高岭石	石英	菱铁矿	赤铁矿	其他
商丘	二$_2$煤顶板	28	32	35	3	—	2
	二$_2$煤顶板	25	34	36	3	—	2
	二$_2$煤底板	27	38	33	—	—	2
	二$_2$煤底板	26	40	32	—	—	2
孟津	二$_1$煤顶板	28	42	24	4	—	2
	二$_1$煤顶板	18	43	26	11	—	2
	二$_1$煤底板	27	38	32	—	—	3
	二$_1$煤底板	29	35	34	—	—	2
平顶山	三$_{9-10}$煤顶板	28	37	28	4	—	3
	三$_{9-10}$煤顶板	25	39	33	—	—	3
	二$_1$煤底板	28	37	33	—	—	2
	二$_1$煤底板	22	39	32	5	—	2
	二$_1$煤底板	22	33	28	9	4	4
焦作	二$_1$煤顶板	28	27	32	9	—	4
	二$_1$煤顶板	28	33	28	—	8	3
	二$_1$煤顶板	34	30	33	—	—	3

山西省左权地区的石炭系—二叠系煤层顶底板泥岩X射线衍射结果显示(表1-7),该区主要黏土矿物为伊利石和高岭石,且以前者为主,含量在26%~75%,不含或含少量蒙脱石,主要脆性矿物为石英,含量在15%~63%,一般小于25%。这与已勘探开发成功的北美页岩和四川盆地页岩相比含量偏低,但与煤层相比,由于脆性矿物的增加导致了其弹性模量一般大于煤,泊松比小于煤,在压裂过程中易形成裂缝,可进行煤-泥页岩气的共探共采[61-63]。

表 1-7　山西左权地区煤系泥岩矿物含量测试表

取样层位	伊利石/%	石英/%	高岭石/%
3 号煤层顶板	75	19	6
3 号煤层顶板	65	15	20
4 号煤层顶板	69	14	17
4 号煤层底板	71	20	9
15 号煤层底板	—	63.4	27.7
15 号煤层底板	50	20	30
4 号煤层顶板	66.7	5.1	28.3
4 号煤层底板	56	18	26
15 号煤层底板	53	20	27
15 号煤层顶板	54	22	24
3 号煤层顶板	69	21	10
3 号煤层顶板	56	22	22
3 号煤层底板	62	28	10
3 号煤层底板	80	11	9
4 号煤层顶板	62	21	17
4 号煤层底板	26	15	59
15 号煤层底板	72	15	10
15 号煤层底板	62	25	13

　　对于华北地区的石炭系—二叠系泥页岩气储层而言,最大的特点是与煤层和致密砂岩薄层共生,这种组合不仅有利于煤系气的生成和保存,更有利于开发。

　　济源凹陷上三叠统谭庄组和下侏罗统鞍腰组煤系(只发育薄煤层)泥页岩主要由石英和伊利石组成(图 1-7),其中石英含量为 21.8%～47.5%,平均为 36.7%,伊利石含量为 31%～46.5%,平均为 37.5%,另外含有少量长石和白云母。根据钻井和露头观察这两个组中的泥岩多间夹粉砂岩、泥质粉砂岩,或与其互层。尽管这些粉、细砂岩储层物性普遍较差,平均孔隙度均小于 3%,渗透率为 0.03×10^{-3}～$0.06 \times 10^{-3} \mu m^2$,但会成为页岩油气聚集的场所,野外露头观测发现与谭庄组互层的细砂岩中普遍含有沥青(图 1-8)。X 射线衍射分析结果表明,谭庄组中细砂岩主要矿物组成以石英为主,约为 64%,其次为云母,约为 17%,伊利石含量为 13.1%,另外含有少量的长石。这些粉砂岩、粉砂质泥岩和细砂岩的脆性矿物含量也比较高,且不存在蒙脱石,伊/蒙混层黏土矿物所占比例较低。泥页岩的脆性指数大,有利于储层改造。

　　其中谭庄组还含有多层的油页岩,但所含的干酪根多为 II 型,生液态烃能力有限,但作为气源岩是没有疑问的。

　　内蒙古大青山煤田石拐子矿区河滩沟区块发育侏罗纪武当沟组煤系。该组的 K_1 炭质页岩中主要矿物组成为黏土矿物,所占比例在 46%～57%,平均 50.85%;

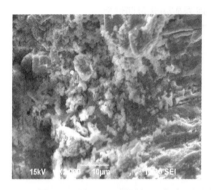

图 1-7　济源凹陷谭庄组中主要矿物组成扫描电镜(主要为石英和伊利石)

(a) 上三叠统谭庄组中暗色泥页岩　　　　(b) 上三叠统谭庄组中与暗色泥岩互层的
　　与粉砂质泥岩互层　　　　　　　　　　　油浸中粗粒粉砂岩、粉砂质泥岩互层

(c) 济源鞍腰村下侏罗统鞍腰组泥页岩剖面

图 1-8　泥页岩的不同类型及其组合

其次是粉砂或砂质碎屑,所占比例为 27%~40%,平均为 34.69%,以石英、长石和碎屑等脆性矿物为主;还有一定量的碳酸盐类和黄铁矿类,所占比例分别为 7%~13% 和 2%~8%,平均值分别为 9.54% 和 4.92%。泥质、粉砂、碳酸盐矿物及黄铁矿相对集中分布而显现互层。

这一层泥岩曾被认为是油页岩,因有机质为Ⅲ型干酪根,难以生成具有工业价值的液态烃类。但这层页岩中页岩气的含量可达 $3m^3/t$ 左右,其厚度为 $10\sim30m$,本身就可单独开发。

对于华北一些中生代湖相盆地而言,煤系气储层往往与常规油气储层、油页岩共生,考虑煤层气与其他常规、非常规天然气联合开发,可能是未来人们关注的重点[64,65]。

1.2.2 有机质丰度

泥页岩中富含有机质的暗色、黑色页岩,高碳页岩及含沥青质页岩是气体富集的有利场所。满足泥页岩气富集条件的衡量指标有有机质碳含量(TOC)、氯仿沥青“A”、总烃(HC)含量和岩石热解生烃潜量,其中有机碳含量是经常被选取来衡量有机质丰度的一个指标。对于泥页岩气评价,不管是生物成因气还是热成因气,都需要充足的有机质。页岩的有机碳含量一般要高于 2%[66],北美五大页岩气盆地中总有机碳含量一般在 $1.5\%\sim20\%$[67,68]。因此,有机质丰度是泥页岩气勘探选区评价的重要参数之一。

济源凹陷二叠系煤中有机碳含量平均为 $65.46\%\sim72.58\%$,氯仿沥青“A”为 $0.022\%\sim0.66\%$,最高为 0.96%,总烃含量平均为 $0.015\%\sim0.2418\%$,最高可达 0.4423%,生烃潜量(S_1+S_2)为 $7.04\sim89.2mg/g$。暗色泥岩的有机碳含量一般为 $0\%\sim2.2\%$,高者达 $3.0\%\sim5.0\%$。其中太原组泥岩有机碳含量为 $0.68\%\sim2.2\%$,平均为 1.19%,氯仿沥青“A”平均为 0.0155%,S_1+S_2 为 $0.76mg/g$。山西组泥岩有机碳含量为 $0\%\sim1.2\%$,平均为 0.94%,氯仿沥青“A”平均为 0.0291%,S_1+S_2 为 $0.06mg/g$(表 1-8)。尽管二叠系泥岩中,尤其是山西组泥页中有机质丰度相对较低,但是煤层中有机质丰富、生烃潜力大,可成为重要的烃源岩。

表 1-8 济源凹陷二叠系—下侏罗统烃源岩特征

层位	岩性	有机碳/%	氯仿沥青“A”/%	生烃潜能(S_1+S_2)/(mg/g)
下二叠统太原组	暗色泥岩	$0.68\sim2.2/1.19$	$0.008\sim0.032/0.015$	$0.12\sim1.32/0.76$
上二叠统山西组	煤	$65.46\sim72.58/69.02$	$0.022\sim0.66/0.34$	$7.04\sim89.2/48.12$
上二叠统山西组	暗色泥岩	$0\sim1.2/0.94$	$0.008\sim0.045/0.029$	$0.009\sim0.012/0.06$
上三叠统谭庄组	暗色泥岩	$0.58\sim11.27/4.78$	$0.042\sim0.274/0.15$	$2.5\sim20/9.89$
下侏罗统鞍腰组	暗色泥岩	$0.1\sim2.52/0.83$	$0.003\sim0.162/0.052$	$0.012\sim1.375/0.228$

上三叠统谭庄组,有机碳含量为 $0.58\%\sim11.27\%$,平均为 4.78%,氯仿沥青“A”为 $0.042\%\sim0.274\%$,平均为 0.15%,S_1+S_2 为 $2.5\sim20mg/g$。济参 1 井和西承留地区有机碳含量低,为 $0.44\%\sim0.78\%$,在邓 5 井一带则平均为 $1.13\%\sim1.39\%$,氯仿沥青“A”值高,可达 $0.145\%\sim0.16\%$,总烃平均为 446.82×10^{-6}。下侏罗统鞍腰组有机碳含量为 $0.1\%\sim2.52\%$,平均为 0.83%,氯仿沥青“A”为 $0.0034\%\sim0.162\%$,平均为 0.052%,S_1+S_2 为 $0.012\sim1.375mg/g$,平均为

0.228mg/g,平面上有机质丰度从东向西、从北向南增大,凹陷南部有机质丰度好于北部。从有机质丰度来看,谭庄组属于中等及以上的烃源岩,生烃潜力较大;鞍腰组相比谭庄组烃源岩质量较差。

河滩沟矿五当沟组 K_1 炭质页岩主要岩性为砂质泥岩,有机碳含量介于 3.34%～8.82%,平均为 6.21%,符合有机碳含量>2% 的页岩气成藏条件(表 1-9)。反射率 R_{max} 介于 1.36%～1.95%,平均为 1.58%。显微组分包括镜质组、惰质组、矿物,极少数含有沥青,其中镜质组含量介于 2.6%～18.9%,平均为 8.7%;惰质组含量介于 4.5%～11.1%,平均为 8.3%;矿物含量介于 70.4%～90.9%,平均为 81.9%;沥青含量介于 5%～6.2%,平均为 5.6%。

表 1-9　河滩沟矿五当沟组 K_1 炭质页岩样品测试

样品编号	岩性	有机质类型	TOC/%	R_{max}/%	显微组分/%				
					镜质组	惰质组	壳质组	沥青	矿物
1	粉砂质泥岩	Ⅲ	6.37	1.95	8.6	4.5	—	6.2	80.7
4	含泥碳酸盐粉砂质泥岩	Ⅲ	3.34	1.36	2.6	9.2	—		88.2
5	含泥碳酸盐砂质泥岩	Ⅲ	8.82	1.47	18.9	5.4	—		75.7
6	含泥碳酸盐粉砂质泥岩	Ⅲ	6.67	1.56	4	7.8	—		88.2
7	含泥碳酸盐粉砂质泥岩	Ⅲ	4.56	1.68	9.1	7.3	—		83.6
8	粉砂质泥岩	Ⅲ	3.85	1.64	4.6	4.5	—		90.9
9	砂质泥岩	Ⅲ	7.31	1.54	18.5	11.1	—		70.4
10	粉砂质泥岩	Ⅲ	7.56	1.49	5.4	10.8	—		83.8
11	含泥碳酸盐粉砂质泥岩	Ⅲ	5.32	1.56	8.7	13	—		78.3
13	砂质泥岩	Ⅲ	6.14	1.59	6.7	8.9	—	5	79.4
平均	—	—	5.99	1.58	8.7	8.3		5.6	81.9

1.2.3　有机质类型

泥页岩中有机质由于其沉积环境、物质来源的差异,导致其分子组成的差异,在热演化的过程中表现出不同的生烃潜力。根据前人研究成果,泥页岩中的主要有机质类型可划分为三类:Ⅰ型干酪根、Ⅱ型干酪根和Ⅲ型干酪根。

Ⅲ型干酪根以多环芳烃及含氧官能团为主,饱和烃含量少,H/C 原子比介于 0.46～0.93,O/C 原子比介于 0.05～0.30,具有低 H 高 O 的特征,有利于天然气的生成,因此,其生气能力最好,一般情况下在 R_{max} 为 1.3% 左右达到最大生气阶段[69]。而Ⅱ型干酪根具有高度饱和的多环碳骨架,含中等长度直链烷烃和环烷烃,也含多环芳香烃和杂原子官能团,H/C 原子比介于 0.65～1.25,O/C 原子比介于 0.04～0.13,H 含量高于Ⅲ型干酪根,其生气能力较Ⅲ型干酪根要低,生油能力较Ⅲ型干酪根要高。Ⅰ型干酪根以类脂化合物为主,直链烷烃较多,多环芳烃及含氧官能团很少,H/C 原子比介于 1.25～1.75,O/C 原子比介于 0.026～0.12,具有高 H 低 O 的特点,具有较强的生油潜力,尤其是当镜质组反射率在 1.3% 左右达到生油高峰,随后随着热演化程度的提高逐渐生气,并在 R_{max} 大于 3.5% 后,生气能力最大。

济源凹陷二叠系太原组、山西组泥页岩镜下观察结果表明暗色泥岩中镜质组含量变化较大,为 57%~92%,含微量的腐泥组及藻类;根据干酪根元素 H/C-O/C 关系,其有机质类型主要为Ⅲ型(图 1-9)。上三叠统谭庄组有机质类型复杂,肉眼可观测到大量植物碎片,镜下可观察到镜质组和惰质组,且部分样品中含量较高。泥岩中含有大量介形虫化石(图 1-10),说明谭庄组主要形成于半深湖-深湖相的沉积环境。镜下观察大部分样品以湖生低等生物和藻类为前身的无定形类脂体为主。族组分分析结果表明,谭庄组饱和烃含量为 16%~54%,平均为 43%;芳香烃含量为 18%~27.2%,平均为 24%;非烃+沥青质含量为 20%~45%,平均为 39%,(非烃+沥青)/总烃平均为 1.25,结合干酪根元素 H/C-O/C 分析,谭庄组有机质类型主要为腐殖-腐泥型($Ⅱ_1$型),含一定量的腐殖型(Ⅲ型)。下侏罗统鞍腰组有机质类型以腐殖-腐泥型($Ⅱ_1$)和腐泥-腐殖型($Ⅱ_2$型)为主。

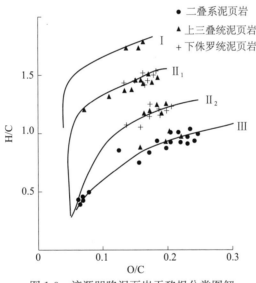

图 1-9 济源凹陷泥页岩干酪根分类图解

石拐子矿区河滩沟区块五当沟组是一套陆相沉积页岩。在中生代侏罗纪晚期,沉积环境为还原的河流-湖泊,沉积了大量的动植物遗体,主要形成了大量的腐殖型有机质沉积,并含有少量的腐泥型有机质。对河滩沟 H-2 井获取的五当沟组 K_1 炭质页岩各类岩性进行了样品分析,获得了有机质类型数据(表 1-9)。从表 1-9 中可以看出,K_1 炭质页岩中镜质组含量为 2.6%~18.9%,平均为 8.7%;惰质组含量为 4.5%~13%,平均为 8.3%;不含壳质组;矿物含量为 70.4%~90.9%,平均

(a) 谭庄组上段暗色泥岩，含有介形虫

(b) 谭庄组泥页岩中含有大量植物碎片

(c) 谭庄组上段泥页岩中含有大量介形虫化石

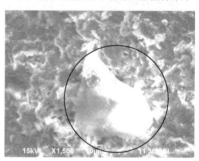

(d) 图 (c) 的局部放大，介形虫被压入伊利石层中

图 1-10　济源凹陷谭庄组碳质泥页岩岩石肉眼和扫描电镜图片

为 81.9%；形态有机质总和为 9.1%～29.6%，平均为 17%。主要形成Ⅲ型干酪根，因此，有利于页岩生气。在 H-1 井气测录井中发现，K_1 炭质页岩含气层显示的全烃异/背异常平均值为 3.21%，CH_4 含量达到 3.11%，由此说明 K_1 炭质页岩具有较强的生烃潜力。

目前，大部分煤系中泥页岩的主要有机质类型以Ⅲ型为主，部分地区含Ⅱ型，Ⅰ型少见，在热演化过程中往往以生气为主，成为煤系非常规气的主要来源之一。

1.3　致密砂岩的岩石学特征

煤系致密砂岩气分布广泛，由于其近烃源岩（煤和含有机质泥页岩）的特点，与烃源岩大面积接触，空间上形成有效的配置；致密砂岩气往往具有大面积分布、局部富集的特征。2005 年以来，随着鄂尔多斯盆地、四川盆地等地区致密砂岩气勘探开发的规模化发展，短短几年时间内塔里木、吐哈、松辽等盆地也陆续获得了新发现[70-73]。同时在鄂尔多斯盆地东缘、沁水盆地浅部煤层气开发的过程中，煤系中致密砂岩气对煤层气井产能的贡献近年来也逐渐显现出来[74-76]。

我国煤系致密储层普遍具有低成分成熟度和低结构成熟度的特点，主要表现为石英含量较少,长石和岩屑含量较高,多为长石砂岩、岩屑长石砂岩、长石岩屑砂岩和岩屑砂岩。颗粒大小混杂,分选和磨圆较差,泥质含量高。

以我国河南部分地区煤系为例,煤层上覆或下伏砂体以岩屑砂岩、岩屑石英砂岩为主,具有"低成分成熟度、低结构成熟度和高填隙物含量"的两低一高的特点(表 1-10)。填隙物类型多样,含量较高一般大于 20%,主要包括黏土矿物、泥质、硅质、碳酸盐类及凝灰质五类,其中黏土矿物主要为高岭石,部分地区含有少量蒙脱石及混合黏土。

表 1-10 河南部分地区致密砂岩矿物组成

地区	取样位置	岩性	石英/%	斜长石/%	钾长石/%	硅质岩/%	火成岩泥质碎屑岩/%	碳酸盐类碎屑/%	云母/%	泥质/%	高岭石/%	有机质/%	赤铁矿/%
商丘	二₂煤顶板	细砂岩	35	15	—	—	—	—	—	13	29	3	5
	二₂煤顶板	细砂岩	33	14	—	—	—	—	—	13	32	3	5
	二₂煤底板	细砂岩	32	—	—	—	—	8	—	10	28	18	4
	二₂煤底板	细砂岩	31	—	—	—	—	9	—	11	30	16	3
焦作	二₁煤顶板	石英砂岩	63	—	9	8	5	15	—	—	—	—	—
	二₁煤顶板	石英砂岩	75	—	8	5	3	9	—	—	—	—	—
	二₁煤顶板	石英砂岩	70	—	10	7	4	9	—	—	—	—	—

鄂尔多斯盆地上古生界致密砂岩储层主要为石英砂岩、岩屑砂岩、岩屑石英砂岩等,成分成熟度较高,结构成熟度低(表 1-11)。下石盒子组储层粒度最粗,山西组和太原组偏细。填隙物类型多样,含量较高,一般大于 10%,主要包括硅质、高岭石、伊利石,其次为铁方解石、绿泥石和凝灰质(图 1-11)。孔隙类型以岩屑溶孔、晶间孔为主,包括一部分粒间孔、粒间溶孔,少量的长石溶孔、杂基溶孔及微裂隙。

表 1-11 鄂尔多斯盆地苏里格地区储层砂岩碎屑组分统计表

层位	石英类/%	长石类/%	岩屑/%				
			火成岩屑	变质岩屑	沉积岩屑	其他	合计
盒8上	92.12	0.04	1.85	4.16	0.04	1.79	7.84
盒8下	90.82	0.06	2.38	4.72	0.15	1.87	9.12
山1	85.23	0.13	3.54	7.47	0.08	3.55	14.64

另外,煤系砂岩中常含有一定的有机质,主要以碳化组织的形式分布在岩石层里面,这为砂岩中气体的大量生成提供了有利基础(图 1-12)。一些砂岩有机质含量高达 15% 以上(表 1-10),就储层本身而言,这可能是煤系致密砂岩气与其他致密砂岩气最大的不同。

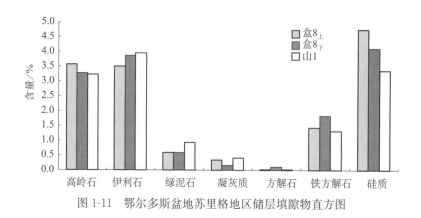

图 1-11　鄂尔多斯盆地苏里格地区储层填隙物直方图

（a）济源凹陷上三叠统谭庄组
粗砂岩层理面上碳化的植物碎屑

（b）济源凹陷上三叠统谭庄组
中砂岩层理面上碳化的植物碎屑

（c）济源凹陷上三叠统谭庄组
细砂岩层中的植物化石

（d）焦作地区中马矿煤层顶部
细砂岩层理面上碳化的植物碎屑

图 1-12　致密砂岩中的有机质

第 2 章　储层物性特征

储层的物性是指储层的孔隙度和渗透性,主要包括孔裂隙类型、分布特征、连通性、比表面积及储层的渗透性及其影响因素。孔渗性不仅决定了储层内流体的赋存和运移产出的难易程度,也决定了储层的强化工艺选择和参数优化。

2.1　煤储层孔裂隙特征

煤是由基质孔隙和裂隙组成的双孔隙介质,基质孔隙控制煤层气的赋存和扩散,裂隙控制煤层气的渗流产出。

2.1.1　基质孔隙

煤基质孔隙发育特征对煤层气的吸附/解吸能力、扩散速度影响较大[77-80],压汞实验是常用的研究煤基质块孔隙分布特征、孔隙形态及连通性的手段。

实验采用 AutoPore Ⅳ 9510 型压汞仪,最大压力为 414MPa,孔隙直径的测定下限为 3nm。实验样品来源于大同永定庄矿、平煤六矿、平煤十矿、古交马兰矿、平煤十二矿、古交屯兰矿、柳林沙曲矿、古交东曲矿、焦作赵固一矿、焦作九里山矿、贵州新田矿、荥巩大峪沟矿、焦作中马矿、义马新义矿、登封大平矿、登封告成矿 16 个矿井。采样中考虑煤岩的变形及变质程度。压汞实验结果见表 2-1 和表 2-2。

表 2-1　压汞实验测得的煤样孔容及孔隙度基本数据

编号	R_{max} /%	煤体结构	孔隙度/%	孔容/(cm³/g)					孔容比/%			
				V_1	V_2	V_3	V_4	V_t	V_1/V_t	V_2/V_t	V_3/V_t	V_4/V_t
DTK	0.7	硬煤	4.6111	0.0177	0.0092	0.0025	0.007	0.0364	48.63	25.27	6.87	19.23
PM6K	1.1	硬煤	4.6585	0.0159	0.0088	0.0054	0.0065	0.0366	43.44	24.04	14.75	17.76
PM10K	1.2	硬煤	5.0151	0.0238	0.0121	0.0024	0.0046	0.0429	55.48	28.21	5.59	10.72
MLK	1.2	硬煤	3.4557	0.0143	0.0066	0.0017	0.0045	0.0271	52.77	24.35	6.27	16.61
PM12K	1.3	硬煤	5.0148	0.0209	0.0118	0.0045	0.0052	0.0424	49.29	27.83	10.61	12.26
TLK	1.4	硬煤	3.9458	0.0176	0.0079	0.0013	0.0058	0.0326	53.99	24.23	3.99	17.79
SQK	1.5	硬煤	4.4095	0.0199	0.0093	0.0016	0.0056	0.0364	54.67	25.55	4.4	15.38
DQK	1.7	硬煤	5.3627	0.021	0.0107	0.0042	0.0084	0.0443	47.4	24.15	9.48	18.96
ZGK	2.5	硬煤	5.1635	0.0207	0.0085	0.0011	0.01	0.0403	51.36	21.09	2.73	24.81
JLSK	3.3	硬煤	4.732	0.0188	0.0077	0.001	0.0092	0.0367	51.23	20.98	2.72	25.07
XTK	3.5	硬煤	4.6097	0.0209	0.0064	0.002	0.0063	0.0356	58.71	17.98	5.62	17.7

续表

编号	R_{max}/%	煤体结构	孔隙度/%	孔容/(cm³/g)					孔容比/%			
				V_1	V_2	V_3	V_4	V_t	V_1/V_t	V_2/V_t	V_3/V_t	V_4/V_t
DYGK	4.1	硬煤	3.135	0.011	0.0055	0.0008	0.005	0.0223	49.33	24.66	3.59	22.42
ZMK	4.2	硬煤	5.6039	0.0199	0.0108	0.0051	0.0076	0.0434	45.85	24.88	11.75	17.51
PM6S	1.2	软煤	4.5949	0.0168	0.0093	0.0046	0.0061	0.0368	45.65	25.27	12.5	16.58
PM10S	1.4	软煤	5.1555	0.019	0.0109	0.0051	0.0062	0.0412	46.12	26.46	12.38	15.05
PM12S	1.6	软煤	5.2004	0.0203	0.0108	0.0042	0.0068	0.0421	48.22	25.65	9.98	16.15
XYS	1.9	软煤	5.8619	0.0122	0.008	0.0067	0.014	0.0409	29.83	19.56	16.38	34.23
DP4	2.2	软煤	4.7335	0.015	0.0086	0.0047	0.0066	0.0349	42.98	24.64	13.47	18.91
GC4	2.3	软煤	4.8238	0.0159	0.0089	0.0044	0.0069	0.0361	44.04	24.65	12.19	19.11
XTS	3.7	软煤	4.6433	0.0201	0.0094	0.0024	0.0049	0.0368	54.62	25.54	6.52	13.32
XTT	3.9	软煤	5.9403	0.0224	0.0135	0.0036	0.0063	0.0458	48.91	29.48	7.86	13.76
DYGS	4.2	软煤	7.1665	0.0214	0.0092	0.0051	0.0136	0.0493	43.41	18.66	10.34	27.59
ZM27	4.4	软煤	5.9303	0.0199	0.0103	0.0039	0.0113	0.0454	43.83	22.69	8.59	24.89
ZM17	4.5	软煤	4.2947	0.0136	0.007	0.0017	0.0092	0.0315	43.17	22.22	5.4	29.21

注：V_1-微孔(3nm<孔径<10nm)；V_2-小孔(10nm<孔径<100nm)；V_3-中孔(100nm<孔径<1000nm)；V_4-大孔(孔径>1000nm)；V_t-总孔容。

表 2-2　压汞实验测得的煤样孔比表面积基本数据

编号	R_{max}/%	煤体结构	孔比表面积/(m²/g)					孔比表面积比/%			
			S_1	S_2	S_3	S_4	S_t	S_1/S_t	S_2/S_t	S_3/S_t	S_4/S_t
DTK	0.7	硬煤	14.6243	1.7977	0.04	0.004	16.466	88.82	10.92	0.2429	0.0243
PM6K	1.1	硬煤	13.0372	1.7478	0.08	0.004	14.869	87.68	11.75	0.538	0.0269
PM10K	1.2	硬煤	19.4208	2.4572	0.042	0.003	21.923	88.59	11.21	0.1916	0.0137
MLK	1.2	硬煤	11.9882	1.3648	0.025	0.001	13.379	89.6	10.2	0.1869	0.0075
PM12K	1.3	硬煤	17.157	2.357	0.067	0.004	19.585	87.6	12.03	0.3421	0.0204
TLK	1.4	硬煤	14.5996	1.6714	0.025	0.002	16.298	89.58	10.26	0.1534	0.0123
SQK	1.5	硬煤	16.4636	1.9134	0.029	0.002	18.408	89.44	10.39	0.1575	0.0109
DQK	1.7	硬煤	17.3819	2.1781	0.066	0.007	19.633	88.53	11.09	0.3362	0.0357
ZGK	2.5	硬煤	17.002	1.768	0.018	0.003	18.791	90.47	9.41	0.10	0.02
JLSK	3.3	硬煤	15.6767	1.6793	0.018	0.001	17.375	90.23	9.67	0.1036	0.0058
XTK	3.5	硬煤	17.3588	1.9962	0.036	0	19.391	89.52	10.29	0.1857	0
DYGK	4.1	硬煤	9.1297	1.0943	0.015	0.001	10.24	89.16	10.69	0.1465	0.0098
ZMK	4.2	硬煤	16.4895	2.0904	0.071	0.008	18.6589	88.38	11.2	0.3805	0.0429
PM6S	1.2	软煤	13.8355	1.8315	0.067	0.004	15.738	87.91	11.64	0.4257	0.0254
PM10S	1.4	软煤	15.4679	2.1171	0.079	0.004	17.668	87.45	11.97	0.4466	0.0226
PM12S	1.6	软煤	16.5965	2.1885	0.064	0.004	18.853	88.03	11.61	0.3395	0.0212
XYS	1.9	软煤	9.9424	1.4486	0.086	0.015	11.492	86.52	12.61	0.7483	0.1305
DP4	2.2	软煤	12.1761	1.6248	0.066	0.004	13.8709	87.73	11.71	0.4755	0.0288
GC4	2.3	软煤	13.347	1.722	0.063	0.006	15.138	88.17	11.38	0.4162	0.0396

编号	R_{max} /%	煤体结构	孔比表面积/(m²/g)					孔比表面积比/%			
			S_1	S_2	S_3	S_4	S_t	S_1/S_t	S_2/S_t	S_3/S_t	S_4/S_t
XTS	3.7	软煤	16.7838	2.1292	0.042	0	18.955	88.55	11.23	0.2216	0
XTT	3.9	软煤	18.4033	2.5367	0.059	0.004	21.003	87.62	12.08	0.2809	0.019
DYGS	4.2	软煤	14.1532	2.0122	0.047	0.0032	16.2156	87.28	12.41	0.2898	0.0197
ZM27	4.4	软煤	16.5635	2.0326	0.058	0.01	18.6641	88.75	10.89	0.3108	0.0536
ZM17	4.5	软煤	11.4508	1.3972	0.024	0.005	12.877	88.92	10.85	0.1864	0.0388

注：S_1-微孔（3nm<孔径<10nm）；S_2-小孔（10nm<孔径<100nm）；S_3-中孔（100nm<孔径<1000nm）；S_4-大孔（孔径>1000nm）；S_t-总表面积。

2.1.1.1 煤基质孔隙的分布特征

孔容、比表面积随煤阶的变化呈现出一定的规律，且与煤化作用跃变有一定的对应性（图 2-1）。以煤化作用跃变为分界点，分别对总比表面积以及各级孔比表面积进行对比分析，结果如下。

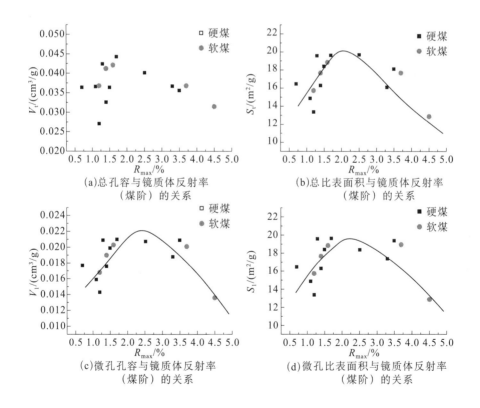

(a)总孔容与镜质体反射率（煤阶）的关系

(b)总比表面积与镜质体反射率（煤阶）的关系

(c)微孔孔容与镜质体反射率（煤阶）的关系

(d)微孔比表面积与镜质体反射率（煤阶）的关系

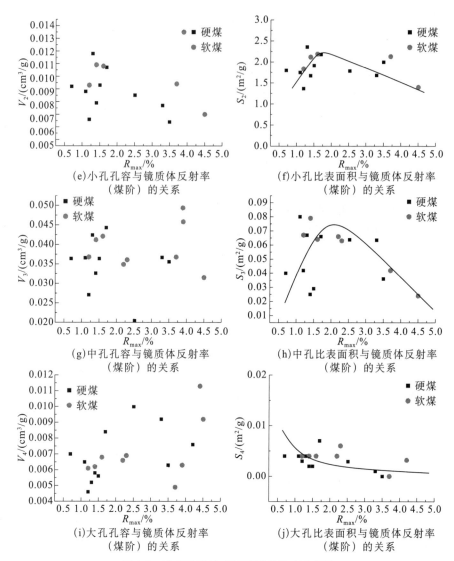

图 2-1   孔容和孔比表面积随煤阶变化规律

$R_{max} < 1.3\%$，即第二次煤化作用跃变之前。该阶段内随煤化程度升高，总孔比表面积急剧增加。该阶段大孔比表面积急剧下降，说明在压实为主的成岩作用和热力作用为主的煤变质作用下原始粒间孔减少。而中孔、小孔和微孔比表面积则急剧增加，这可能是煤化作用过程中大量气孔生成的结果。位于 $R_{max} = 1.3\%$ 处的第二次煤化作用跃变是一个孔隙变化的转折点，该点前后孔隙的变化趋势显著不同。

$R_{max} = 1.3\% \sim 2.5\%$，对应于第二次与第三次煤化作用跃变之间。该区间总比表面积随 R_{max} 增高而增大，在 $R_{max} = 2.5\%$ 时达到极大值。大孔的比表面积则呈现缓慢下降趋势,这可能是由于煤中植物组织残留孔仍然存在。该阶段的中孔、小孔和微孔的比表面积达到了极大值,只是中孔极大值滞后,在 $R_{max}=2.5\%$ 处。说明该阶段大量烃类生成,造成气孔大量增加,形成较大的中孔以便更多的烃类聚集。

$R_{max}>2.5\%$,即第三次煤化作用跃变之后,各类孔隙的比表面积均呈现下降趋势。这是由于该阶段煤的生烃能力显著下降,新的气孔生成微弱,而在高温高压作用下由进一步煤化作用引起的大规模缩聚作用将导致各类孔隙的减少。

2.1.1.2 基质孔隙的分类

煤中基质孔隙可根据成因和孔径大小进行分类,按孔径大小分类因人而异,各类孔隙的孔径界限尚存在诸多争议(图 2-2)。

(a) 煤中丝质体纵切片,可见到具缘纹孔

(b) 菌类中的残留植物组织孔

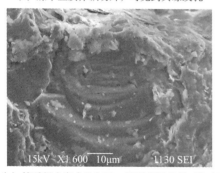

(c) 镜质组中存在的气孔,镜质组被高岭石包裹

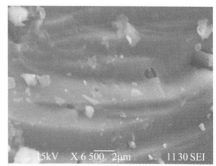

(d) 图 (c) 局部放大

图 2-2 煤中的基质孔隙

1. 孔隙成因分类

依据孔隙成因可分为气孔、残留植物组织孔、次生孔隙、晶间孔和原始粒间孔等。其中,气孔是煤化作用过程中气体逸出留下的痕迹;残留植物组织孔是植物遗体在成煤作用过程中被保留下来的部分细胞组织;次生孔隙是煤中的矿物质在地下水循环过程中被溶蚀形成的;晶间孔是原生矿物或次生矿物晶粒间的孔隙;原始粒间孔是成岩作用过程中煤物质颗粒经压实、脱水后相互之间仍保留下来的孔隙。

2. 孔径分类

按多孔介质孔隙大小进行的分类有多种方案,这些分类方案见表 2-3。

表 2-3　煤孔隙分类一览表　　　　　　(单位:nm)

研究者	级别			
	微孔	小孔(或过度孔)	中孔	大孔
ХОДОТ(1961 年)[81]	<10	10~100	100~1000	>1000
Gan 等(1972 年)[82]	<1.2	1.2~30	—	>30
国际理论和应用化学联合会(1972 年)[83]	<0.8(亚微孔)	0.8~2(微孔)	2~50	>50
Dubinin 和 Walker(1966 年)[84]	<2	2~20	—	>20
IUPAC(1978 年)[85]	<2	2~50	—	>50
抚顺煤研所[86]	<8	8~100	—	>100
吴俊[87]	<5	5~50	50~550	500~7500
杨思敬等[88]	<10	10~50	50~750	>1000
傅雪海等[89]	<8	8~65	65~1000	>1000

其中国际理论与应用化学联合会的分类是依据煤的等温吸附特性进行的。苏联学者霍多特(ХОДОТ)的分类是依工业吸附剂研究提出的[81],认为煤层气在微孔(孔径<10nm)和小孔(孔径为 10~100nm)中扩散,在中孔(孔径为 100~1000nm)和大孔隙(孔径>1000nm)中渗流;吴俊在采用 ХОДОТ 分类方案的同时,对各类孔隙的特征、油气运移和储集关系以及气体扩散特性进行了概括[87],见表 2-3。国内秦勇、傅雪海等将煤中孔隙以直径 65nm 为界划分为扩散孔隙和渗流孔隙[89]。

3. 基于进退汞曲线特征的孔径分类

根据霍多特的研究(表 2-3),并结合已有的压汞实验数据(表 2-1、表 2-2),认为煤中孔隙应当分为微孔(<10nm)、小孔(10~100nm)、中孔(100~1000nm)和大孔(>1000nm)。分类的主要依据是进退汞曲线特征。

根据煤孔隙的进汞增量特征(图 2-3),可以将其大致分为“双峰”和“单峰”两大类,具体特征如下。

类型Ⅰ:“双峰”型,即在孔径分别为 10nm 和 1000nm 附近进汞增量分别达到一个峰值,而一般在约 100nm 处会出现一个最低值。符合此类的煤样包括:DP4、DQK、DTK、GC7、PDS12K、PDS12S、PM6K、PM6S、PM10S、XTT、XYS、ZM17、ZM27、ZMK。

类型Ⅱ:“单峰”型,即在且仅在孔径为 10nm 附近出现了进汞增量的峰值,而孔径>10nm 的进汞增量曲线较为平滑,无明显峰谷之分。符合此类的煤样包括:JLSK、MLK、PM10K、SQK、ZGK、TLK、XTK、XTS、XTS、DYGK、DYGS。

因此,从孔体积角度分析,孔径在 10nm、100nm 和 1000nm 附近均出现了进汞增量的突变或转折,具有典型性和特殊性,可以将其作为划分煤中孔隙类型的依据。

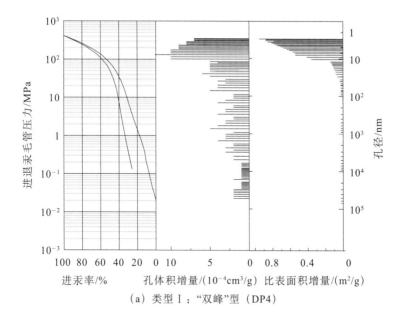

（a）类型 Ⅰ："双峰"型（DP4）

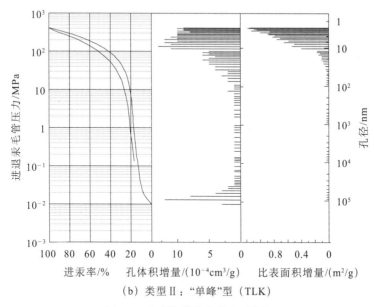

（b）类型 Ⅱ："单峰"型（TLK）

图 2-3 典型的煤孔隙进退汞曲线

2.1.2 煤储层中的裂隙

煤中裂隙有宏观、微观和超微之分，以前人们的研究多集中在宏观和微观尺度。

1. 宏观裂隙

煤中的宏观裂隙多为毫米级以上的、肉眼可以分辨的裂隙,主要通过煤层露头、煤矿井下煤壁和煤心进行观测。图 2-4 所示的两组外生裂隙垂向延伸长 10m 以上,可能切穿整个煤层,这两组裂隙存在相互切割,形成于同期构造应力场。手标本可观测到割理和外生裂隙。割理主要发育在镜煤和亮煤中,在暗煤和丝炭中少见,图 2-5 中的割理明显终止于丝炭或暗煤条带。

图 2-4　构造应力形成的两组外生裂隙(宁夏汝其沟大峰露天矿侏罗系延安组二号煤)

(a) 中部镜煤条带中发育完好的割理　　　　(b) 方解石充填的网状割理

图 2-5　手标本尺度上的煤样裂隙观测

2. 微观裂隙

微观裂隙为微米级的裂隙,煤中的微观割理和外生裂隙可通过光学或扫描电子显微镜进行观测,其中外生裂隙主要有剪裂隙、张裂隙、追踪和派生裂隙等多种类型(图 2-6)。

3. 超微裂隙

超微裂隙多为纳米级或埃级裂隙,可通过高分辨透射电镜、原子力显微镜等进行观测。超微尺度下观测到的煤微晶脆韧性变形与微观和宏观观测到的有着惊人的类似,这充分说明了煤体变形的分形特征[90]。图 2-7(a)及图 2-7(b)为煤中观测的典型的微晶脆性变形特征。图 2-7(a)中区域 1 和 2 的微晶生长方向明显不同,是两个不同的微晶单元,以晶界区分;区域 2 与 3 之间形成了锯齿形的"断口",实际上这是剪应力作用下形成的追踪式"裂隙"。图 2-7(b)中箭头所指即为煤中类石墨微晶在剪应力作用下发生的脆性变形现象,类似于宏观构造中的 X 型剪节理。

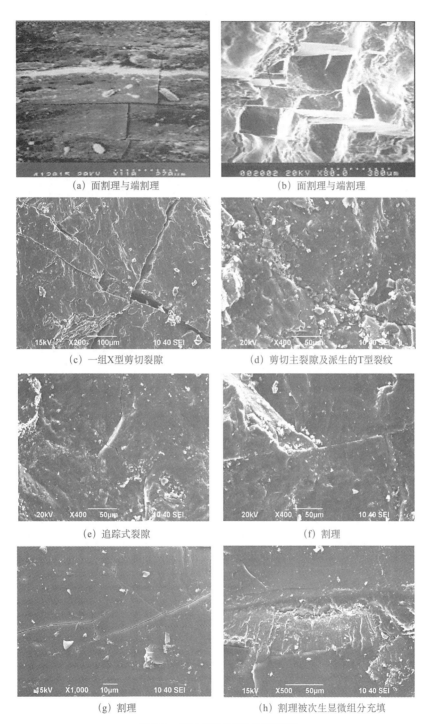

(a) 面割理与端割理　　　　　　(b) 面割理与端割理

(c) 一组X型剪切裂隙　　　　(d) 剪切主裂隙及派生的T型裂纹

(e) 追踪式裂隙　　　　　　　　(f) 割理

(g) 割理　　　　　　(h) 割理被次生显微组分充填

图 2-6　煤中微观裂隙发育特征

　　软煤中韧性变形现象普遍存在,图 2-7(c)和图 2-7(d)中煤微晶层片的流变弯曲形成的劈理。图 2-7(e)显示的为微晶层片揉皱现象,类似于鞘褶皱。图 2-7(f)和图 2-7(g)为软煤中最常见的韧性变形标志——S-C 组构,图 2-7(f)可观察到完整的"S 面理"及"C 面理",而图 2-7(g)中仅有"S 面理"、"C 面理"尚未形成。

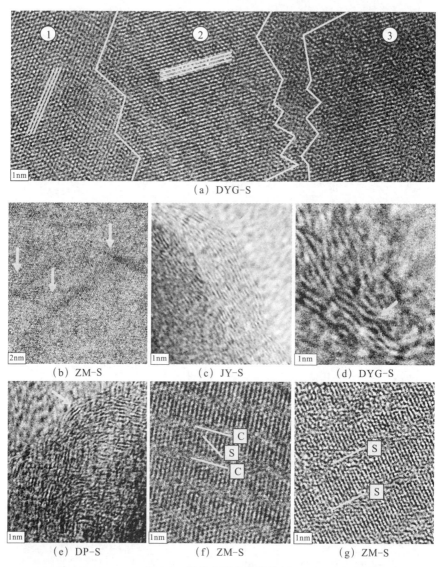

图 2-7 煤体变形的超微特征

2.2 泥页岩的孔裂隙特征

2.2.1 孔隙特征

泥页岩中的孔隙一方面成为气体赋存的主要空间,另一方面与天然裂隙一起构成了流体运移网络,是泥页岩储层中流体的天然运移产出通道。

2.2.1.1 孔隙类型

泥页岩孔隙可根据成因和大小进行分类。从成因角度考虑,根据泥页岩的主要物质组成,将泥页岩隙类型划分为有机质孔和矿物孔两类,其中后者又包括原生粒间孔、晶间孔、溶蚀孔隙和流体逸出孔隙[91-95]。原生粒间孔主要是指石英、长石、自生黄铁矿、黏土矿物、岩屑、有机质等颗粒之间的孔隙。粒间孔在成岩作用早期阶段较发育,且连通性好,能形成有效的孔隙网络;随着埋藏深度、上覆地层压力和成岩作用的加强而逐渐降低[图 2-8(a)~(e)]。在较老和埋深较大的泥页岩中,这类孔隙的分布相对较少,且大部分显示是定向性的,孔隙直径一般在 $1\mu m$ 以内,但也有 50nm 到几毫米变化的孔隙。晶间孔主要发育于黄铁矿晶体和黏土矿物晶体间,孔径一般几微米,个别可达十几微米[图 2-8(f)];溶蚀孔隙主要是长石、碳酸盐等易溶矿物在有机酸等地层流体的溶解侵蚀下发育的微孔隙,孔径可达十几微米;流体逸出孔隙主要指由成岩压力、黏土矿物脱水及大量生烃阶段流体大量逸出所形成的孔隙,这类孔隙在泥页岩中广泛分布,孔径在几纳米到几微米[图 2-8(g)~(h)]。

基于孔径大小分类,由于泥页岩中较大的孔隙通常也不足几微米,极大部分都小于 $1\mu m$,故国际理论和应用化学联合会(IUPAC)将孔隙直径小于 2nm 的称为微孔,2~50nm 的称为中孔或介孔,大于 50nm 的称为大孔或宏观孔隙[96];霍多特等将孔径小于 10nm 的孔隙定义为微孔,10~100nm 定义为过渡孔,100~1000nm 定义为中孔,大于 1000nm 定义为大孔[81],考虑到流体运移产出流态,本书采用这一分类。

2.2.1.2 孔隙结构

泥页岩孔隙结构测试手段主要有铸体薄片分析法、压汞法、液氮吸附法和扫描电镜法等。图 2-9 为一煤系泥岩的压汞曲线,可以看出泥页岩的排驱压力极高,4个泥页岩样品的排驱压力平均为 32.8MPa,对应的平均最大连通孔喉半径为26.8nm,说明其孔隙结构很差。压汞曲线中间进汞平台段短而且斜率较大,反映了孔喉分布的不均匀性。与孔隙体积增量和比表面积增量计算结果对比可以看出,孔径约 100nm 处是孔比表面积增量开始显现之处,而孔径约 10nm 处孔比表面

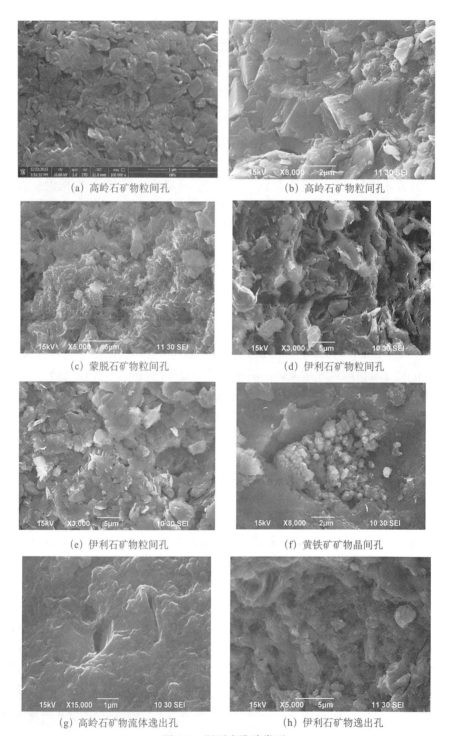

(a) 高岭石矿物粒间孔

(b) 高岭石矿物粒间孔

(c) 蒙脱石矿物粒间孔

(d) 伊利石矿物粒间孔

(e) 伊利石矿物粒间孔

(f) 黄铁矿矿物晶间孔

(g) 高岭石矿物流体逸出孔

(h) 伊利石矿物逸出孔

图 2-8　泥页岩孔隙类型

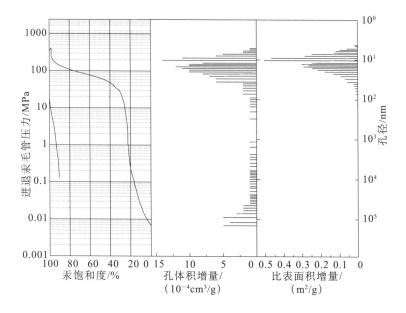

（a）黑色泥岩（含植物化石碎片）

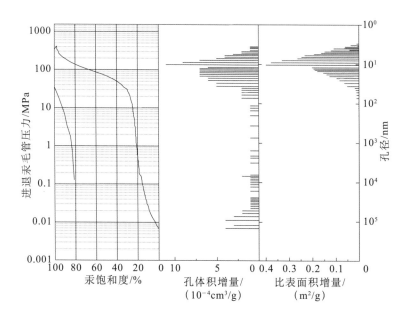

（b）灰黑色泥岩（无植物化石）

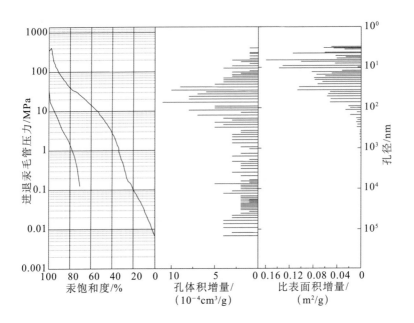

(c)灰黑色粉砂质泥岩

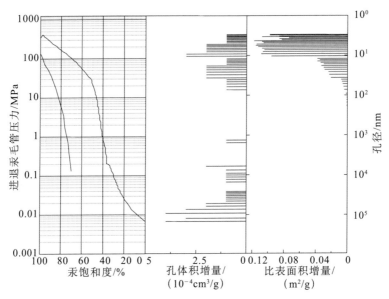

(d)灰黑色泥岩(含大量植物化石碎片)

图 2-9 含煤岩系泥岩压汞曲线

积增量发生了突变而骤增;孔体积增量曲线符合"双峰"型,即在孔径分别为 10nm 和 10000nm 附近进汞增量分别达到一个峰值,而一般在约 1000nm 处会出现一个最低值,与煤相比具有特殊性,可以作为划分泥页岩中孔隙类型的依据。

2.2.2 裂隙特征

泥页岩中的裂隙是泥页岩渗透率的主要贡献者,天然裂隙的发育不仅有助于游离态气体的储集、吸附态气体的解吸与总含气量的增加,而且对泥页岩开发的压裂改造产生重要影响。

通过对野外露头和岩心的宏观观察认为泥页岩中的裂隙主要有构造成因和非构造成因两类。构造裂隙是指由于局部构造作用所形成或与局部构造作用相伴而生的裂隙,主要是与断层和褶曲有关的裂隙,其方向、分布和形成均与局部构造的形成和发展有关。构造裂隙是泥页岩中最常见也是最主要的裂隙类型。根据力学性质的差别,又分为张性裂隙、剪性裂隙两种。野外在地表露头和岩心上观察到的宏观张性裂隙一般倾角、宽度和长度变化较大,破裂面不平整,多数已被完全充填或部分充填。剪性裂隙产状变化也较大,有近垂直层面的菱形共轭剪节理,也有高角度的剪切裂隙,较平直,破裂面光滑,局部有充填物[图 2-10 (a)、(b)]。非构造裂隙主要是指非构造运动所形成的各种裂隙。这种裂隙的成因很多,比如沉积岩在成岩过程中形成的层间裂隙,地层负荷的改变、岩层崩塌产生滑动裂隙,压实、压溶等产生的压溶裂隙,风化作用、溶蚀作用形成的溶蚀裂隙,黏土矿物脱水、热收缩等导致形成的收缩裂隙,有机质热演化导致储层压力增高形成的微裂隙[图 2-10(c)~(f)]。这些裂隙的特点是方向不定,局部发育,一般发育在沉积岩早成期和晚成期的风化阶段,裂隙壁不平,多弯曲,有时分枝,常在一定的颗粒间迂回绕行,有时粗大,有时又细如发丝,长度从几毫米到几厘米,但很少有穿层现象。

控制泥页岩裂隙发育的因素复杂,从地质角度来看,主要受内因和外因两大因素控制。其中,外因主要包括区域构造应力、构造部位、沉积成岩作用和生烃过程产生的高异常压力;内因主要包括岩性和矿物成分、岩石力学性质、有机碳含量等。构造作用是裂隙形成的关键因素。构造应力高的地区,如背斜轴部、向斜轴部和地层倾没端,地层应力大且集中,裂隙相对发育。沉积成岩作用过程中,岩层在固结时由于失水而引起收缩,压实作用导致颗粒压裂,压溶作用形成的裂隙合线以及沿微裂隙两侧的粒间钙泥基质填隙物发生溶蚀都能形成大量的裂隙。此外,泥页岩含有大量有机碳,在高演化阶段有机质发生热解生成大量的气体,导致储层压力增大,当压力大于岩石的破裂压力时,岩层将发生破裂形成裂隙。另外岩石本身的基本性质也影响着裂隙的发育,

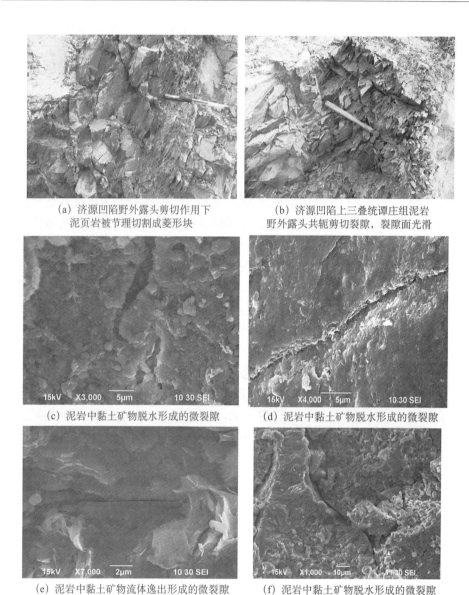

(a) 济源凹陷野外露头剪切作用下　　　　　(b) 济源凹陷上三叠统谭庄组泥岩
　　泥页岩被节理切割成菱形块　　　　　　野外露头共轭剪切裂隙，裂隙面光滑

(c) 泥岩中黏土矿物脱水形成的微裂隙　　　(d) 泥岩中黏土矿物脱水形成的微裂隙

(e) 泥岩中黏土矿物流体逸出形成的微裂隙　(f) 泥岩中黏土矿物脱水形成的微裂隙

图 2-10　泥页岩中的裂隙类型

一般来说，碳酸盐矿物和硅质含量高的泥页岩因其脆性强易产生破裂，而黏土矿物含量高的则表现塑性，裂隙发育程度相对较低；低泊松比和高弹性模量的泥页岩脆性大，容易在外力作用下形成天然裂隙和诱导裂隙[97]。

2.3 致密砂岩的孔裂隙特征

2.3.1 孔隙特征

煤系致密砂岩储层储集类型以缩小的粒间孔、粒间溶孔、溶蚀扩大粒间孔、粒内溶孔、晶间微孔等孔隙为主。储层物性差,孔隙度、渗透率低是其最基本的地质特征。

致密砂岩储层的性质,在很大程度上取决于其微观-超微观孔喉结构,主要包括孔喉大小及其分布、孔喉的空间几何形态、孔喉间的连通性。一般来说,煤系致密砂岩储层的孔隙喉道细小,毛细管压力高。中值半径一般小于 $1\mu m$。渗透率的大小除受孔隙大小的影响外,更受孔隙连通情况的影响,即喉道半径的大小、几何形态和结构系数的控制。砂岩低渗透储层孔隙喉道类型包括收缩喉道、片状或弯曲片状喉道和管束状喉道,但以后两者为主。孔隙结构可分为大孔隙喉型和小孔隙喉型,前者孔隙类型主要为残余原生粒间孔、粒间溶孔,喉道主要为细颈型和窄片型,孔喉比较大;后者孔隙类型以粒间溶孔和晶间微孔为主,喉道主要为管束状、细管束和窄片状,孔隙细小,喉道也较小,孔喉比较低。

根据对鄂尔多斯盆地苏里格地区煤系致密砂岩储层的压汞资料分析可知,最大孔喉半径的分布为 $0.25\sim181\mu m$,平均为 $14.14\mu m$,大部分孔喉半径分布为 $0.25\sim1.5\mu m$;中值孔喉半径分布为 $0.03\sim2.24\mu m$,主要孔喉半径分布在 $0.06\sim0.2\mu m$,总体上孔喉很细小(图 2-11);连续相饱和度介于 $12.36\%\sim36.77\%$,一般不超过 20%,说明孔喉连通性较差。储层孔喉分选系数在 $2.12\sim6.73$,平均为 3.73,分选系数较大,孔喉分选较差。砂岩储层的排驱压力分布为 $0.1\sim4.97MPa$,一般小于 $2MPa$;中值毛管压力分布为 $0.1096\sim197MPa$,主要集中在 $3\sim50MPa$,排驱

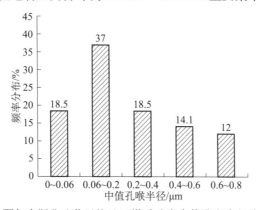

图 2-11 鄂尔多斯盆地苏里格地区煤系砂岩中值孔喉半径分布频度图

压力、中值毛管压力偏大,反映了气体进入储层较难。总体上来说苏里格地区具有孔喉分布偏细,有效孔喉少,孔喉分选性差的特点。统计数据表明该区砂岩储层孔隙度主要分布在 0.1%～15%,主要集中在 2%～8%(图 2-12)。

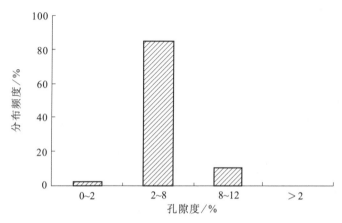

图 2-12 鄂尔多斯盆地苏里格地区煤系砂岩孔隙度分布频度图

致密砂岩储层孔隙度测定可以通过饱和煤油法和压汞法,如表 2-4 所示河南部分地区砂岩孔隙度为 3.2%～8.13%,平均为 5.26%,孔隙度值偏低。表 2-5 是某煤层气井的测井解释结果。

表 2-4 河南部分地区煤系致密砂岩孔隙度渗透率测试结果

地区	取样层位	岩性	密度	密度/(g/cm³) 干燥	密度/(g/cm³) 饱和	含水量/%	普通吸水率/%	饱和吸水率/%	孔隙度/%	渗透率/$10^{-3}\mu m^2$
焦作恩村	二₁煤顶板	中砂岩	2.79	2.63	2.7	0.12	2.63	2.66	7.03	0.095
焦作恩村	二₁煤顶板	中砂岩	2.79	2.63	2.71	0.12	3.02	3.04	8.13	0.093
焦作恩村	二₁煤顶板	中砂岩	2.94	—	—	—	—	—	3.2	0.004
焦作恩村	二₁煤顶板	中砂岩	2.61	—	—	—	—	—	4.3	0.02
安阳双全	二₁煤顶板	细砂岩	—	2.7	2.75	0.3	—	—	2.11	—
商丘	二₂煤顶板	砂岩	2.79	2.63	2.69	0.12	2.25	2.28	6.13	0.85
商丘	二₂煤底板	砂岩	2.79	2.63	2.69	0.12	2.26	2.29	6.05	0.39
平顶山	三₉₋₁₀煤顶板	细砂岩	2.79	2.63	2.71	0.12	3.01	3.04	8.13	0.088
平顶山	二₁煤底板	砂岩	2.79	2.63	2.69	0.12	2.25	2.28	6.12	0.048
焦作新河	二₁煤顶板	砂岩	2.85	2.78	2.81	0.12	1.06	1.08	2.95	0.35
安阳	二₁煤顶板	细砂岩	2.82	2.65	2.69	0.1	1.49	1.51	3.76	0.42

表 2-5 沁水盆地东南部地区某井测井解释结果

层位	井段/m	层厚/m	深侧向/(Ω·m)	声波时差/(μs/m)	体积密度/(g/cm³)	自然伽马/API	泥质含量/%	有效孔隙度/%	结论	岩性
下石盒子组	398.80~410.20	11.4	114.4	221.5	2.62	48.3	7	7.1	致密层	砂岩
山西组	439.20~441.80	2.6	134	209	2.52	47.3	6.7	4.4	致密层	砂岩
	474.80~477.40	2.6	199.4	218	2.55	60.2	7.4	3.6	致密层	砂岩
	486.60~488.00	1.4	143.4	223.3	2.48	56.2	8.6	6.4	致密层	砂岩
	499.35~500.00	0.65	269.9	400.6	1.6	60.1	—	2.8	含煤层气层	煤
	504.80~505.60	0.8	453.9	212.8	2.63	50.4	5.2	5	致密层	砂岩
	511.40~513.00	1.6	176.2	221.4	2.54	79.9	8.6	5.8	致密层	砂岩
	513.60~514.40	0.8	212.4	216.3	2.61	80.4	10.3	4	致密层	砂岩
	520.00~526.20	6.2	10167.9	422.1	1.34	26.8	—	3.8	煤层气层	煤
太原组	538.20~546.20	8	210.1	213.4	2.65	66	9.7	4.1	致密层	砂岩
	552.60~554.40	1.8	7079.8	168.9	2.71	55.9	5.8	1.1	致密层	灰岩
	560.90~561.30	0.4	101	329.2	1.95	182.7	—	1.8	含煤层气层	煤
	565.60~566.20	0.6	113.4	384	1.69	82.3	—	2.6	含煤层气层	煤
	570.25~570.85	0.6	117.9	384.5	1.64	90.2	—	2.7	含煤层气层	煤

2.3.2 裂隙特征

致密砂岩储层中天然裂隙的存在及分布一方面能有效改善致密砂岩气储层的物性条件,为气体从源岩到储层的运移聚集提供有效的运移通道,控制着有利储层的分布;另一方面控制着气体的产出,是致密砂岩储层渗透性的主要贡献者,对后期压裂增产措施产生一定的影响。

致密砂岩气储层中裂隙按成因可划分为构造裂隙和非构造裂隙两大类。构造成因的裂隙是沉积盆地低渗透致密砂岩储集层的主要裂隙类型。对致密砂岩气储层的勘探与开发起着最为重要的作用。煤系致密砂岩储层中的构造裂隙以高角度和垂直裂隙为主,往往被石英及脉状方解石充填,同时还发育一些低角度或近水平的构造裂隙(图 2-13),形成于局部水平构造挤压环境,滑脱裂隙在致密砂岩储层中一般不发育。非构造裂隙包括成岩裂隙、差异压实裂隙、溶蚀裂隙、缝合线和风化裂隙等,这类裂隙与构造运动或构造应力无关,形态一般不规则,方向上无一致性,分布具有一定随机性。不同期次构造裂隙的发育对于改善致密砂岩储层储集性能起着重要作用。

(a) 剪切作用下形成的高角度X型节理及派生的T型裂隙

(b) 剪切作用下形成的高角度X型节理及派生的T型压扭性裂隙

(c) 构造应力作用下形成的近垂直节理

(d) 多期构造应力场作用下形成的节理

图 2-13　致密砂岩储层裂隙类型

　　裂隙的发育在很大程度上受控于构造应力的大小,构造应力强度大更容易导致岩层弯曲率大,同时岩性、岩层厚度、发育部位等也对裂隙的发育产生重要影响。沁水盆地东南部地区野外露头观测结果显示,裂隙的倾向在 E、S、W、N 各个方向都有显示,以 NE-SW 向和 NW-SE 向最发育。倾角平均为 82°,甚至有些裂隙倾角达 90°。高角度的裂隙和平滑的裂隙面,使得本区裂隙发育特征明显,且易于观测。裂隙沿走向延伸有从几个厘米到几米的,部分达几十米,甚至有的延伸超过 100m。裂隙密度从每米两条到每米 20 条不等,平均密度为每米 10 条,裂隙密度较大,在裂隙高密度区出露的岩层破碎严重。裂隙之间多有切割,反映出力学性质的多样性和形成的多阶段性。

　　一般来说,在同一物理条件下,脆性岩层中的裂隙密度要比同一厚度的韧性岩层中的裂隙密度大(图 2-14)。在同一区域和岩性相同的情况下,裂隙密度与岩层厚度成反比。厚度大者裂隙稀少,厚度小者裂隙密集(图 2-15),从图 2-16 中可以看出本区裂隙密度与岩层的厚度呈负指数幂的关系。裂隙密度的大小直接受到岩层构造应力大小的控制,在构造应力集中的地带,如褶曲转折部位及断层带附近,裂隙的密度要大得多[98](图 2-17)。

图 2-14 不同岩性的裂隙发育情况

图 2-15 同一岩性不同厚度裂隙发育情况

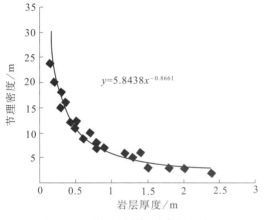

$y=5.8438x^{-0.8661}$

图 2-16 岩层厚度与裂隙密度关系

图 2-17 转折端附近不同厚度岩
层裂隙发育情况

2.4　渗　透　性

2.4.1　储层渗透性特征

我国煤储层试井渗透率变化介于 $0.002\times10^{-3}\sim16.17\times10^{-3}$ μm^2，平均为 1.27×10^{-3} μm^2。其中，渗透率小于 0.1×10^{-3} μm^2 的层次约占 35%，$0.1\times10^{-9}\sim1\times10^{-3}$ μm^2 的层次约占 37%，大于 1×10^{-3} μm^2 的层次约占 28%，小于 0.01×10^{-3} μm^2 和大于 10×10^{-3} μm^2 的层次均较少。渗透率在 5×10^{-3} μm^2 以上的煤储层仅分布在华北聚气区的韩城、柳林、寿阳 3 个目标区，渗透率介于 $1\times10^{-3}\sim5\times10^{-3}$ μm^2 的煤储层分布范围相对较广，包括韩城、柳林、寿阳、晋城、淮北、淮南、焦作、峰峰、铁法、平顶山 10 个目标区，其他目标区中煤储层渗透率均低于 1×10^{-3} μm^2。对各目标区平均渗透率分析知，23 个目标区中大于 1×10^{-3} μm^2 有 7 个，占 30.4%；$0.1\times10^{-3}\sim1\times10^{-3}$ μm^2 有 11 个，占 47.8%；小于 0.1×10^{-9} m^2 占 21.7%，说明我国煤储层渗透率以 $0.1\times10^{-3}\sim1\times10^{-3}$ μm^2 为主[99]（图 2-18）。美

国黑勇士盆地煤储层的绝对渗透率多在 $1\times10^{-3}\sim25\times10^{-3}\,\mu m^2$；圣胡安盆地部分高压区煤层绝对渗透率为 $5\times10^{-3}\sim15\times10^{-3}\,\mu m^2$。相比之下，我国煤储层渗透率总体相对偏低，但在相对较低的背景中存在着渗透率较高的煤储层和地区。

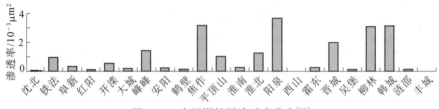

图 2-18　中国煤储层渗透率分布[99]

　　泥页岩内部复杂细小的孔喉结构导致其渗透性研究难度增大。据统计，泥页岩储层的渗透率基本上都小于 $0.5\times10^{-3}\,\mu m^2$，其渗透性远差于常规油气藏储层，属于超低渗储层，其中的裂隙渗透率量级在 $10^{-6}\sim10^{-4}\,\mu m^2$，基质渗透率量级在 $10^{-12}\sim10^{-8}\,\mu m^{2[100]}$。

　　致密砂岩储层实际上是一个相对模糊的概念，由于不同国家的资源状况、技术经济条件不同，至今国际上没有严格而明确的界限。Berg[101]认为致密砂岩储层的渗透率上限为 $1\times10^{-3}\sim10\times10^{-3}\,\mu m^2$；Elkins[102]以原始渗透率 $0.1\times10^{-3}\,\mu m^2$ 为界，将储层分为常规储层和非常规储层；美国联邦能源管理委员会，根据有关规定，确定了致密砂岩储层的渗透率小于 $0.1\times10^{-3}\,\mu m^2$；Surdam 视孔隙度小于 12%、渗透率小于 $1\times10^{-3}\,\mu m^2$ 的低渗透储层为致密砂岩储层[103]；Nelson[104]将致密砂岩气储层的孔喉直径标准定为 $2\sim0.03\,\mu m$。我国对致密砂岩储层的理解也不一致，邹才能等把孔隙度小于 10%、原地渗透率小于 $0.1\times10^{-3}\,\mu m^2$ 或空气渗透率小于 $1\times10^{-3}\,\mu m^2$、孔喉半径小于 $1\,\mu m$ 的储层定义为致密砂岩储层[105]；袁政文以储层渗透率 $1\times10^{-3}\,\mu m^2$ 为界进行致密砂岩储层划分[106]；关德师认为孔隙度小于 12%、渗透率小于 $0.1\times10^{-3}\,\mu m^2$ 的碎屑岩储层为致密砂岩储层[107]。本书在研究过程中以原始储层渗透率小于 $1\times10^{-3}\,\mu m^2$ 的致密砂岩储层为主要研究对象。

2.4.2　影响因素

　　含煤岩系渗透率受多种因素影响，对煤系气运移产出起决定作用的主要有煤岩体结构、应力敏感、基质收缩与水敏效应，其中煤岩体结构直接影响煤系气的开采工艺，比如软煤本身不可强化，主要通过强化泥页岩或者致密砂岩间接产出；水敏效应决定了储层改造的压裂液类型；应力敏感和基质收缩决定了煤系气排采过程中储层渗透率的动态变化规律。

2.4.2.1 煤岩体结构

1. 煤岩体结构分类

煤体结构指煤层在地质历史演化过程中经受各种地质作用后,煤体内部受破坏变形程度的特征。现有煤体结构普遍采用四分或者五分等定性分类(表2-6和表2-7),无法与煤储层的渗透率和力学性质等参数建立数理关系,亟须对煤体结构实现从定性描述到定量表征的转变。

表2-6 煤体结构四分法[108]

类型号	类型	赋存状态和分层特点	光泽和层理	煤体的破碎程度	裂隙、揉皱发育程度	手试强度
I	原生结构煤	层状、似层状与上下分层呈整合接触	煤岩类型界限清晰,原生条带状结构明显	呈现较大的保持棱角状的块体,块体间无相对位移	内、外生裂隙均可辨认,未见揉皱镜面	捏不动或成厘米级块
II	碎裂煤	层状、似层状透镜状,与上下分层呈整合接触	煤岩类型界限清晰,原生条带结构断续可见	呈现棱角状块体,但块间已有相对位移	煤体被多组互相交切的裂隙切割,未见揉皱镜面	可捻搓成厘米、毫米级或煤粉
III	碎粒煤	透镜状、团块状,与上下分层呈构造不整合接触	光泽暗淡,原生结构遭到破坏	煤被揉捻碎,主要粒级在1mm以上	构造镜面发育	易捻搓成毫米级碎粒或煤粉
IV	糜棱煤	透镜状、团块状,与上下分层呈构造不整合接触	光泽暗淡,原生结构遭到破坏	煤被揉搓捻碎得更小,主要粒级在1mm以下	构造、揉皱镜面发育	极易捻搓成粉末或粉尘

表2-7 煤的破坏类型五分法[109]

破坏类型	光泽	构造与构造特征	节理性质	节理面性质	断口性质	强度
I类(非构造煤)	亮与半亮	层状构造、块状构造,条带清晰明显	一组或二三组节理,节理系统发达、有次序	有充填物(方解石等);次生面很少,节理劈理面平整	参差阶面,贝状,波浪状	坚硬,用手难以掰开
II类(破坏煤)	亮与半亮	尚未失去层状较有次序;条带明显,有时扭曲,有错动;不规则块状,多棱角;有挤压特征	次生节理面多,且不规则,与原生节理呈网状节理	节理面有擦纹,滑皮,节理平整,易掰开	参差多角	用手极易剥成小块,中等硬度
III类(强烈破坏煤)	半亮与半暗	有弯曲呈透镜体构造;小片状构造;细小碎块,层理较紊,无次序	节理不清,系统不发达,次生节理密度大	有大量擦痕	参差及粒状	用手捻成粉末,松软,硬度低
IV类(粉碎煤)	暗淡	粒状或小颗粒胶接而成,似天然煤团	节理失去意义,成粉块状	—	粒状	用手捻成粉末,偶尔较硬
V类(全粉煤)	暗淡	土状构造,似土质煤;如断层泥状	—	—	土状	用手可捻成粉末,疏松

　　煤是岩石的特例,煤体结构反映的是煤的整体特点,发育的外生裂隙和割理均属于不连续面,而被切割的基质块则对应于岩体分类中的块度,两者实质相同,这是引入 GSI 岩体分类对煤体结构进行定量表征的基础。但由于煤层埋藏较深,几乎都未遭受风化,采用煤体结构特征和裂隙粗糙度对 Hoek-Brown 中的 GSI 图版进行修改,实现煤体结构的定量表征(图 2-19)。

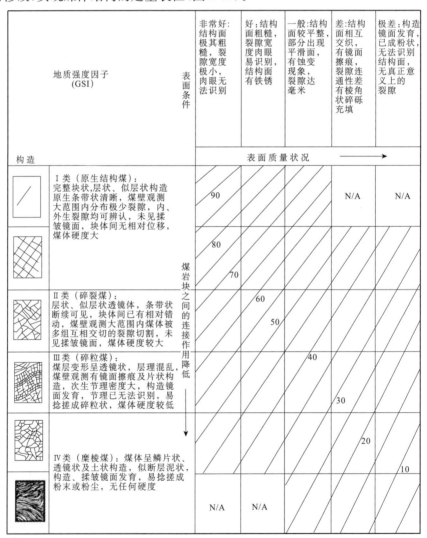

图 2-19　煤体结构量化的 GSI 表征[110]

斜线上的数值即为 GSI 取值,"N/A"表示在这个范围内不适用

2. 煤岩体变形的表征

煤体按其变形由强而弱依次经历脆性变形、脆-韧性变形和韧性变形三个阶段。

相应地,存在着脆性变形标志、脆韧性变形标志和韧性变形标志(表 2-8 和图 2-20)。

表 2-8　脆韧性变形识别标志

不同尺度的识别标志	脆性变形	脆-韧性变形	韧性变形
宏观	断层,裂隙(包括节理)	褶皱与断层共同发育,剪切带	褶皱,鞘褶皱,布丁构造,S-C 构造,碎屑流
细观	断层,裂隙	剪切带	鞘褶皱,碎屑流,鞘褶皱
微观	显微裂隙,微裂隙	显微褶皱与显微断裂共生	显微褶皱,柔皱,鞘褶皱,布丁构造,残斑,波状消光,S-C 构造,似"变形纹"[91],流劈理

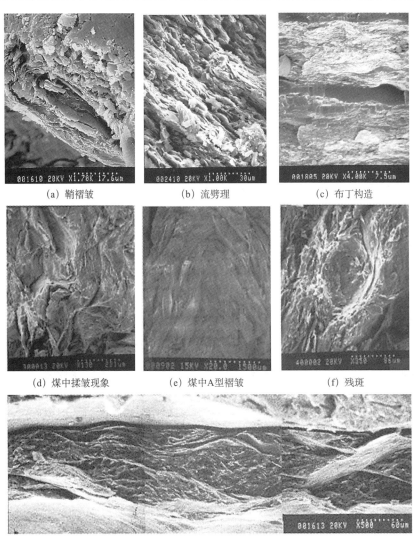

(a) 鞘褶皱　　　　　(b) 流劈理　　　　　(c) 布丁构造

(d) 煤中揉皱现象　　　(e) 煤中A型褶皱　　　(f) 残斑

(g) 典型的S-C组构

图 2-20　煤体韧性变形标志

　　煤层取心对判定煤体结构比较直接,但每个区块只有部分参数井才要求取心,大部分煤层气井为了节省费用不要求取心,需要根据相应的测井数据来识别煤体结构。根据目前的测井技术,能够识别煤体结构的有声波、密度、中子、深侧向、浅侧向、视电阻率和微球聚焦等。通过这些测井资料,可将煤体变形程度区分为两大类:硬煤(原生结构煤和碎裂煤)和软煤(碎粒煤和糜棱煤)。前者表现为高电阻、高密度、低声波时差,中子强度较高;后者以低电阻、低密度、高声波时差,中子强度较低为特征。如图 2-21 中煤层上部和下部属于软煤,声波时差明显就比中间硬煤高得多。

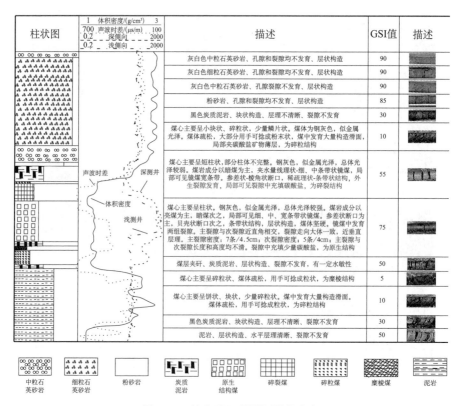

图 2-21　某井岩心观测与测井响应

3. 煤岩体结构对渗透率的控制效应

　　煤体结构全程演变过程中渗透率的变化趋势见图 2-22。在开始阶段煤在应力作用下裂隙逐渐闭合,渗透率下降,承载能力增加,应力逐步达到峰值;通过应力峰值后煤体破裂,煤的力学强度急剧下降,在应变持续增加过程中煤体破碎程度增大,渗透率急剧增加,在应力峰值处煤的渗透率并不是最大值,而是在应力峰值之后,裂隙充分扩展延伸,出现了渗透率最大值。在持续的应力作用下,煤的应变逐步增加,到最后出现煤颗粒的压密阶段,煤体结构向 GSI=0 靠近,在围压限制作用下,煤抵抗外力的能力又逐渐增加。渗透率变化明显可以分为微弱下降—急剧上升—缓慢下降三个阶段。

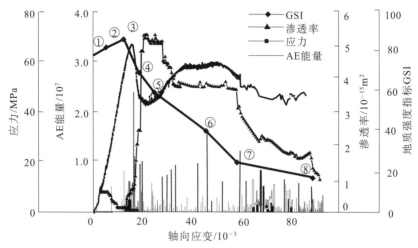

图 2-22 煤样的应力应变-煤体结构-渗透率曲线

图 2-23 反映了渗透率与 GSI 的关系,二者拟合相关系数 $R^2=0.84$,渗透率峰值在 $GSI_c=52.7$ 处,相应的煤体结构为碎裂煤。显然 GSI 越靠近 $GSI_c=52.7$,相应的渗透率越大;背离 GSI_c,无论 GSI 增大还是减小,渗透率均急剧降低,渗透率与 GSI 呈似正态分布[式(2-1)]。

$$k=0.00837+3.48e^{-0.0148(GSI-GSI_c)^2} \qquad (2-1)$$

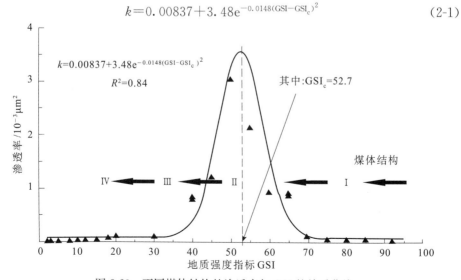

图 2-23 不同煤体结构的渗透率与 GSI 的关系曲线

从图 2-24 可以看出当煤体结构比较完整、处于弹性阶段时,随着压力的升高,煤体被压实,孔裂隙度减小,渗透率变化不明显(Ⅰ区);随着轴压的增加,煤体发生塑性变形,产生大量裂隙,且裂隙相互沟通,使得渗透率急剧增大(Ⅱ区),最大值为 $1.4656 \times 10^{-6} \mu m^2$,表明硬煤可以通过压裂产生裂缝的方式进行增透,Ⅱ区为压裂的有效区域;随着加载的持续进行,煤体进一步破碎,且被严重压实,裂缝相互切截并闭合,渗透率迅速降低(Ⅲ区)。该阶段表明软煤不能通过压裂增透。

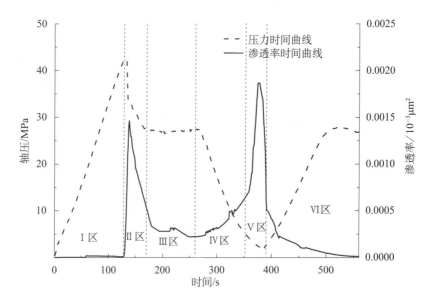

图 2-24　煤体压缩应力-渗透率-时间曲线

在图 2-24 中的Ⅲ区之后进行卸载实验,随着压力的降低,孔裂隙度增加,渗透率逐渐增大(Ⅳ区),当压力降低到某一值时,渗透率迅速增大(Ⅴ区),最大值为 $1.8655 \times 10^{-6} \mu m^2$;如果继续加载,渗透率又迅速减小(Ⅵ区)。该现象表明对软煤虽不能够通过压裂的方式来增透,但可以通过卸压来提高渗透率。砂岩的实验也得出了同样的结论(图 2-25),所不同的是砂岩在裂缝形成阶段(Ⅱ区)和卸载阶段(Ⅴ区)的渗透率是煤的两个数量级;在两次加载阶段(Ⅵ区)的渗透率也比煤的高得多。实验结果表明,砂岩的应力敏感性比煤弱,更有利于长期保持较高的裂缝导流能力。

通过煤岩体结构与渗透率的关系可以看出,煤系缝网改造层位选择要避开软煤,与煤层相比,致密砂岩缝网改造获得的裂缝导流能力效果更好。

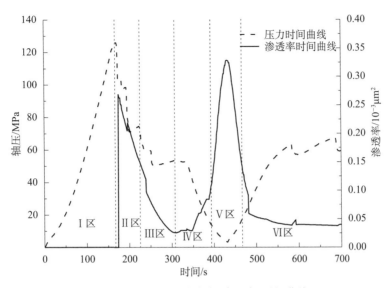

图 2-25　中砂岩压缩应力-渗透率-时间曲线

2.4.2.2　应力敏感效应

有效应力为总应力减去储层流体压力。垂直于裂隙方向的总应力减去裂隙内流体压力,所得的有效应力称为有效正应力,它是裂隙宽度变化的主控因素。有效应力增加,导致裂隙宽度减小甚至闭合,使渗透率急剧下降。McKee 等[111]给出了二者关系式:

$$k = k_0 \exp(-3C_p \Delta\sigma) \tag{2-2}$$

式中,k 为绝对渗透率,μm^2;k_0 为初始绝对渗透率,μm^2;$\Delta\sigma$ 为有效应力增量,MPa;C_p 为孔隙体积压缩系数,MPa^{-1}。

随着有效压力增加导致裂缝闭合,煤储层渗透性急剧降低,发生了严重的应力敏感,本书的物理模拟实验结果见图 2-26,可拟合出下式:

$$k = 0.0028 e^{-1.207p} \tag{2-3}$$

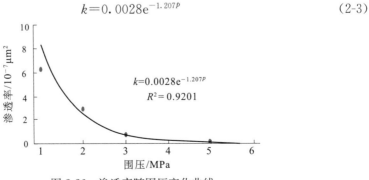

图 2-26　渗透率随围压变化曲线

　　渗透率的大小一方面与储层内部空间几何特征、孔隙的连通性及含水量相关；另一方面在开发过程中又受到应力敏感性、基质收缩和水敏等效应的影响。开发过程中，储层压力降低，储层岩石骨架受到的有效应力会增加，导致岩石内部孔隙结构发生变化(孔隙及孔隙喉道收缩、孔隙内部可动微粒滑动、黏土矿物膨胀、吸附气解吸、微裂隙张开度减小等)，表现出明显的弹塑性形变，储层的渗透率、孔隙度和岩石压缩系数等物性参数都发生变化。泥页岩渗透率对外压的敏感性要大于孔隙内压，且围压对页岩基质渗透率的影响较大[112]。

2.4.2.3　基质收缩效应

　　实验表明，煤体在吸附气体或解吸气体时可引起自身的膨胀与收缩。煤层气开发过程中，当储层压力降至临界解吸压力以下时，煤层气便开始解吸，随解吸量增加，煤基质就开始了收缩进程。由于煤体在侧向上是受围限的，因此煤基质的收缩不可能引起煤层整体的水平应变，只能沿裂隙发生局部侧向应变。基质沿裂隙的收缩造成裂隙宽度增加，渗透率增高。评价基质收缩对煤储层渗透率的影响有三种途径：野外实测、实验室测试和理论模型模拟。这三种方法各有利弊：野外测试的精度有限，实验室测试难以达到煤储层的原始环境条件，理论模型模拟结果需大量实验、测试验证。

$$k_{收缩} = k_{实测} - k_0 - k_{滑移} = k_{实测} - k_0 b / p_m \tag{2-4}$$

　　煤体自身解吸使渗透率改变可用下式表示：

$$\Delta k_{基质应变} = \alpha \Delta V_m / V_m \tag{2-5}$$

$$\Delta V_m / V_m = \beta V_d \tag{2-6}$$

$$V_d = V_L p / (P_L + p) \tag{2-7}$$

　　故

$$\Delta k_{基质应变} = \beta \Delta V_m / V_m = A V_d \tag{2-8}$$

式中，ΔV_m 为基质体积变化量，cm^3；V_m 为基质体积，cm^3；V_L 为 Langmuir 体积，cm^3/g；p 为压力，MPa；V_d 为解吸量，cm^3；α、β 为取决于煤体性质的常数，$A = \alpha\beta$。

　　基质收缩是影响泥页岩渗透率动态变化的另一因素。泥页岩中吸附了大量的气体，当孔隙压力降低到临界解吸压力以下时，气体开始解吸，泥页岩基质收缩，孔隙空间增大，导致泥页岩渗透性得到改善。假设岩石密度为 $2.56g/cm^3$，储层温度为 323K，储层渗透率为 $0.3 \times 10^{-3} \mu m^2$，储层孔隙度为 3.12%，Langmuir 压力为 2.12MPa，Langmuir 体积为 $8.66m^3/t$，初始压力为 35MPa，计算可得基质收缩影响的泥页岩储层渗透率变化如图 2-27 所示，可以看出随着压力降低，渗透率逐渐增高，最大变化幅度可达到 5%。

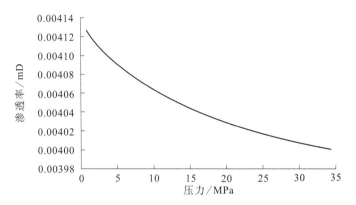

图 2-27　基质收缩引起的泥页岩储层渗透率变化

2.4.3　各阶段渗透率的获取

2.4.3.1　原始储层渗透率

注入/压降试井中,无论是注入期还是关井期的井底压力数据均可用于试井分析,但以后者的可靠性为准。压降期井底压力数据分析最常用的是 Horner 法:

$$p_{ws}=p_i-m\lg[(t_p+\Delta t)/\Delta t] \tag{2-9}$$

式中,p_{ws} 为关井后井底压力,MPa;p_i 为储层的初始压力,MPa;t_p 为生产(注水)时间,h;m 为 Horner 曲线的直线段斜率。

这种方法以快捷、简单为特点。具体是将 p_{ws} 对 $\lg(t_p-\Delta t)/\Delta t$ 作图,当处于平面径流时该图表现为一直线段,利用该直线段的斜率 m 和截距 p_i 计算参数。

2.4.3.2　压裂后与排采阶段

压裂后与排采阶段储层流体以径向流为主。在径向流动情况下,压力变化与时间的对数呈直线关系,运用这一关系可以计算储层的渗透率、表皮系数等参数。

压力降落测试用 $p-\lg(t)$ 压降曲线解释:

$$p_{ws}=p_i-m\lg(t) \tag{2-10}$$

式中,p_{ws} 为开井后井底压力,MPa。

压力恢复测试用 MDH 曲线和 Horner 曲线解释,但是 MDH 公式只是 Horner 公式的近似,只有当生产时间 t_p 足够大时,MDH 公式才约等于 Horner 公式,采用 MDH 曲线解释才更准确。

MDH 曲线解释:

$$p_{ws}=p_i-m\lg(\Delta t) \tag{2-11}$$

式中,m 为 MDH 曲线的直线段斜率;Δt 为关井时间。

注水井的压力降落测试类似于油井的压力恢复测试。以恒定的注入量 q 注水 t_p 时间后进行的压力降落测试时的流量与压力随关井时间 Δt 的变化曲线可用压力恢复试井的解释方法分析。

但有时产量(注水量)是变化的,在变产量(或变注水量)情况下,可依据不同情况做出不同的处理,处理的原则是:越接近解释段,产量必须越准确。具体做法如下。

(1)如果在整个生产期间,产量(或注水量)只是略有波动,可取产量(或注水量)的平均值作为产量,取实际生产时间作为生产时间进行解释。

(2)如果在压力恢复情形中,在关井前的一段时间内产量(或注水量)比较稳定[设为 $q(\mathrm{m}^3/\mathrm{d})$],而在此之前产量却不稳定,则可把关井前的稳定产量 q 作为整个生产期间的产量(或注水量),而取 $t_p = 24Q/q(\mathrm{h})$ 作为关井前的生产时间,称为"折算生产时间(或等效生产时间、等效 Horner 时间)",其中 $Q(\mathrm{m}^3)$ 是关井前整个生产阶段的累计产量(或注水量)。

(3)如果产量一直在变化,且变化幅度相当大,则必须采用变产量的解释方法,即通过叠加的方法进行处理。做压力降低测试时,通常把变化的产量划分成若干个"台阶",即把生产过程分成若干个时间段,在每一个时间段中,产量变化不大,近似地看做是个常数,把生产过程分成 n 个时间段,在第 j 个时间段中产量为 $q_j(j=1,2,\cdots,n)$,即

$$p_{\mathrm{ws}}(t) = p_i - m \sum_{j=1}^{n} \frac{q_j - q_{j-1}}{q_n} \lg(t - t_{j-1}) \tag{2-12}$$

式中,t 为生产时间,h。

由式(2-9)可知,在直角坐标系中,$p_{\mathrm{wt}}(t)$ 与 $\sum\limits_{j=1}^{n} \dfrac{q_j - q_{j-1}}{q_n} \lg(t - t_{j-1})$ 成一直线 $(t \geqslant t_{n-1})$,其斜率为 m。

做压力恢复测试时,如果以变产量(或变注水量)生产后关井进行压力恢复测试,关井前的产量(或注水量)可分成 N 个台阶,即设想成把全部产量分成 $N+1$ 个时间段,其中第 $N+1$ 段为关井压力恢复段,井的产量(或注水量)为 0,则关井后的井底压力为

$$p_{\mathrm{ws}}(\Delta t) = p_i - m \left[\sum_{j=1}^{N} \frac{q_j - q_{j-1}}{q_n} \lg(t_N - t_{j-1} + \Delta t) - \lg(\Delta t) \right] \tag{2-13}$$

由上式可知,在直角坐标系中,$p_{\mathrm{wt}}(t)$ 与 $\sum\limits_{j=1}^{N} \dfrac{q_j - q_{j-1}}{q_n} \lg(t_N - t_{j-1} + \Delta t) - \lg(\Delta t)$ (又称叠加函数曲线)成一直线,其斜率为 m,Δt 为关井时间。

直线的斜率与储层的渗透率有这样的关系[式(2-14)],根据压降曲线的直线段斜率 m 就可求取储层渗透率 K_f:

$$K_f = \frac{2.121 \times 10^{-3} q\mu B}{mh} \qquad (2\text{-}14)$$

式中,K_f 为储层渗透率,μm^2;q 为油井产量(或注水量),m^3/d;B 为原油体积系数;μ 为原油(或者水)黏度,$mPa \cdot s$;h 为油层(压裂段)厚度,m。

第3章 储层的其他性质

3.1 储层力学性质

影响煤系气储层缝网改造的因素还有储层的力学性质、储层压力、地应力和地下水动力条件等。本章对这些储层特性进行系统介绍,为缝网改造工艺的选择和参数的优化奠定基础。

3.1.1 完整煤岩体力学参数获取

3.1.1.1 实验室测试

通过静态试验可获取煤岩体的力学参数。室内岩心试验的应变速率如果小于 $1s^{-1}$,其状态被认为是准静态的,在这一前提下采用单轴或三轴试验取得岩石力学参数的静态值。将完整岩样加工成标准尺寸的试件进行力学试验,测试结果见表3-1。

表3-1 焦作某矿煤系气储层岩石物理力学参数测试结果

岩石	波速/(m/s)	视密度/(kg/m³)	抗拉强度/MPa	抗压强度/MPa	弹性模量/GPa	变形模量/GPa	坚固性系数 f	内聚力/MPa	内摩擦角/(°)
细砂岩	2093~3853 / 3234	2513~2774 / 2632	3.24~3.77 / 3.5	8.34~138.10 / 75.45	2.83~23.09 / 13.47	1.99~13.63 / 7.78	0.8~13.8 / 7.5	31.5	42.1
中砂岩	2586~4489 / 3015	2641~4816 / 3613	2.08~9.86 / 5.59	62.51~164.73 / 120.42	10.644~39.72 / 22.03	4.95~22.94 / 13.3	6.2~16.5 / 12.02	36.56	38.78
粗砂岩	2497~2539 / 2521	3488~3863 / 3720	4.26~4.67 / 4.51	59.3~59.7 / 59.5	17.64~20.13 / 19.19	11.38~13.64 / 12.65	5.9~5.9 / 5.9	15.98	40.5
泥页岩	1419~3891 / 3113	2416~2714 / 2607	3.18~3.72 / 3.45	4.15~96.0 / 33.72	0.76~18.09 / 5.99	0.65~9.42 / 4.13	0.4~9.6 / 3.36	12.3	39.2
煤	1549~1865 / 1692	1384~1496 / 1418	0.26~0.54 / 0.35	1.48~21.17 / 8.3	0.45~2.67 / 1.385	0.37~1.53 / 0.86	0.15~2.1 / 0.84	3.0	25.0

注: $\dfrac{2093\sim3853}{3234}$ 代表 $\dfrac{最小值\sim最大值}{平均值}$,全书同。

砂岩、泥页岩和煤的力学参数相比,抗拉强度、弹性模量和变形模量:中砂岩>粗砂岩＞细砂岩＞泥页岩＞煤;抗压强度、坚固性系数和内聚力也是这种趋势,但泊松比具有相反的序列。可见从砂岩、泥页岩到煤,弹性逐渐降低,塑性逐渐增加。

3.1.1.2 测井技术

测井资料所获得的物理参数与地质信息(泥质含量、孔隙度、饱和度、渗透率等)之间存在一定的关系,采用特定的方法可以把测井信息加工转换成地质信息。

1. 动态力学参数的计算

采用全波列声波测井或偶极子声波测井可以测量地层的纵波和横波时差,以偶极子声波最为可靠,加上密度测井获得的地层体积密度值,便可以计算岩石的动态力学参数。

动态泊松比:

$$\nu_{\mathrm{d}}=\frac{1}{2}\left(\frac{\Delta t_{\mathrm{s}}^{2}-2\Delta t_{\mathrm{p}}^{2}}{\Delta t_{\mathrm{s}}^{2}-\Delta t_{\mathrm{p}}^{2}}\right) \tag{3-1}$$

式中,ν_{d} 为动态泊松比;Δt_{s} 为地层横波时差,$\mu \mathrm{s/m}$;Δt_{p} 为地层纵波时差,$\mu \mathrm{s/m}$。

动态弹性模量:

$$E_{\mathrm{d}}=\left(\frac{\rho}{\Delta t_{\mathrm{s}}^{2}}\right)\left(\frac{3\Delta t_{\mathrm{s}}^{2}-4\Delta t_{\mathrm{p}}^{2}}{\Delta t_{\mathrm{s}}^{2}-\Delta t_{\mathrm{p}}^{2}}\right)\times 8.64\times 10^{6} \tag{3-2}$$

剪切模量:

$$G_{\mathrm{d}}=\frac{\rho}{\Delta t_{\mathrm{s}}^{2}}\times 8.64\times 10^{6} \tag{3-3}$$

体积模量:

$$K_{\mathrm{d}}=\rho\left(\frac{1}{\Delta t_{\mathrm{p}}^{2}}-\frac{4}{3\Delta t_{\mathrm{s}}^{2}}\right)\times 8.64\times 10^{6} \tag{3-4}$$

拉梅系数:

$$\lambda_{\mathrm{d}}=\rho\left(\frac{1}{\Delta t_{\mathrm{p}}^{2}}-\frac{2}{\Delta t_{\mathrm{s}}^{2}}\right)\times 8.64\times 10^{6} \tag{3-5}$$

岩石体积压缩系数:

$$C_{\mathrm{b}}=\frac{1}{K} \tag{3-6}$$

骨架压缩系数:

$$C_{\mathrm{ma}}=\frac{1}{\rho_{\mathrm{ma}}\left(\dfrac{1}{\Delta t_{\mathrm{map}}^{2}}-\dfrac{4}{3\Delta t_{\mathrm{mas}}^{2}}\right)\times 8.64\times 10^{6}} \tag{3-7}$$

式中,Δt_{mas}、Δt_{map} 为地层骨架的横波、纵波时差,$\mu \mathrm{s/m}$;ρ_{ma} 为地层骨架密度,$\mathrm{g/cm^{3}}$。

Biot 弹性系数：

$$\alpha = 1 - \frac{C_{\text{ma}}}{C_{\text{b}}} \tag{3-8}$$

2. 静态力学参数的计算

用声波测井方法得到的力学参数是动态参数，动态和静态力学参数具有一定的相关性，根据横波与纵波波速，由下式计算静态岩石力学性质：

$$E = \frac{1.60 \times 10^{7}(1-2\nu)(1+\nu)\left[\rho_{\text{b}}(1-\phi)+\rho_{\text{f}}\phi\right]}{(1-\nu)V_{\text{p}}^{2}} \tag{3-9}$$

$$E = 0.0138G(1+\nu) \tag{3-10}$$

$$\upsilon = \frac{E}{2G} - 1 \tag{3-11}$$

$$G = \frac{10^{9}\rho_{\text{b}}}{V_{\text{s}}^{2}} \tag{3-12}$$

式中，G 为岩石的剪切模量，MPa；ρ_{f} 为地层流体密度，g/cm^3；ϕ 为地层孔隙度，小数；ρ_{b} 为岩体的体积密度，g/cm^3；V_{s} 为横波速度，m/s。

由式(3-9)～式(3-12)计算某井的力学参数如表 3-2 所示。

表 3-2　某井声波测井力学参数解释结果

深度 /m	岩性	纵波时差 /(μs/m)	横波时差 /(μs/m)	横纵比	泊松比	弹性模量 /GPa	体积模量 /GPa	剪切模量 /GPa
458	泥岩	83.169	174.744	2.101071	0.307	11.691	13.388	4.325
460		83.741	173.207	2.068366	0.309	21.369	23.382	7.932
463	砂质泥岩	80.36	153.8	1.913888	0.318	27.818	24.693	10.6
465		74.544	158.411	2.125067	0.357	26.382	30.915	9.715
466	中砂岩	75.187	158.675	2.110405	0.363	25.686	29.576	9.476
467		67.45	154.974	2.297613	0.378	30.287	43.2	10.949
468		69.281	144.492	2.085593	0.345	32.918	36.758	12.186
469		75.041	138.957	1.851748	0.293	33.049	26.76	12.769
470		69.858	138.366	1.980675	0.324	34.97	34.076	13.157
471	细砂岩	67.934	149.14	2.195366	0.366	32.17	40.96	11.749
472		67.692	143.936	2.126337	0.357	32.377	38	11.921
473		65.74	136.481	2.076072	0.353	36.774	40.584	13.631
474	粉砂岩	64.388	142.6	2.214698	0.368	34.106	44.407	12.429
482	炭质泥岩	92.378	167.959	1.818171	0.261	12.297	9.477	4.792
487	煤	82.557	158.436	1.91911	0.291	12.52	11.203	4.766
488		95.531	177.056	1.853388	0.285	10.859	8.851	4.193

3.1.2　非完整煤岩体力学参数获取

Hoek-Brown 准则的获取方法:理论依据、参数获取。

1. 理论依据

以往煤储层力学性质的室内测试均是由取样—制样—测试的流程得到,而且取样全部是完整煤体,这种方法得到的力学参数与实际误差较大,亟须建立一种直接获取非完整煤岩体力学参数的方法。GSI 方法体系适用于非均质岩体,主要特点是强调岩体整体性对力学性质的影响,摒弃"实验室尺度"样品的局限性,为非完整岩体力学参数的获取提供了方法。

对于非完整的多节理、裂隙岩体,Hoek-Brown 建立了一种经验破裂准则[113]:

$$\sigma_1' = \sigma_3' + \sigma_{ci} \left(m_b \frac{\sigma_3'}{\sigma_{ci}} + s \right)^a \tag{3-13}$$

式中,σ_1' 为最大有效应力,MPa;σ_3' 为最小有效应力,MPa;m_b 为岩体的 Hoek-Brown 常数;s 和 a 为取决于岩体性质的常数;σ_{ci} 为完整岩块单轴抗压强度,MPa。

Hoek-Brown 准则不仅考虑了岩体的非完整性,而且考虑了孔隙流体压力对变形的影响。对于完整岩体而言,式(3-13)可简化为

$$\sigma_1' = \sigma_3' + \sigma_{ci} \left(m_i \frac{\sigma_3'}{\sigma_{ci}} + 1 \right)^{0.5} \tag{3-14}$$

式(3-14)中的两个常数 σ_{ci} 和 m_i 可由三轴力学试验获得。

在进行室内三轴试验时,对完整岩块一般先假定 $s=1$,利用室内三轴试验数据,通过回归计算得到 m_i、σ_{ci}。令 $x=\sigma_3'$,$y=(\sigma_1'-\sigma_3')^2$ 对 x 和 y 进行线性回归得

$$\sigma_{ci}^2 = \frac{\sum y_i}{n} - \left\{ \frac{\sum x_i y_i - (\sum x_i \sum y_i / n)}{\sum x_i^2 - [(\sum x_i)^2 / n]} \right\} \frac{\sum x_i}{n} \tag{3-15}$$

$$m_i = \frac{1}{\sigma_{ci}} \left\{ \frac{\sum x_i y_i - (\sum x_i \sum y_i / n)}{\sum x_i^2 - [(\sum x_i)^2 / n]} \right\} \tag{3-16}$$

线性分析中 x_i 和 y_i 的相关系数 r 为

$$r^2 = \frac{[\sum x_i y_i - (\sum x_i \sum y_i / n)]^2}{[\sum x_i^2 - (\sum x_i)^2 / n][\sum y_i^2 - (\sum y_i)^2 / n]} \tag{3-17}$$

r^2 值越接近 1,则经验方程与三轴试验数据拟合得就越好。

地质强度因子确定后,描述岩体强度的参数可通过下式计算:

$$m_b = m_i \exp\left(\frac{GSI - 100}{28} \right) \tag{3-18}$$

对于 GSI>25：

$$s = \exp\left(\frac{\mathrm{GSI}-100}{9}\right) \tag{3-19}$$

$$a = 0.5 \tag{3-20}$$

对于 GSI<25：

$$s = 0 \tag{3-21}$$

$$a = 0.65 - \frac{\mathrm{GSI}}{200} \tag{3-22}$$

2. 参数获取

Hoek-Brown 准则将煤岩体作为一个整体考虑，特别是 GSI 的引入，为非完整煤岩体力学性质的定量表征提供了方法[114,115]。

弹性模量：

$$E_{\mathrm{m}}(\mathrm{GPa}) = \left(1-\frac{D}{2}\right)\sqrt{\frac{\sigma_{\mathrm{ci}}}{100}} \times 10^{(\mathrm{GSI}-10)/40}, \qquad \sigma_{\mathrm{ci}} \leqslant 100\mathrm{MPa} \tag{3-23}$$

$$E_{\mathrm{m}}(\mathrm{GPa}) = \left(1-\frac{D}{2}\right) \times 10^{(\mathrm{GSI}-10)/40}, \qquad \sigma_{\mathrm{ci}} > 100\mathrm{MPa} \tag{3-24}$$

式中，D 为岩体扰动因素衡量因子，无量纲。

内摩擦角：

$$\varphi = \sin^{-1}\left[\frac{6am_{\mathrm{b}}(s+m_{\mathrm{b}}\sigma_{3n})^{a-1}}{2(1+a)(2+a)+6am_{\mathrm{b}}(s+m_{\mathrm{b}}\sigma_{3n})^{a-1}}\right] \tag{3-25}$$

黏聚力：

$$c = \frac{\sigma_{\mathrm{ci}}[(1+2a)s+(1-a)m_{\mathrm{b}}\sigma_{3n}](s+m_{\mathrm{b}}\sigma_{3n})^{a-1}}{(1+a)(2+a)\sqrt{1+[6am_{\mathrm{b}}(s+m_{\mathrm{b}}\sigma_{3n})^{a-1}]/(1+a)(2+a)}} \tag{3-26}$$

式中，$\sigma_{3n} = \sigma_{3\max}/\sigma_{\mathrm{ci}}$，$\sigma_{3\max}$ 估算公式为

$$\frac{\sigma_{3\max}}{\sigma_{\mathrm{c}}} = 0.47\left(\frac{\sigma_{\mathrm{c}}}{\gamma H}\right)^{-0.94} \tag{3-27}$$

其中，γ 为岩体的容重，$\mathrm{N/m^3}$；H 为埋深，m。

抗压强度：

$$\sigma_{\mathrm{c}} = \sigma_{\mathrm{ci}}s^a \tag{3-28}$$

抗拉强度：

$$\sigma_t = S_t = -\frac{\sigma_{ci}}{2}\left\{m_i\exp\left(\frac{GSI-100}{28}\right) - \sqrt{\left[m_i\exp\left(\frac{GSI-100}{28}\right)\right]^2 + 4\exp\frac{GSI-100}{9}}\right\}$$

$$(3-29)$$

3.2 地应力与储层压力

3.2.1 地应力

水力压裂要克服的是地应力,地应力的方向又决定了压裂裂缝的方向。随深度增加,地应力的增高必定影响到压裂层位的确定、入井材料的选择和泵注程序的优化。地应力是存在于地壳中未受工程扰动的天然应力,也称岩体原始应力、绝对应力或原岩应力。地应力形成原因十分复杂,重力作用和构造运动是引起地应力的主要原因,尤以水平方向的构造运动对地应力的形成影响最大。地应力是影响煤系缝网改造的主要因素之一。现场获取地应力的途径主要有试井和测井等方法。

3.2.1.1 水力压裂法

地应力场一般是三向不等压的、空间的、非稳定应力场。地应力可分为垂直应力和两个大小不等的水平应力。水力压裂法测量地应力,是将测量段上下用封隔器封隔起来进行测量。

现场水力压裂法是目前进行深部绝对应力测量的最直接方法,它是根据试验测得的地层破裂压力、瞬时停泵压力、裂缝重张压力反算地应力,其基本假设为:①测量段岩石是均质各向同性的线弹性体,渗透性很低;②水力压裂的模型可简化为一个无限大岩石平版中有一个圆孔,圆孔孔轴线与垂向应力平行,在平板内作用着两个水平主应力 σ_H 和 σ_h(图 3-1);③水力压裂的初裂缝是平行于孔轴的竖直缝;④有相当长的一段裂缝面和最小水平主应力方向相互垂直。

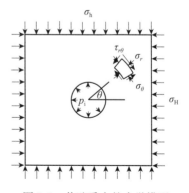

图 3-1 井壁受力的力学模型

根据弹性理论,岩石平板上的应力分布可以写为[116,117]:

$$
\begin{cases}
\sigma_r' = \dfrac{\sigma_H + \sigma_h}{2}\left(1 - \dfrac{r_i^2}{r^2}\right) + \dfrac{\sigma_H - \sigma_h}{2}\left(1 + \dfrac{3r_i^4}{r^4} - \dfrac{4r_i^2}{r^2}\right)\cos2\theta + \dfrac{r_i^2}{r^2}p_i - \alpha p_0 \\[3mm]
\sigma_\theta' = \dfrac{\sigma_H + \sigma_h}{2}\left(1 + \dfrac{r_i^2}{r^2}\right) - \dfrac{\sigma_H - \sigma_h}{2}\left(1 + \dfrac{3r_i^4}{r^4}\right)\cos2\theta + \dfrac{r_i^2}{r^2}p_i - \alpha p_0 \\[3mm]
\tau_{r\theta} = \dfrac{\sigma_H - \sigma_h}{2}\left(1 - \dfrac{r_i^2}{r^2}\right)\left(1 + \dfrac{3r_i^2}{r^2}\right)\sin2\theta
\end{cases}
\tag{3-30}
$$

式中,σ_r'、σ_θ'和$\tau_{r\theta}$为径向、切向有效主应力和剪切应力,MPa;θ为井眼周围某点径向与最大水平主应力方向的夹角,(°);p_i为井眼中的液体压力,MPa;p_0为地层孔隙压力,MPa;σ_H、σ_h为最大、最小水平主应力,MPa;r_i为井筒孔眼半径,m;r为距井眼中心的距离,m。在井壁上,有$r = r_i$,则式(3-30)可以改写为

$$
\begin{cases}
\sigma_r' = p_i - \alpha p_0 \\[2mm]
\sigma_\theta' = (\sigma_H + \sigma_h) - 2(\sigma_H - \sigma_h)\cos2\theta - p_i - \alpha p_0 \\[2mm]
\tau_{r\theta} = 0
\end{cases}
\tag{3-31}
$$

地层破裂是当注入流体压力达到一定值,使岩石所受的周向应力超过其抗拉强度而造成的,即$\sigma_\theta' = -S_t$(S_t为拉伸强度)。随p_i增大时σ_θ'变小,当p_i增大到一定程度时,σ_θ'将变成负值,即岩石所受周向应力由压缩变为拉伸,当拉应力大到足以克服岩石的抗拉强度时,地层则产生破裂。破裂发生在σ_θ'最小处,即$\theta = 0$或$\theta = 180°$处,此时σ_θ'为

$$
\sigma_\theta' = 3\sigma_h - \sigma_H - p_i - \alpha p_0
\tag{3-32}
$$

将式(3-32)代入岩石的拉伸强度准则$\sigma_\theta' = -S_t$,即可得到岩石产生拉伸破坏时,井内流体压力(即地层破裂压力)与地应力和岩体抗拉强度之间的关系如下。

$$
p_f = 3\sigma_h - \sigma_H - \alpha p_0 + S_t
\tag{3-33}
$$

如图 3-2 所示为一典型的现场水力压裂测试曲线[118],从中可以确定以下应力值。

(1)破裂压力 p_f。压力最高值,反映了流体压力克服地应力和抗拉强度使地层破裂形成裂缝。

(2)延伸压力 p_{pro}。压力趋于平缓的点,为裂缝向远处扩展所需的压力。

(3)瞬时停泵压力 p_s。当裂缝延伸到离开井壁应力集中区,进行瞬时停泵时记录的压力。由于此时裂缝仍开启,瞬时停泵压力与垂直裂缝的最小水平地应力σ_h平衡,即有

$$
p_s = \sigma_h
\tag{3-34}
$$

此后,随着停泵时间的延长,流体向裂缝两边渗滤,使压力进一步下降。

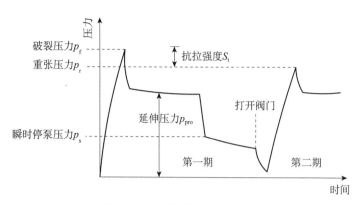

图 3-2　水力压裂压力典型曲线

(4)裂缝重张压力 p_r。瞬时停泵后重新开泵向井内注入流体,使闭合的裂缝重新张开时的压力。闭合裂缝张开不需克服岩石的抗拉强度,则重张压力为

$$p_r = p_f - S_t \tag{3-35}$$

因此,只要通过水力压裂测得地层的破裂压力、瞬时停泵压力和裂缝重张压力,结合地层孔隙压力的测定,利用式(3-33)~式(3-35)即可确定地层某深处的最大、最小水平主地应力:

$$\begin{cases} \sigma_h = p_s \\ \sigma_H = 3\sigma_h - p_f - \alpha p_0 + S_t \end{cases} \tag{3-36}$$

上覆地层压力可以由密度测井数据求得。这样,地层某深处的三个主地应力即可确定。

3.2.1.2　测井解释法

根据声波时差及密度测井资料可计算地层泊松比、弹性模量等力学参数,然后间接求得地应力大小[119,120]。

1. 垂向地应力

垂向地应力是由上覆地层的重力引起的,随着地层密度和深度而变化,可由密度测井资料求取:

$$\sigma_v = \int_0^H \rho(h) g \, dh \tag{3-37}$$

式中,σ_v 为垂向地应力,MPa;h 为地层埋藏深度,m;$\rho(h)$ 为地层密度随地层深度变化的函数,kg/m³。

2. 水平地应力

通过测井资料计算水平应力有多种模型,其针对性和实用性有一定差异。

1)黄氏模型

黄荣樽在多年研究基础上得出了计算地应力的公式:

$$\begin{cases} \sigma_h = \left(\dfrac{\nu}{1-\nu} + \gamma \right)(\sigma_v - \alpha p_0) + \alpha p_0 \\[2mm] \sigma_H = \left(\dfrac{\nu}{1-\nu} + \beta \right)(\sigma_v - \alpha p_0) + \alpha p_0 \end{cases} \tag{3-38}$$

式中,γ、β 为反应两个水平方向上构造应力大小的两个常数,无量纲量,对于给定地区是个定值,但随地区而异;ν 为岩石静态泊松比,无量纲量;α 为 Biot 系数(有效应力系数),无量纲量。

该模型认为地下岩层的地应力主要由上覆岩层压力和水平方向的构造应力产生,且水平方向的构造应力与上覆岩层的有效应力成正比。该模型考虑了构造应力的影响,可以解释在我国常见的三向应力不等且最大水平应力大于垂直应力的现象。但该模型没有考虑地层刚性对水平地应力的影响,对不同岩性地层中地应力的差别考虑不充分。

基于式(3-38)和测井资料,计算出安徽宿州 S-01 井的最小水平主应力如图 3-3 所示。

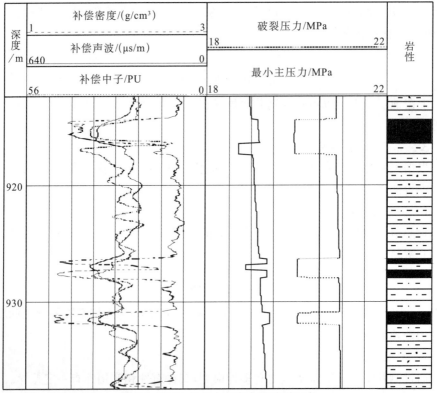

图 3-3 S-01 井最小主应力及破裂压力

2)组合弹簧模型

在分析黄氏模型存在不足的基础上,假设岩石为均质、各向同性的线弹性体,并假定在沉积及后期构造运动过程中,地层和地层之间不发生相对位移,所有地层两水平方向的应变均为常数。由广义胡克定律得

$$\begin{cases} \sigma_h = \dfrac{\nu}{1-\nu}(\sigma_v - \alpha p_0) + \dfrac{E\varepsilon_h}{1-\nu^2} + \dfrac{\upsilon E\varepsilon_H}{1-\nu^2} + \alpha p_0 \\ \\ \sigma_H = \dfrac{\nu}{1-\nu}(\sigma_v - \alpha p_0) + \dfrac{E\varepsilon_H}{1-\nu^2} + \dfrac{\upsilon E\varepsilon_h}{1-\nu^2} + \alpha p_0 \end{cases} \tag{3-39}$$

式中,E 为弹性模量,由测井资料求取,MPa;ε_h、ε_H 为岩层在最小和最大水平应力方向的应变,无量纲量,在同一断块内 ε_h 和 ε_H 为常数。

组合弹簧模型有一定的物理基础,但该模型忽略了岩层的非线弹性特性,所假设的各岩层水平方向应变相等属特例。

3)多孔弹性水平应变模型

基于广义的胡克定律,可以得出

$$\begin{cases} \sigma_h = \dfrac{\nu}{1-\nu}(\sigma_v - \alpha_{vert} p_0) + \dfrac{E\varepsilon_h}{1-\nu^2} + \dfrac{\upsilon E\varepsilon_H}{1-\nu^2} + \alpha_{hor} p_0 \\ \\ \sigma_H = \dfrac{\nu}{1-\nu}(\sigma_v - \alpha_{vert} p_0) + \dfrac{E\varepsilon_H}{1-\nu^2} + \dfrac{\mu E\varepsilon_h}{1-\nu^2} + \alpha_{hor} p_0 \end{cases} \tag{3-40}$$

式中,α_{vert}、α_{hor} 为垂直和水平方向上的有效应力系数。

该模型是在组合弹簧经验模型的基础上,引入地层的各向异性,认为垂直和水平方向上有效应力的系数不相等。

4)分层地应力计算模型

葛洪魁提出了一组地层应力经验关系式,分别适用于水力压裂垂直缝和水平缝。适用于水力压裂裂缝为垂直裂缝(最小地应力在水平方向)的模型:

$$\begin{cases} \sigma_v = \displaystyle\int_0^H \rho(h)g\,dh \\ \\ \sigma_h = \dfrac{\nu}{1-\nu}(\sigma_v - \alpha p_0) + K_h \dfrac{EH}{1+\nu} + \dfrac{\alpha_T E\Delta T}{1-\nu} + \alpha p_0 \\ \\ \sigma_H = \dfrac{\nu}{1-\nu}(\sigma_v - \alpha p_0) + K_H \dfrac{EH}{1+\nu} + \dfrac{\alpha_T E\Delta T}{1-\nu} + \alpha p_0 \end{cases} \tag{3-41}$$

适用于水力压裂裂缝为水平裂缝(最小地应力在垂直方向)的模型:

$$
\begin{cases}
\sigma_{\mathrm{v}} = \int_0^H \rho(h) g \mathrm{d}h \\[2mm]
\sigma_{\mathrm{h}} = \dfrac{\nu}{1-\nu}(\sigma_{\mathrm{v}} - \alpha p_0) + K_{\mathrm{h}} \dfrac{EH}{1+\nu} + \dfrac{\alpha_{\mathrm{T}} E \Delta T}{1-\nu} + \alpha p_0 + \Delta \sigma_{\mathrm{h}} \\[2mm]
\sigma_{\mathrm{H}} = \dfrac{\nu}{1-\nu}(\sigma_{\mathrm{v}} - \alpha p_0) + K_{\mathrm{H}} \dfrac{EH}{1+\nu} + \dfrac{\alpha_{\mathrm{T}} E \Delta T}{1-\nu} + \alpha p_0 + \Delta \sigma_{\mathrm{H}}
\end{cases}
\tag{3-42}
$$

式中,α_{T} 为膨胀系数,无量纲量;H 为地层深度,m;ΔT 为地层温度的变化,℃;h 为深度变量,m;$\rho(h)$ 为 h 深度处的地层密度,kg/m^3;K_{h}、K_{H} 为最小、最大水平主应力方向的构造系数,在同一区块视为常数,无量纲量;$\Delta\sigma_{\mathrm{h}}$、$\Delta\sigma_{\mathrm{H}}$ 为考虑地层剥蚀的最小和最大水平应力附加量,同一地区视常数,MPa。

该模型有以下几个特点:①考虑因素比较全面。包括了上覆岩层重力、地层孔隙压力、地层岩石的泊松比和弹性模量、地层温度变化、构造应力对水平地应力的影响。②适用范围广。适用于三向地应力不等的地区,而且既适用于水力压裂裂缝为垂直裂缝的情况,也适用于水力压裂裂缝为水平裂缝的情况。③模型中各参数物理含义明确。④比较符合地应力分布变化规律。⑤模型中的各参数比较容易获取。

3.2.2　储层压力

煤系气储层压力是指作用于煤岩孔隙、裂隙内的水和煤系气的地层压力[121]。它是煤系气运移、产出的动力。储层压力不仅影响着煤层的含气能力、煤系气的赋存状态,也决定着煤系储层的开发工艺。

3.2.2.1　储层压力分类

地层压力(geopressure 或 formation pressure),又称为地层孔隙压力,定义为作用于地层孔隙内流体(油、气、水)上的压力。它是煤层能量的具体表现形式之一,是煤层气运移、产出的动力。煤层气储层压力不仅影响着煤层的含气能力、煤层气的赋存状态,也影响着煤层的渗透性,从而制约着煤层气的开发。

通常采用储层压力与静水压力之间的相对关系来表示储层所处的压力状态。正常储层压力状态下,储层中某一深度的地层压力等于从地表到该深度的静水压力。储层压力与其相应深度的静水压力不符时称地层压力异常(abnormal formation pressure)。如果储层压力超过了静水压力,则属于异常高地层压力(或称超压、高压,abnormally high pressure、overpressure);低于静水压力时,则称为异常低地层压力(或称欠压,abnormally low pressure,underpressure)。在描述地层压力状态时通常采用储层压力梯度和压力系数两个参数。

储层压力梯度是指单位垂深内储层的压力增量,常用 kPa/m 或者 MPa/100m 来表示。美国石油地质学家 Hunt 明确提出了鉴别异常压力的标准[122],即在自由状态、淡水条件下的静水压力梯度为 9.79kPa/m;饱和盐水条件下的静水压力梯度为 11.90kPa/m,大于这两个条件下的临界值,则称为异常高压,反之则为异常低压。

中国煤田地质总局根据煤储层压力梯度将储层压力状态划分为四类(图 3-4)[123]:欠压(<9.30kPa/m)、正常(9.30~10.30kPa/m)、高压(10.30~14.70kPa/m)和超压或超高压(>14.70kPa/m),见图 3-4。

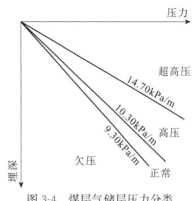

图 3-4 煤层气储层压力分类

3.2.2.2 异常压力的形成机制

1. 异常高压

煤层气储层异常高压的形成机制大体可分为水动力封闭型和自封闭型两类[124]。

1)水动力封闭型

水动力封闭型是指地下水或大气降水由露头区沿渗透性良好的煤储层(甚至包括与煤层有密切水力联系的高渗顶底板岩层)向盆地深部运移,当遇到渗透性差、致密的岩层、封闭性断层的阻碍,或到达盆地深部,形成滞留时,导致煤储层流体压力的升高,从而形成高压异常。

水动力封闭型异常高压储层形成必备的四个条件:①连续性强、渗透性强的煤储层是前提条件。②由补给区向盆地方向的地下水运移是必备条件。③运移以盆地内部煤储层非渗透性边界为终点,这种边界可以是构造枢纽线、断层、相变或排泄区等。其展布方向与地下水运移方向垂直。④地下水运移过程中,沿途将携带热成因甲烷和次生生物成因甲烷运至非渗透性边界处聚集,并由侧向流转化为垂向流形成常规高压圈闭气藏与非常规煤层气藏共存的现象。

2)自封闭型

成因来看,自封闭型煤层气异常高压储层可区分为两个类型:物性封闭和烃类生成增压(表 3-3)。

表 3-3　水动力封闭型和自封闭型成因对比[125]

封闭类型		煤储层特征	封闭机制	压力机制	流体来源	代表性地区
水动力封闭型		原生结构煤或碎裂煤,储层渗透性良好。作为一个独立的流体单元一般规模较大	上下为低渗的煤层顶底板围限,流体运移方向上存在渗透性壁障(断层、相变、构造枢纽线、排泄区)。在补给区方向与大气降水沟通。为不完整的封存箱	异常高压的形成是现今地下水动力作用的结果。地下水由补给区沿高渗煤储层携带着煤层气向深部运移,在非渗透性壁障处受到阻碍,形成常规水动力圈闭气藏	大气降水、地下水在运移过程中携带着煤层中的热成因和次生生物成因煤层气	美国的 San Juan 盆地 Fruitland 组,Piceance 盆地和 Sand Wash 盆地 Williams Fork 组煤层
自封闭型	物性封闭	碎粒煤或糜棱煤,储层渗透性极差。单一的流体单元规模可大可小,但一般小于水动力封闭型	以低渗透性而自我封闭;或以断层、剪切破坏形成的致密煤岩粉层等作为封闭边界	受埋藏和抬升、剥蚀过程中烃类的形成、温度的变化控制。埋藏阶段形成的地层压力在封存箱内于抬升、剥蚀后得到保持。抬升后因温度的降低,流体体积减小造成超压和欠压现象	封存箱内煤体自身形成的烃类和封存箱形成时的地层水	瓦斯突出矿井存在欠压封存箱
	生烃封闭	原岩和储层都是煤层	断层、成岩作用形成的致密层等为封闭层	烃类生成(热应力)、机械压力等	封存箱内煤体自身形成的烃类和封存箱形成时的地层水	Washakie 盆地

　　物性封闭是指煤体在构造应力(或其他力,如重力)的作用下,破碎为渗透性极差的糜棱煤,这类储层内赋存的大量的煤层气无法与外界交换而形成高压异常。物性封闭型异常高储层压力的形成除与温度、烃类形成、构造应力、抬升、剥蚀等有关以外,还与构造运动作用下的煤体结构变化特征有关。在煤层形成并达到最大埋深后,温度、静水压力和烃类生成量均达到了最大值。当构造运动使煤层抬升并遭受剥蚀后,静水压力和温度会降低,烃类的生成也会终止。但在构造煤发育的地区,煤体结构遭到构造应力破坏,煤体的渗透率急剧下降,不容易使煤层中的流体运移、散失,以孤立几何体存在的低渗糜棱煤内部就有可能保存该条件下的流体(煤层气和水),从而处于自封闭状态。在以后的构造抬升过程中,如果温度降低使流体体积降低,其减少幅度低于静水压力使之降低幅度,则可能会形成高压,否则形成欠压;如果其封闭体系因剥蚀而遭到破坏,流体发生运移散失,则也可能会形成欠压。

烃类生成引起的异常高压储层与常规油气异常高压封存箱性的形成机制相同。即垂向上和侧向上都存在封闭性边界,形成一个孤立的流体单元,且不与外界发生物质交换。在温度、压力的作用下,固态的有机质(煤)不断生产气态的烃类,使得流体体积不断膨胀,流体压力逐渐增高,从而形成高压异常。

2. 异常低压的形成机制

异常低压的成因研究者较少,从理论上可区分为两种情形:①温度降低、体积收缩所致。②煤层气的散失所致。在抬升过程中因围岩裂隙、孔隙、断层等的存在都可造成煤层气的散失,从而导致储层压力降低。除了散失造成异常低压外,煤储层抬升过程中因温度降低、孔裂隙内气水比例不同所发生的异常高压和低压之间的转换。

3. 河南煤层气储层压力实例分析

由焦作、平顶山、新安、永城和安阳等矿区煤层气参数和试验井试井直接获取的储层压力资料及钻孔抽水试验间接计算的煤层顶底板含水层地层压力资料显示,河南煤层气储层压力从欠压到高压均有分布(图3-5、表3-4)。焦作古汉山井田为欠压储层,压力梯度为5.09~6.66kPa/m;九里山井田为欠压-常压储层,压力梯度为5.01~9.49kPa/m;恩村井田为常压-高压储层,压力梯度为10.12~10.88kPa/m;安阳矿区为欠压-常压储层,压力梯度为6.3~9.6kPa/m;平顶山和新安矿区出现高压储层;永城矿区为常压储层(表3-5)。总之,大部分矿区煤储层的临界解吸压力偏低、临储比低、饱和度低,煤层气开发条件不如沁水盆地。

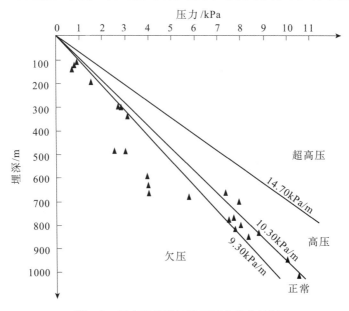

图 3-5 河南省煤层气储层压力分布特征

表 3-4　河南省煤层气储层压力

地区	煤层	储层压力/MPa	压力梯度/(kPa/m)	临界解吸压力/MPa	压力状态
焦作	二$_1$	7.69	10.12	3.66	常压
焦作	二$_1$	9.92	10.5	—	高压
平顶山	二$_1$	8.65	10.5	2.51	高压
新安	二$_1$	7.95	11.4	2.50	高压
永城	二$_1$	7.99	9.94	2.00	常压
安阳	二$_1$	5.80	8.4	3.51	欠压
安阳	二$_1$	10.51	9.5	1.75	常压
安阳	二$_1$	8.23	9.6	2.90	常压
安阳	二$_1$	4.02	6.3	—	欠压

表 3-5　用静水位间接计算的煤储层压力一览表

地区	煤层	煤层埋深/m	储层压力/MPa	压力梯度/(kPa/m)	压力状态
恩村	二$_1$	670.1	7.30	10.88	高压
古汉山	二$_1$	661.9	4.03	6.09	欠压
古汉山	二$_1$	593.5	3.95	6.66	欠压
古汉山	二$_1$	497.7	2.89	5.81	欠压
古汉山	二$_1$	494.7	2.52	5.09	欠压
九里山	二$_1$	304.6	2.71	8.92	欠压
九里山	二$_1$	340.1	3.12	9.17	欠压
九里山	二$_1$	301.6	2.73	9.05	欠压
九里山	二$_1$	117.1	0.87	7.43	欠压
九里山	二$_1$	143.7	0.72	5.01	欠压
九里山	二$_1$	197.2	1.51	7.66	欠压
九里山	二$_1$	119.1	0.76	6.38	欠压
九里山	二$_1$	118.3	0.82	6.93	欠压
九里山	二$_1$	245.6	2.33	9.49	常压
安阳	二$_1$	790.4	7.50	9.49	常压
安阳	二$_1$	822.5	7.75	9.42	常压

河南煤层气储层压力的分布主要与地下水动力条件有重要关系。在煤层露头或地下水径流区,储层一般处于欠压状态;在深部地下水滞留区,储层压力较高,一般为常压-高压状态。本书通过对焦作、安阳双全两个矿区进行实例剖析,探讨地下水动力条件对储层压力的影响。

1)焦作矿区

(1)煤层气运移的证据。

通过对焦作矿区 X 井煤层气成分分析可知,碎粒煤和糜棱煤分层的 CO_2 比例偏低,平均为 1.25%,$\delta^{13}C$ 值偏重,平均为 -29.61‰;原生结构煤和碎裂煤分层的 CO_2 比例偏高,平均为 1.36%,$\delta^{13}C$ 值偏轻,平均为 -32.51‰(表 3-6)。这一现象表明,本区煤层气存在原生热和次生热两种成因类型。

对于碎粒煤和糜棱煤分层,甲烷 $\delta^{13}C$ 同位素比原生结构煤和碎裂煤重,其原因有二:一是由于此类储层渗透性极差,很难发生地下水与煤层气的运移,煤层气成分和同位素组成都保持了原始状态;二是动力变质作用可能产生了更重的碳同位素甲烷。此类煤层气属于原生热成因煤层气。

对于原生结构煤和碎裂煤分层而言,由于浅部储层优先解吸的 $^{12}CH_4$ 在地下水作用下运移到滞留区聚集,造成 $\delta^{13}C$ 轻于糜棱煤分层;同时由于 CO_2 的溶解度远远高于甲烷,最易溶于水后被运移到滞留区富集。此类煤层气为次生热成因。

由上述可知,从煤层气的地球化学特征可以确定本区存在地下水作用下的煤层气运移,这与美国的圣胡安盆地和我国的沁水盆地类似。

表 3-6   焦作矿区 X-1 井煤层气成因类型

样品编号	煤体结构	CO_2/%	$\delta^{13}C$/‰	成因
X 井-1-2-1	原生结构	1.18	−31.65	次生热成因
X 井-1-2-2	碎裂结构	1.31	−32.78	次生热成因
X 井-1-2-3	原生结构	1.34	−31.51	次生热成因
X 井-1-2-4	原生结构	1.46	−34.22	次生热成因
X 井-1-2-5	原生结构	1.35	−32.76	次生热成因
X 井-1-2-6	原生结构	1.50	−32.12	次生热成因
X 井-1-2-7	碎粒煤	1.24	−29.36	原生热成因
X 井-1-2-8	糜棱煤	1.26	−29.86	原生热成因

(2)地下水动力条件。

在三叠纪末期,焦作地区煤层埋深达到最大值,在正常古地温条件下,发生了第一次生烃作用。之后的地层抬升过程中,受燕山晚期热事件影响,煤层再次处于异常高温场,发生了第二次生烃作用[126](图 3-6)。此时,生成大量煤层气,因煤层处在高温环境,使煤对甲烷的吸附能力减弱,形成正常—异常高压。燕山期热事件后的抬升和剥蚀作用,使储层温度降低,煤体吸附能力显著增加,并引起储层含气饱和度和压力降低,此时煤层将处于欠压状态。但焦作矿区储层压力却从欠压到高压均存在,这主要是在二次生烃之后,由地下水的补给、运移和滞留引起的。

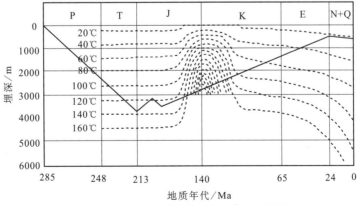

图 3-6   焦作恩村井田煤层气埋藏史和热史

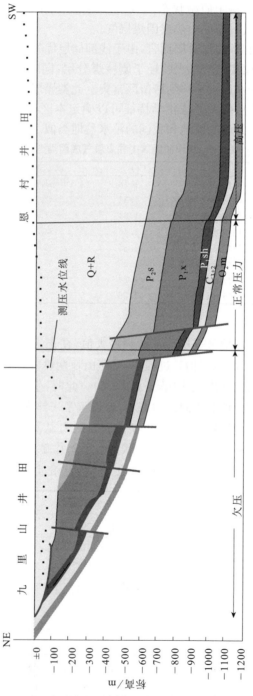

图 3-7　焦作矿区地下水静水位剖面图

该区地下水由露头区(太行山南麓)补给,浅部煤层中的煤层气在地下水作用下向深部运移,这是造成深部滞留区煤层气富集和储层压力恢复的主控因素。在该区地下水补给区和径流带,往往形成欠压,如九里山、古汉山井田等;在滞留区往往形成常压-超压,如恩村井田(图 3-7)。煤层气成分和甲烷碳同位素也佐证了煤层气运移的存在。

2)安阳矿区

(1)煤层气运移的证据。

安阳双全井田煤层气甲烷碳同位素 $\delta^{13}C$ 为 $-56.06‰ \sim -57.44‰$,镜质组反射率为 1.7% 左右,属于热成因与次生生物成因混合气[127]。地下水径流带的温度、pH、Eh、营养物质和矿化度等环境条件最适宜微生物生存,是次生生物气生产的重要场所。在径流带形成的生物气,随地下水运移到安阳双全井田北部和东部的地下水滞留区,使这些区域的储层压力增高,成为常压储层。

(2)地下水动力条件。

安阳矿区在埋藏史和热史的控制下,煤层经历了 3 次生烃过程(图 3-8)。中三叠世末期,煤层埋深达到最大值,在正常古地温下,达到第一次生烃高峰[126]。之后的地层抬升过程中,煤层受燕山期构造热事件的影响,镜质组反射率达到 1.2%,并达到第二次生烃高峰。新近纪时,由于矿区南部的岩浆侵入作用,煤的成熟度进一步增加,镜质组反射率可达 1.7%,并达到第三次生烃高峰。在煤层三次生烃过程中,生成大量的煤层气,由于异常高的古地温条件,煤层的吸附能力极低,此时煤层处于常压-高压与含气饱和状态。此后,地层抬升,储层温度降低,使煤的吸附能力急剧增加,含气饱和度降低,若无其他因素影响,煤储层应处于欠压状态。

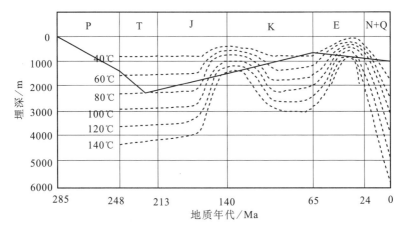

图 3-8 安阳双全井田煤层埋藏史、热史

　　该区二₁煤在西部露头处接受沿太行山地下水的补给,总体向东运移,进入安阳双全井田后基本处于弱径流和滞留区[128](图 3-9),是煤层气富集的有利场所[129]。因此造成双全井田煤层气含气量东高西低,储层压力东部呈常压状态,西部呈欠压状态。次生生物气在深部滞留区的聚集,充分说明了煤层气运移的存在。

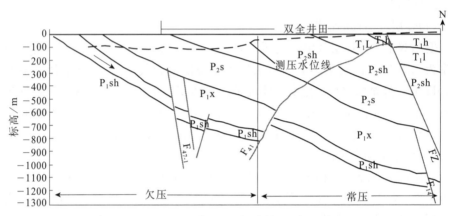

图 3-9　安阳双全井田地下水静水位剖面图

3.2.2.3　储层压力的获取方法

　　一般情况下,在水力强化结束后继续测压降,当压力下降到稳定阶段,此时的压力即为煤储层压力,可以通过压力恢复曲线的斜率按下列三种方法求取。

Horner 法:

$$p_{ws} = p_i + m \lg \frac{\Delta t}{t + \Delta t} \tag{3-43}$$

MDH 法:

$$p_{ws} = p_{wf}(\Delta t = 0) + m \left(\lg \frac{8.0853 k \Delta t}{\phi \mu C_t r_w^2} + 0.87S \right) \tag{3-44}$$

Agarwal 法:

$$p_{ws} = p_{wf}(\Delta t = 0) + m \left[\lg \frac{8.0853 k \Delta t}{\phi \mu C_t r_w^2 (t + \Delta t)} + 0.87S \right] \tag{3-45}$$

式中,p_{ws} 为地层静止压力,MPa;p_i 为原始地层压力,MPa;$p_{wf}(\Delta t = 0)$ 为关井前瞬间的井底激动压力,MPa;m 为压力恢复曲线中直线段斜率,MPa/周期;Δt 为从关井起经过的时间,h;t 为稳定产量 q 的生产时间,h;k 为地层有效渗透率,$10^{-3} \mu m^2$;μ 为流体黏度,mPa·s;ϕ 为地层孔隙度,小数;C_t 为总压缩系数,MPa^{-1};r_w 为井筒半径,m;S 为表皮系数,无因次。

3.3 地下水动力学

地下水动力学包括地层水的补给、径流、滞留和排泄等过程,直接影响煤系气的运移和富集、开发层位选择、储层改造方式甚至排采制度等一系列问题,其中运移和富集关系到煤系气资源丰度和单井控制储量,改造与排采则直接关系到煤系气资源能否顺利采出。

3.3.1 地下水对煤系气的运移和富集的影响

含煤岩系中的水文地质条件对煤层气的保存和逸散影响很大,造成不同水文地质条件下煤的含气量存在明显差别。例如,整个华北地区,下部太原组煤系直接覆盖在奥陶系灰岩之上,煤系与下伏奥陶系灰岩岩溶裂隙含水层强径流带容易产生水力联系,所以太原组的煤系水动力条件往往强于上部的山西组煤系,这一观点已为大家所共识。太原组的煤系埋藏深度大于山西组煤系,理论上,太原组的下主煤层的含气量应该高于山西组的上主煤层,但实际情况却相反,下主煤层的含气量反而低于上主煤层的现象非常普遍。例如,晋城矿区,下主煤层含气量(石炭系太原组)都明显低于上主煤层(二叠系山西组)含气量;在阳泉矿区,3#煤(山西组)、12#煤(太原组)、15#煤(太原组)埋藏深度依次增加,煤的含气量却逐渐降低,煤层气的压力也逐渐降低。

煤层气在地下水溶解—运移的过程中存在煤层气组分和甲烷碳同位素分馏效应。例如,沁水盆地南部地下水运移受构造、地形、年降水量等因素的控制。北部的杜寨—固县一带存在着一条分水岭,该分水岭呈东西向展布,东部至煤层露头,西部至封闭性的寺头断层。在分水岭以南地区,大气降水和地表水沿东部和南部露头区补给,向深部运移。由西部霍山隆起补给运移来的地下水,因受寺头断层和分水岭的阻碍没有进入该区。这样就形成了向中部汇流之势,受到煤层上下低渗透性围岩在垂向上的封堵作用,在潘庄、樊庄地区形成了地下水滞流区。沿着水流方向,埋深不断增加,CO_2在煤层气中的百分含量不断增加,主要是大气降水溶解CO_2不断通过地下水运移积累造成的。同时,CH_4的碳同位素值也在不断升高,主要原因是在大气降水下渗过程中,水中不仅携带了溶解在水中的气体,还从地表携带了大量的微生物,这些微生物在厌氧环境下代谢生成的湿气、重烃和其他有机质,形成了碳同位素较轻的甲烷气体(图 3-10)。这是沁南煤层气藏和圣胡安盆地北部深部 CO_2 含量普遍高的原因之一(图 3-11)。

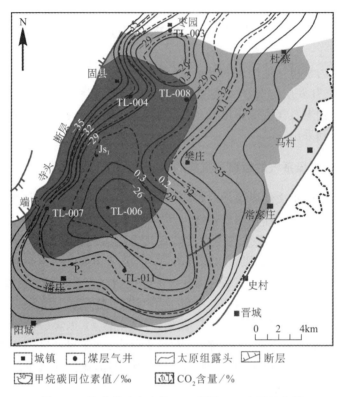

图 3-10   沁水盆地东南部 15♯ 煤层 CO_2 含量等值线
与 CH_4 碳同位素值等值线图

3.3.2   地下水对煤系气开发的影响

煤层与围岩的水力沟通程度主要取决于围岩的裂隙开启及岩溶发育程度。例如,河东煤田石炭系、二叠系砂岩裂隙含水层富水性较弱,泥岩隔水层发育,对煤层气开采影响有限。奥陶系灰岩和石炭系太原组局部灰岩层富水性强,不利于煤层气开采(图 3-12)。

山西组 3、4、5 号煤层和太原组 8、9、10 号煤层的煤层气排采差别大,水平井 LH1 和 LH2 无需进行储层改造,最大程度上避免了煤层与顶板的水力联通,产水量较低(表 3-7)。因此,地下水条件决定了煤储层的压裂规模要小,避免使煤层与顶板含水层间发生水力沟通,否则煤层气井排采过程中顶板水长期干扰并抑制了煤层水的产出,煤层压力并未得到有效的下降,解吸范围仅限于井筒附近很小区域。

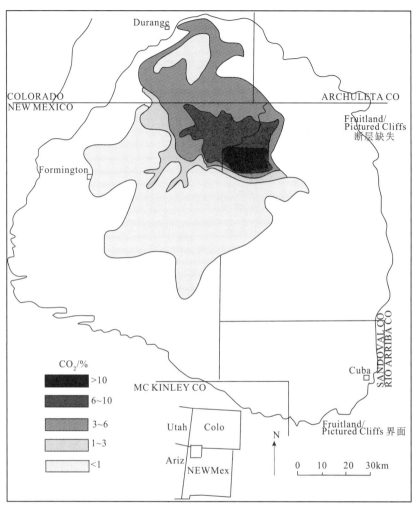

图 3-11 San Juan 盆地 Fruitland 煤层气的二氧化碳含量[130]

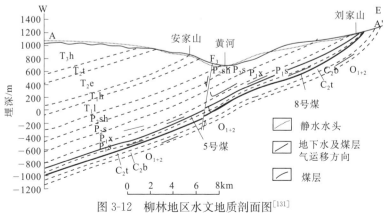

图 3-12 柳林地区水文地质剖面图[131]

表 3-7　柳林地区部分排采井产水产气情况[132]

井名	排采阶段	排采层位	日平均产水量/m³	日最大产水量/m³	日平均产气量/m³	日最大产气量/m³
L1	前期	8+9 号	127.58	271.29	40.34	177.00
	后期	3+4+5 号	42.63	109.80	842.24	1157.30
L2	前期	8+9 号	121.33	256.91	26.74	99.61
	后期	3+4+5 号	37.53	58.08	35.25	123.10
L3	整段	3+4+5 号	23.05	46.20	143.08	361.44
L4	整段	3+4+5 号 8+9 号	41.63	60.78	418.50	1304.70
L5	整段	3+4+5 号 8+9 号	120.42	284.11	1031.38	2284.10
L6	整段	3+4+5 号	7.72	48.97	123.17	524.74
L7	整段	8+9+10 号	102.55	199.19	407.59	1497.60
LH1	整段	3+4 号	2.79	4.06	5997.37	9744.00
LH2	整段	3+4 号	7.36	14.02	3168.16	7411.66

　　美国粉河盆地属于低阶煤,煤层含气量在 $2m^3/t$ 左右,粉河盆地煤阶未达到热演化阶段,层气主要为生物成因甲烷或次生生物气。通过地下水的径流,把营养物质源源不断地带入煤层深部,微生物以煤为底物生成甲烷为主的气体并被开发,目前粉河盆地单井产气总量已远远超过煤层勘探的资源量,表明煤层生物气一边生成一边被开发,地下水输送营养物质功不可没。加拿大阿尔伯特马蹄谷组由于煤层属于干层,常规水力压裂导致水锁伤害,煤层气井产气量很低,后来利用液氮对近井地带解堵,实现了煤层气商业化开发。

　　煤岩层可以表现为含水、弱含水和不含水,其中煤系气的储集和运移亦各具特征。根据煤层与围岩含水/隔水层的组合关系可以分为三种情况[133]:①煤层顶板或底板为含水层,其间无稳定的隔水层存在;②煤层的顶底板层为隔水层,但断裂切割后,可以沟通其上部或底部含水层的联系;③煤层的顶底板均为隔水层,上覆和下伏地层中的含水层在自然状态和煤层气开采时都不会与煤层沟通。从第一种情况到第三种情况,围岩的含水性对煤系气的储集、运移的影响依次减弱,但是只要煤层与围岩中的含水层存在某种程度的联系,那么含水层就会对煤层中的煤系气产生影响。煤系气缝网改造尽量避开地下水径流层位,降低后期排采降压的难度。

第4章 煤系气的运移产出过程

在煤系气储层微孔中由于流体的存在而产生的异常高毛管压力,造成了学者对煤系气赋存环境的认识与以往明显不同。煤系气储层以低渗为特征,煤系气从低渗储层中产出往往容易形成段塞流,从而对储层造成严重的速敏伤害,段塞流在非常规天然气领域是一个尚未被充分认识的客观现象。一定程度上,目前的煤系气的赋存环境及运移产出理论并没有能够客观反映实际情况。本章重点从煤系气微孔超压赋存环境的形成机理入手,深入探讨微孔超压环境对煤系气运移产出的影响,形成煤系非常规天然气储层缝网改造技术的又一理论支撑。

4.1 煤系气理论含量垂向变化

所谓煤系气是由整个煤系中的生烃母质在地质演化过程中生成的、并保存在煤系各类岩层中的、以甲烷为主的所有天然气。根据赋存岩性可区分为煤层气、泥页岩气和致密砂(灰)岩气等[134-137]。这三种煤系气中,煤层气资源最为丰富,研究程度最高,开发技术相对成熟,我国局部地区已经实现了大规模商业化开发;其他两种气,特别是在浅层(1500m 以浅)究竟有没有单独开发价值,目前还没有定论。以游离和溶解态赋存的煤系气在浅部相对较低的压力和温度下,其含气量有限,且多为低压储层,由于钻井一般不是欠平衡钻进,冲洗带比较深,气测录井和测井难以发现。但部分薄煤层、炭质泥岩和泥页岩中丰富的有机质形成的吸附气的含量是不可忽视[138],这些气在气测录井和测井中都有显示,但过去并没有充分考虑其资源条件和可开发性。

4.1.1 煤系气的客观存在

就目前的认识,煤系三气的赋存状态无外乎三种:吸附气、游离气和溶解气,不同类型的气藏各赋存状态的气体所占比例不同。吸附态多用 Langmuir 方程描述,游离气用真实气体状态方程表达,溶解气服从亨利定律(图 4-1)。从理论上,只要保存条件允许,这三种气的存在是毋庸置疑的;也可以说,只要有煤层气的地方,其他两气(泥页岩气和致密砂(灰)岩气)都会存在。

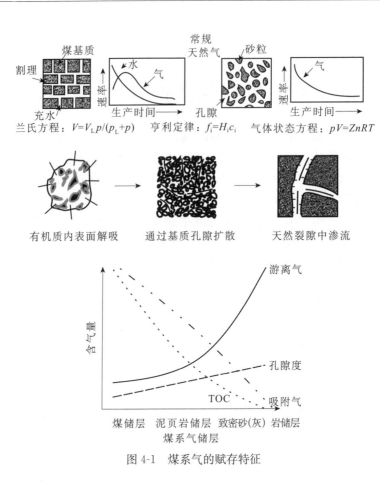

图 4-1 煤系气的赋存特征

在以往的勘探开发中,有机质含量较高的泥页岩中已经发现了天然气,如南方二叠系龙潭组,是一个由多煤层、多煤组构成的非常规天然气系统,大量的炭质泥岩和泥页岩中赋存着丰富的天然气资源;砂岩甚至灰岩中也将赋存一定量的天然气。比较典型的如贵州化乐区块,初步估算目前可采煤层内赋存的龙潭组煤层气资源丰度为 $1.5×10^8\,m^3/t$,另外还有大量的薄煤层、炭质泥岩、泥页岩,以及砂岩和灰岩,其资源丰度不低于 $1.5×10^8\,m^3/t$;又如古蔺石宝矿段龙潭组从气测到测井都发现了大量非煤含气层的存在(图 4-2);再有山西左权某区块,采用了煤系三气联合开发技术,证明非煤储层中溶解气和游离气对产量的贡献在 $300m^3/d$ 左右。

煤系气具有"自生自储、源储相依、储盖交互、多态并存"的特点。在煤系气储层中泥页岩层多出现与煤层、致密砂岩层互层现象,泥页岩层和煤层自生自储,致密砂岩作为储层必须依赖于前两者为其提供气源,三者均为储层,部分又互为盖层;煤系气可以通过吸附、游离、溶解等多种状态赋存。从煤层气到泥页岩气、致密砂岩气,吸附气所占比例逐渐降低,游离气逐渐增加,而溶解气的含量则取决于温度、压力和地下水矿化度等因素。不同的储层和气体赋存状态决定了开发工艺的差异。

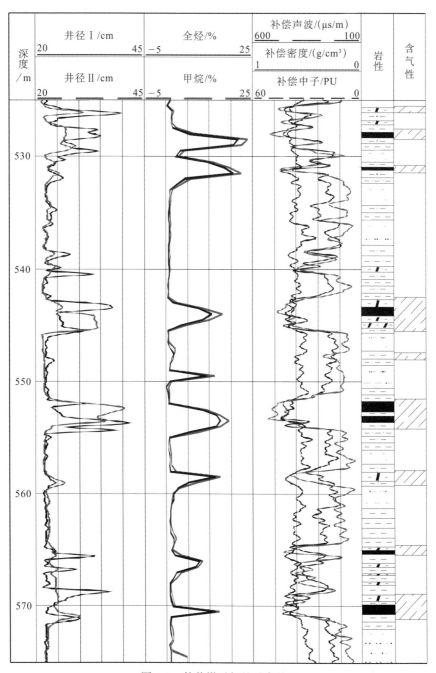

图 4-2 某井煤系气的赋存特征

4.1.2 煤系气理论含量垂向变化

垂向上煤系三气含量的变化,决定了开发对象的选择。本书以沁水盆地某区块为例,通过理论计算,探讨煤系气含量在垂向上的理论变化规律(图 4-3)。

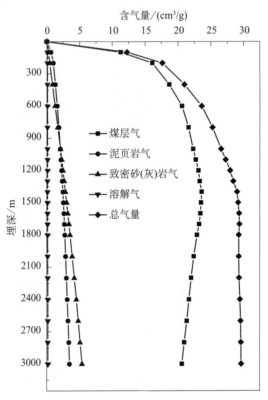

图 4-3　煤系气 3000m 以浅理论含气量的垂向分布

4.1.2.1 煤层气

随着深度的增加,控制煤层气吸附的温度和压力不断增加,煤层的理论含气量在垂向上将不断变化。为此,文献[139-141]建立了一种在深部高温高压下计算理论含气量的方法,本书根据此方法对沁水盆地某区块的理论含气量垂向分布进行计算。计算参数取值分别为煤 30℃的 $V_L=28.14cm^3/g$、$P_L=1.57MPa$,地温梯度 2.5℃/100m,恒温带深度 50m,地表温度 17℃,地层压力取正常压力。计算结果表明,煤层气理论含气量在 1500m 左右达到极大值,之后由于温度对吸附的影响超过了压力,含气量缓慢降低。

4.1.2.2 泥页岩气

泥页岩气主要包括吸附气与游离气两部分,煤系中的泥页岩由于有机质含量比较丰富,吸附气的份额要高些。取泥页岩的孔隙度 2.8%,密度 2.5g/cm³,含气饱和度按 100% 计,采用上述温压环境并根据真实气体状态方程进行游离气含量计算;取泥页岩中有机质含量 5%,采用上述煤的吸附参数进行吸附气含量计算,计算结果表明泥页岩气含量随深度增加而持续增加。

4.1.2.3　致密砂(灰)岩气

不考虑致密砂(灰)岩中的有机质的吸附(尽管有些情况下含有一定量有机质),只考虑游离气。取孔隙度 6%,密度 2.5g/cm³,含气饱和度按 100% 计,温压环境同上,计算结果表明随深度增加理论含气量增加,且在埋深 1000m 后超过泥页岩气。

4.1.2.4　溶解气

之所以把溶解气单独计算,是由于在上述三类储层中都存在这一状态的天然气。煤系气在水中的溶解度受控因素很多,如温度、压力、水的矿化度等,目前还没有统一认识,本书根据参考文献[142]对溶解气的垂向变化进行了初步的计算,含量极低,随深度增加有所增加。

煤系三气,包括溶解气总量在 1500m 左右达到极大值,然后随深度增加理论含气量在 3000m 以浅几乎不变。因此,从资源的角度,1500m 以浅以煤层气为主要开发对象;深煤层气依然是主体,泥页岩气和致密砂岩气可开发性增强。值得注意的是,无论采用什么井型开发,单井控制范围内的煤系气资源总量必须满足商业开发的最低要求。

4.2　煤系气的微孔超压赋存环境

广义而言,煤系气是一种自生自储的非常规天然气,以吸附态、游离态和溶解态赋存于储层当中。煤系气的赋存除了与自身特性相关外,主要受压力和温度等环境参数的影响[143,144]。然而,最近的研究表明煤储层实际的压力参数可能并非我们所认为的储层压力。在煤矿瓦斯灾害治理和煤层气开发领域,一些用现有的赋存理论难以解释的现象比比皆是。其一,瓦斯突出后涌出的瓦斯量远远大于煤的最大吸附能力。其二,焦作某矿在严重突出区煤层打钻时,钻孔内煤壁和煤屑温度高达 100℃,且出现煤屑膨胀现象。其三,瓦斯突出时的异常高压和巨大能量来自哪里?其四,近期煤系气的联合开发中发现游离气的贡献远远高于以前的认识。其五,部分煤层气井的最终产气量远远大于其控制的地质储量。其六,页岩气井的高产预示着游离气的贡献,但如此致密的低孔低渗岩石,按照常规的理论,游离气的量不足以支撑如此高的单井产量;如果考虑吸附气的贡献,不会有如此大的解吸与扩散速率。其七,一些含水饱和度低、毛管压力高的储层,水力压裂后水锁伤害严重,难以商业化开发[145-148]。所有这些现象都预示着关于煤层气的赋存状态和赋存条件的认识还有待进一步深入,一定存在还没有被发现的赋存状态或赋存条件。

在经历了漫长的地质历史演化后,现今的储层温度场是相对均一的,但压力就不一定了。众所周知,流体进入或流出多孔介质时要克服一个附加力——毛管压力。对于煤系气储层而言,只要孔隙中有水存在,就会产生毛管压力,孔隙内气体承受的压力不仅包括储层压力,而且包括附加的毛管压力[149-151]。近期的研究,活性水在 10nm 的煤储层孔隙中毛管压力就能超过 10MPa,若再加上储层压力,对于埋深在 1000m 以浅的煤层气储层而言,孔径在 10nm 以下的微孔隙中已经是超压环境了。除此之外,煤中死孔隙内保留了烃类气体生成后的气体压力环境,在地质演化过程中,若煤层抬升,死孔隙内的气体压力极有可能超过同一埋深的静水柱压力,形成超压环境[152-154]。

煤储层微孔超压环境的客观存在可能是造成瓦斯治理和煤层气开发中遇到的异常现象的根源,对微孔超压的形成机制进行研究有助于正确估算煤储层中煤层气含量、正确认识煤矿瓦斯突出的机理,进一步明确煤系气的运移产出过程。

4.2.1 微孔超压环境的形成机制

煤储层微孔超压环境的形成与煤在地质历史时期成藏、生烃等过程密切相关。开放型微孔内的水环境是造成其超压环境形成的重要原因,而死孔隙内所保存的气体压力环境受其形成时的温度、压力、孔隙体积、孔隙内气液的成分和比例、演化过程中温度和压力场的变化等因素影响。

4.2.1.1 煤孔隙中气水两相并存

煤是一种由植物遗体经泥炭化作用、成岩作用和变质作用形成的固体化石燃料。其中,泥炭化作用是在沼泽水环境下进行的,通常生成的泥炭水分含量极高;成岩作用阶段,泥炭发生压实、脱水、增碳等作用,这一阶段也是在水环境下进行的[155,156],且形成了原生生物成因的甲烷[157-160]。

随着埋深的进一步增加,温度和压力越来越高,煤化作用进入变质作用阶段[24,25]。热成因气是在煤化作用阶段,煤经复杂的物理、化学变化产生的煤层气,以甲烷为主,还有微量的重烃,无机气体多为二氧化碳、氮气和微量的硫化氢等,在这一过程中有液态产物伴生,包括液态烃类和水[143,161]。这些液态物质的存在,为毛管压力的形成奠定了基础,并和埋深决定了超压的存在与否。煤中水环境是客观存在的,只是水的含量不同,煤的工业分析结果证实了这一点(表 4-1)。

表 4-1 煤样煤质特征

样品名称	$M_{ad}/\%$	$A_{ad}/\%$	$V_{ad}/\%$	$F_{cad}/\%$	$R_{max}/\%$
大同	7.25	14.66	31.07	47.02	0.7
沙曲	0.47	11.12	26.59	61.82	1.3
屯兰	0.53	14.62	18.33	66.52	1.9
新义	0.57	16.44	12.17	70.82	2.2
焦作	0.43	9.64	8.28	81.65	4.2

4.2.1.2 煤孔隙毛管压力测试

煤孔隙中毛管压力的大小主要与液体表面张力、液体和煤孔隙表面的接触角及煤孔隙直径有关,可通过拉普拉斯方程计算[162,163]。

1. 煤样选取

实验选取大同煤田永定庄矿的气煤、河东煤田柳林地区沙曲矿的焦煤、太原西山煤田屯兰矿的瘦煤、新安煤田新义矿的贫煤和焦作煤田中马村矿的无烟煤作为研究对象,煤样工业分析结果见表 4-1。

2. 表面张力、接触角测试

表面张力和接触角测试在 JC2000D 型接触角测量仪上完成,该仪器测量的表面张力为 $1 \times 10^{-2} \sim 2 \times 10^3$ mN/m,分辨率为 ± 0.05 mN/m;测量的接触角为 $0 \sim 180°$,测量精度为 $\pm 0.1°$。

在测量温度 25℃的条件下,采用悬滴法测量蒸馏水的表面张力,用量角法测量蒸馏水与煤孔隙表面的接触角。接触角测量所用煤样为直径约 50mm、厚度 1mm 的煤片,煤片由粒径在 200 目以下的煤粉在粉样压片机 10MPa 压力下压制而成。测量结果见表 4-2。

表 4-2 煤孔隙毛管压力计算结果(孔径 10nm)

样品名称	$\sigma/(mN/m)$	$2r/nm$	$\theta/(°)$	p_c/MPa
大同	—	—	48.25	19.69
沙曲	—	—	66.5	11.72
屯兰	73.55	10	66	11.97
新义	—	—	57	16.02
焦作	—	—	56	16.45

3. 毛管压力计算

将测得的蒸馏水的表面张力和蒸馏水与各煤样间接触角代入式(4-1),即可测得一定孔径条件下的毛管压力。

$$p_c = 4\sigma\cos\theta/d \qquad (4\text{-}1)$$

式中,p_c 为毛管压力,MPa;σ 为蒸馏水与空气的界面张力,mN/m;θ 为蒸馏水与煤孔隙表面的接触角,(°);d 为煤孔隙直径,nm。

对于埋深在 1000m 以浅的煤层,静水柱压力小于 10MPa,而由毛管压力的计算结果可知(表 4-2),煤中微孔孔径在 10nm 时,孔隙内毛管压力便可达到 10MPa,若再加上储层压力,孔隙流体已经处于超压环境了。

由压汞实验测得的孔隙分布与毛管压力的对应关系表明(图 4-4),煤中孔径在 10nm 以下的微孔广泛分布,且孔径越小,孔隙内毛管压力越大,超压越显著。随着煤层埋深的增加,形成超压环境的微孔越小。

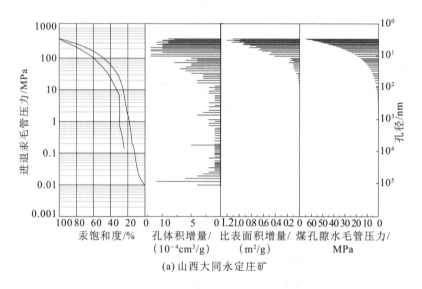

(a) 山西大同永定庄矿

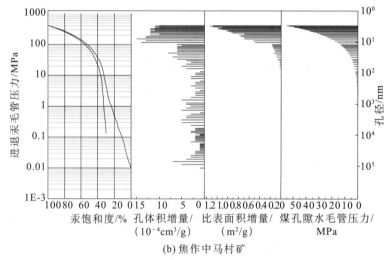

(b) 焦作中马村矿

图 4-4　煤孔隙孔径分布与毛管压力对应关系

4.2.1.3　微孔超压环境的形成机理

在煤化作用过程中,煤成烃的同时形成了大量气孔,加之残留的植物组织孔、次生矿物孔隙、晶间孔和原生粒间孔,构成了煤储层复杂的基质孔隙系统[143,164-166]。煤基质孔隙大小、形态多样,孔径在 10nm 以下的微孔大量分布[167]。除了与其他孔隙、裂隙相连通的开放型孔外,有相当一部分孔隙被孤立在煤基质当中,不与其他孔隙、裂隙相连通,称为死孔隙,这部分类似于包裹体的孔隙,如果在地质演化过程中不破裂,其中的气液态物质就能保存下来[152]。煤中死孔隙和开放型孔隙现今均有可能存在超压环境,且两者超压环境的形成机理存在差异。

1. 死孔隙中微孔超压环境的形成

煤中包含气、液体的死孔隙内流体压力随着气体体积的改变而改变,若生烃过程继续进行,死孔隙内流体压力将会增大,超过煤体破裂压力时,这些孔隙将破裂,其中所含的气、液体将排出,孔隙转化为连通孔隙;相反若流体压力低于破裂压力,则原始的压力环境得到保存,仍为死孔隙。由死孔隙内气、液体形成时的温压环境演化到现今条件下的温度下的压力环境会发生严重的变化,这一变化取决于原始状态下的孔隙流体压力、温度、孔隙体积和孔隙内物质成分。河南焦作地区二₁煤层的埋藏史、热史反映了死孔隙中压力环境变化的全过程(图 4-5)。

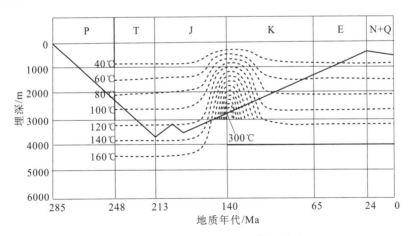

图 4-5　河南地区二₁煤层埋藏史、热史

由图 4-5 可知,山西组二₁煤从晚二叠世早期开始形成并逐渐被埋藏,在三叠纪末期达到最大埋深。此时煤层承受的温度为 130℃左右,第一次生烃达到高峰,且处于液态烃的形成高峰。之后,经历了早侏罗世末期的短暂抬升和中侏罗世的短暂沉降后,便进入了持续抬升阶段,古近纪末期达到最高抬升阶段,之后不同地区有不同程度的沉降。在晚侏罗世—早白垩世期间,焦作地区与华北其

他地区一样,经历了一期异常热事件,此时的地温梯度高达 6℃/100m,二₁煤层遭受了近 300℃ 的高温,煤层发生了二次生烃,且生成的气体主要是甲烷。这时也是煤体内部大量热变气孔的形成时期,破裂、排烃的形成连通孔隙;保持孤立的为死孔隙。死孔隙内的温度和压力决定了其后期演化过程中,一直到现今的孔隙内的压力变化。这些死孔隙非常小,多为纳米级,其形成时的温度将近 300℃;最高压力为煤的破裂压力,由埋深和煤的抗拉强度可知正常的孔隙压力为 60~70MPa。孔隙内的煤层气含量由游离气和吸附气组成,游离气的含量因孔隙体积较小、温度较高而有限;对吸附气而言,在如此高的温度下最大吸附能力也非常低。在后期的抬升过程中,随着温度的不断降低,最大吸附能力不断增加,不断由游离态的气体转化为吸附态;游离态气体量持续减少,整个孔隙内的压力不断降低。初步的计算表明,具有焦作这种演化史的煤,在现今的温度和静水压力下,死孔隙内难以形成超压。但死孔隙内的煤层气依然存在,在进行含气量测试时部分在煤样破碎时作为残留气逸出,部分仍保持原始状态。

　2. 开放型孔隙中微孔超压环境的形成

　　开放型孔隙是指煤中相互连通、煤层气能够从中运移产出的所有孔隙,从影响吸附的比表面积角度,绝大部分隶属热变气孔。当煤层气形成并在孔隙内集聚呈高压状态时[图 4-6(a)],一旦突破煤的破裂压力,就会发生排烃,并与其他孔隙和裂隙沟通,形成一个复杂的孔-缝体系[图 4-6(b)]。以焦作二₁煤为例,燕山期的异常热事件,当微孔破裂排烃时,微孔内的气体和液体被快速排出,直至孔隙内的流体压力(P_p)与毛管压力(P_c)和静水压力(P_h)达到平衡[图 4-6(c)],即:$P_p = P_c + P_h$。值得注意的是以往人们往往忽视了生烃期间煤储层的保存甲烷的能力,在温度高达 300℃ 的环境下,即使压力再高,游离气的含量也是有限的,因为煤的孔隙度本身很低;最大吸附能力在压力达到一定值后不在增加。可见,焦作地区在燕山期生烃期间保存在煤中的甲烷非常有限,远远低于现今的含气量,这可能是由于在后期的地质演化过程中水中的溶解气部分转化为吸附气,高温高压下的溶解气含量是非常可观的;其次,在抬升过程中浅部的煤层气在地下水的作用下不断向深部运移聚集,浅部的煤层在不断抬升中剥蚀,美国的圣胡安盆地和中国沁水盆地东南部都有此条件。没有后期的补充,就没有现今的高含气量[图 4-6(d)]。生烃结束后,后期的演化过程中微孔的压力环境随温度的降低、原有甲烷相态的转化、外来甲烷等气体通过溶解扩散等途径的不断补充而不断地调整,但是施加在这些微孔内气体上的力始终是储层压力和毛管压力之和,这就为超压环境的形成创造了条件。初步的计算和分析表明,河南焦作地区的二₁煤有一部分孔径的孔隙现今是完全可以维持超压状态的。

　　微孔超压环境的形成机理研究方兴未艾,这一客观现象的认识将对非常规天

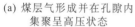
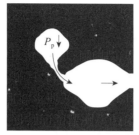

(a) 煤层气形成并在孔隙内集聚呈高压状态　(b) $P_p>P_t$时发生微裂缝排烃，形成孔-缝体系　(c) 孔隙内的流体压力与毛管压力和静水压力达到平衡

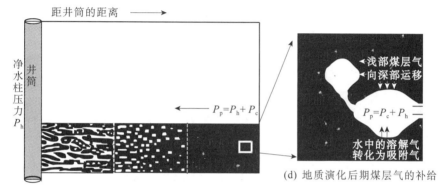

(d) 地质演化后期煤层气的补给

图 4-6　微孔中超压环境的形成机理

然气,特别是泥页岩气、泥页岩油和煤层气资源的再认识是一个质的飞跃;对瓦斯突出机理的揭示起到推动作用;对非常规天然气的勘探开发区域和技术将是一种挑战。尤其对于煤系气开发而言,会进入一个崭新的时代。

4.2.2　基于微孔超压的煤与瓦斯突出机理

煤与瓦斯突出是煤矿井下常见的一种瓦斯动力现象,是瓦斯、地应力与煤自身物理性质共同作用的结果[168,169]。煤与瓦斯突出的能量巨大,煤储层孔隙中的高压瓦斯是煤与瓦斯突出最主要的能量来源之一。上述分析表明,在一些地区微孔超压环境在煤储层中是客观存在的,且煤储层孔隙越小,超压越严重。以焦作二$_1$为例,如果储层为渗透性极差的糜棱煤,当采矿揭露时,伴随采矿诱导应力的异常增加,开放型孔隙的超压平衡状态将被打破,大量的瓦斯将会瞬时涌出,发生煤与瓦斯突出。突出过程中煤体不断破碎,死孔隙不断被打破,其中包含的瓦斯也加入突出过程,这时突出达到了高峰,突出经历的 4 个阶段:准备阶段、发动阶段、发展阶段和停止阶段。该 4 个阶段就是这一机理的确切反映。准备阶段是个别超压微孔爆裂阶段,其爆裂产生的能量又促使更多的微孔加入破裂,进入发动阶段;大量微孔爆裂,加上死孔隙的加入,便进入了发展阶段;当能量消耗殆尽时突出逐渐停止。另外,突出过程中能量的释放多数情况下不是一次完成的,也就是说突出是多次叠加的,如 2014 年 10 月 5 日贵州新田煤矿发生突出 3 次。这可能是具有不同压力环境的微孔隙中的瓦斯分阶段释放的结果,也可能是诱发了不同大小和压力环境的死孔隙爆裂破碎所致。

　　突出时煤体沿超压的微孔或死孔隙爆裂破碎(图 4-7),发出类似炸裂的声响,同时还有一部分能量转化为热能使煤体温度升高。这些现象在焦作中马村矿个别采区煤层打钻过程中都出现过:钻孔内响煤炮、温度升高到 100℃ 以上、排出的煤粉会发生膨胀,膨胀率高达 150%,然后有所减小,但最终的膨胀率仍在 120% 左右。所有这些现象都是微孔中的超压能量与地应力耦合作用的结果。这是一个从微孔超压对瓦斯突出机理的初步认识,大量的深入研究还需进行。

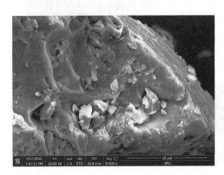

图 4-7　突出后的煤中微孔隙类似炸裂痕迹

4.2.3　微孔超压环境对煤系气资源量估算的影响

4.2.3.1　微孔超压环境下游离气的计算

　　由于煤层微孔发育、比表面积大,为甲烷的储存提供了必要的吸附空间,煤层气主要表现为吸附气,游离气含量甚微[170]。在一些煤层气储量估算公式中,游离气项往往被略去[171]。同样,在煤层含气性评价过程中,一般利用现场解吸气量与室内煤样的理论吸附气量进行比较来判断气藏含气饱和度,该过程也忽略了游离气[172]。在目前煤层游离气含量估算过程中,通常采用储层压力作为游离气相压力来计算,但因储层孔隙度低、储层压力低,故而普遍认为可以忽略游离气对煤层气资源的贡献。但事实上,由于微孔超压环境的客观存在,游离气相压力与储层压力并非等同,储层压力低并非代表游离气相压力低,游离气应立足于微孔超压环境进行计算。

　　通常采用式(4-2)进行计算获得游离气摩尔量。

$$n_1 = \frac{PV(1-S_w)}{ZRT} \tag{4-2}$$

式中，n_1 为游离气摩尔量，mol/g；P 为储层压力，MPa；S_w 为含水饱和度；R 为气体常数，8.314J/(mol·K)；Z 为甲烷的压缩因子，与压力与温度有关，用式(4-3)[173]进行计算；T 为储层温度，K；V 为孔隙体积，cm³/g。

$$Z = a_4 p_r^4 + a_3 p_r^3 + a_2 p_r^2 + a_1 p_r + a_0 \tag{4-3}$$

式中，p_r 为对比压力，$p_r = (P + p_c)/4.64$；储层温度 20℃时，多项式系数为 $a_4 = -0.00037265$，$a_3 = 0.0047757$，$a_2 = -0.00513234$，$a_1 = -0.08083514$，$a_0 = 0.9997429$。

考虑微孔超压环境后，游离气可以用式(4-4)进行计算。同时，由于不同孔径对应的毛管压力不同，其中赋存的气体承受的压力也就不同，因此，游离气(摩尔量)用式(4-5)进行计算。

$$n_1^* = \frac{(P + p_c)V(1 - S_w)}{ZRT} = \frac{(P + 4\sigma\cos\theta/d)V(1 - S_w)}{ZRT} \tag{4-4}$$

$$n_1^* = \frac{(1 - S_w)}{RT} \sum_{i=1}^{n^*} (P + 4\sigma\cos\theta/d_i)\frac{V_i}{Z_i} \tag{4-5}$$

式中，n_1^* 为考虑毛管压力的游离气摩尔量，mol/g；p_c 为毛管压力，MPa；d_i 为第 i 级孔隙吼道直径，nm；V_i 为第 i 级孔隙体积，cm³/g。

以焦作中马村矿为例(储层压力为 2.52MPa)，计算并对比毛管压力对游离气含量的影响。其煤质特征见表 4-1，孔隙分布特征如图 4-3 所示。考虑到孔径 2.9nm 以内的碳纳米孔隙中不存在光滑的气水界面[174]，而压汞仪孔隙直径的测定下限为 3nm，因此，分析毛管压力的尺度为 3nm 以上的孔隙。

在上述规定条件下，焦作中马村矿煤样考虑微孔超压(n_1^*)与不考虑微孔超压的游离气含量(n_1)计算结果如图 4-8 所示。结果表明，考虑微孔超压后，游离气含量由 41.7mol/t 将显著增加到 265.3mol/t。这一计算只是一个理论分析，客观上气饱和度不可能为 100%的，具体的计算要考虑地质发展史，考虑毛管压力的具体值等。

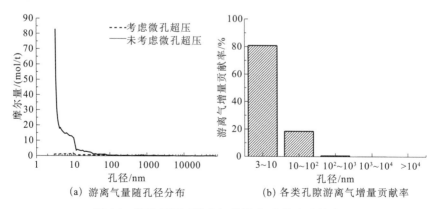

(a) 游离气量随孔径分布   (b) 各类孔隙游离气增量贡献率

图 4-8 微孔超压对游离气的影响(焦作中马村矿)

　　孔隙分布对游离气含量的影响:图 4-8 表明,孔隙尺度越小,毛管压力影响越为显著。$3\sim10nm$ 的孔隙对游离气增量的贡献率约为 80.8%,$10\sim100nm$ 的孔隙对游离气增量的贡献率约为 18.5%,大于 $100nm$ 孔隙对游离气增量贡献率在 0.7% 以内。因此,微孔超压环境主要影响 $3\sim100nm$ 孔隙内游离气含量的估算,而对于 $100nm$ 以上的孔隙,微孔超压环境对游离气含量影响不大。

4.2.3.2　微孔超压环境下吸附气的计算

　　煤层气吸附遵循单分子层吸附理论——Langmuir 等温吸附方程,Langmuir 理论模型假设:煤的表面是均匀的,对所有甲烷分子的吸附机会均等;吸附是单分子层的,一个吸附甲烷分子只占据一个吸附中心。当吸附与脱附动态平衡时,甲烷分子在煤的表面覆盖程度由 θ 描述[式(4-6)]。

$$\theta=\frac{V}{V_m}=\frac{ap}{1+ap} \tag{4-6}$$

式中,θ 为表面覆盖度;V 为甲烷的吸附体积,cm^3/g;V_m 为吸满单分子层的体积,即为 Langmuir 体积 V_L,cm^3/g;a 为吸附系数;p 为吸附与脱附动态平衡时的压力,MPa。

　　将式(4-6)与 Langmuir 方程联立后得到:

$$\theta=\frac{V}{V_m}=\frac{\left(\dfrac{V_L p}{P_L+p}\right)}{V_L}=\frac{p}{P_L+p}=\frac{\dfrac{1}{P_L}p}{1+\dfrac{1}{P_L}p} \tag{4-7}$$

　　由式(4-6)和式(4-7)可知,吸附系数 a 为 $1/P_L$,代表了煤表面吸附甲烷气体分子能力的强弱。

　　由式(4-7)可知,甲烷吸附量与吸附、脱附动态平衡时的压力 p 有关,因此煤层气吸附气应立足于微孔超压环境进行计算。

　　通常采用式(4-8)进行计算获得吸附气摩尔量。

$$n_2=\frac{\theta S_m}{A_m N_A}=\frac{p}{P_L+p}\frac{S_m}{A_m N_A} \tag{4-8}$$

式中,n_2 为吸附气摩尔量,mol/g;S_m 为煤的总比表面积,m^2/g;A_m 为甲烷分子截面积,$17.8\times10^{-20}\ m^2$;N_A 为阿伏伽德罗常数,$6.022\times10^{23}\ mol^{-1}$;$P_L$ 为 Langmuir 压力,MPa;p 为吸附与脱附动态平衡时的压力,MPa。

　　考虑微孔超压环境后,吸附气可以用式(4-9)进行计算。同时,由于不同孔径对应的毛管压力不同,其中赋存气体的吸附与脱附动态平衡时的压力也就不同,因此,吸附气(摩尔量)用式(4-10)进行计算。

$$n_2^* = \frac{(P+p_c)}{P_L+(P+p_c)}\frac{S_m}{A_m N_A} = \frac{(P+4\sigma\cos\theta/d)}{P_L+(P+4\sigma\cos\theta/d)}\frac{S_m}{A_m N_A} \tag{4-9}$$

$$n_2^* = \frac{1}{A_m N_A}\sum_{i=1}^{n}\frac{(P+4\sigma\cos\theta/d_i)S_i}{P_L+(P+4\sigma\cos\theta/d_i)} \tag{4-10}$$

式中,n_2^* 为考虑毛管压力的吸附气摩尔量,mol/g;p_c 为毛管压力,MPa;d_i 为第 i 级孔隙吼道直径,nm;V_i 为第 i 级孔隙体积,cm^3/g。

焦作中马村矿煤样考虑微孔超压(n_2^*)与不考虑微孔超压的吸附气含量(n_2)计算结果如图 4-9 所示。结果表明,考虑微孔超压后,吸附气含量由 870.5mol/t 将显著增加到 1609.5mol/t。

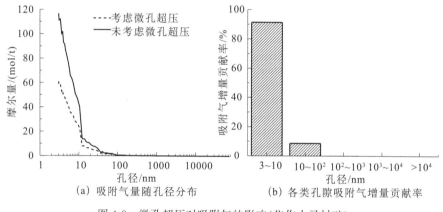

(a) 吸附气量随孔径分布   (b) 各类孔隙吸附气增量贡献率

图 4-9 微孔超压对吸附气的影响(焦作中马村矿)

孔隙分布对吸附气含量的影响:图 4-9 表明,孔隙尺度越小,微孔超压环境影响越为显著。3~10nm 的孔隙对吸附气增量的贡献率约为 91.3%,10~100nm 的孔隙对吸附气增量的贡献率约为 8.6%,大于 100nm 孔隙对吸附气增量贡献率在 0.1% 以内。因此,微孔超压环境对 3~10nm 孔隙内吸附气含量的估算影响最大,其次是 10~100nm 的孔隙,而对于 100nm 以上的孔隙,由于比表面积贡献几乎为零,其吸附气含量可以忽略不计。

4.2.3.3 微孔超压环境下溶解气的计算

甲烷在水中的溶解度不大,其在水中的溶解度满足亨利定律:

$$C = \frac{\phi p}{H} = \frac{\phi(T_r, p_r)p}{H} = \frac{\phi(T/T_c, p/p_c)p}{H} \tag{4-11}$$

式中,C 为浓度,mol/L;ϕ 为气体逸度因子,MPa;p 为系统的压力,MPa;H 为亨利常数,MPa;p_r 为气体的对比压力;T_r 为气体的对比温度;p_c 为甲烷气体的临界压力,4.64MPa;T_c 为甲烷气体的临界温度,190.7K。

甲烷在纯水中的亨利常数如表 4-3 所示。

表 4-3　甲烷在纯水中的亨利常数

常数	温度				
	20	25	30	35	40
H/MPa	3810	4180	4550	4920	5270

根据 p_r 和 T_r，从物理化学的气体普遍化逸度因子图中读出气体逸度因子 ϕ。

由式(4-11)可知，甲烷在水中的溶解度与系统压力 p 有关，因此煤层气溶解气应立足于微孔超压环境进行计算。

在计算煤层气游离气含量时，通常采用式(4-12)进行计算获得游离气摩尔量。

$$n_3 = \frac{M_{\text{ad}}}{M}C = \frac{\phi p M_{\text{ad}}}{HM} \tag{4-12}$$

式中，n_3 为溶解气摩尔量，mol/g；M 为甲烷分子的摩尔质量，16g/mol；M_{ad} 为每克煤样的含水量，g。

考虑微孔超压环境后，溶解气可以用式(4-13)进行计算。同时，由于不同孔径对应的毛管压力不同，造成不同孔径段内甲烷气体具有不同的溶解度，因此，溶解气(摩尔量)用式(4-14)进行计算。

$$n_3^* = \frac{\phi\left[T/T_c, (P+p_c)/p_c\right](P+p_c)M_{\text{ad}}}{HM} \tag{4-13}$$

$$n_3^* = \frac{1}{HM}\sum_{i=1}^{n}(P+4\sigma\cos\theta/d_i)\phi_i M_{\text{ad}i} \tag{4-14}$$

式中，n_3^* 为考虑毛管压力的游离气摩尔量，mol/g；p_c 为毛管压力，MPa；d_i 为第 i 级孔隙吼道直径，nm；ϕ_i 为第 i 级孔隙气体逸度因子；$M_{\text{ad}i}$ 为第 i 级孔隙克煤含水量，g。

焦作中马村矿煤样考虑微孔超压(n_3^*)与不考虑微孔超压的吸附气含量(n_f)计算结果如图 4-10 所示。结果表明，考虑微孔超压后，溶解气由 0.18mol/t 将显著增加到 1.38mol/t。

孔隙分布对溶解气的影响：图 4-10 表明，孔隙尺度越小，微孔超压环境影响越显著。$3\sim10\text{nm}$ 的孔隙对溶解气增量的贡献率约为 87.2%，$10\sim100\text{nm}$ 的孔隙对溶解气增量的贡献率约为 12.2%，大于 100nm 孔隙对溶解气的增量贡献率在 0.6% 以内。因此，微孔超压环境主要影响 $3\sim100\text{nm}$ 孔隙内溶解气的估算，而对于 100nm 以上的孔隙，微孔超压环境对溶解气的计算结果影响不大。

4.2.3.4　微孔超压环境对煤层气资源量估算的影响

在未考虑微孔超压环境之前，焦作中马村矿煤样的理论含气量为 $22.24\text{m}^3/\text{t}$，

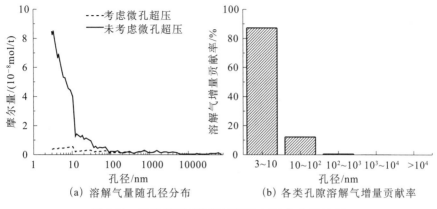

图 4-10 微孔超压对溶解气的影响(焦作中马村矿)

其中游离气含量约占含气量的 4.57%,吸附气含量约占含气量的 95.4%,溶解气含量约占含气量的 0.03%。考虑微孔超压环境后,煤的含气量为 45.73m³/t,其中游离气含量约占含气量的 14.14%,吸附气含量约占含气量的 85.79%,溶解气含量约占含气量的 0.07%。分析可知,在通常资源量评估过程中,约 10%的游离气资源被低估,约 40%的吸附气资源被低估,即约 50%的总资源量被低估。

为什么以往煤层气含量测试并没有测得如此高的含气量呢？而发生煤与瓦斯突出后折算的吨煤瓦斯涌出量一般在 50m³/t 以上,高的可达 200m³/t。这可能与含气量的测试方法有关,含气量测试只测得了解吸气和残留气,逸散气是根据解吸的初期解吸量与时间呈线性关系计算出来的,但这种关系是否符合实际情况,有待进一步探讨。在揭露煤体后,微孔超压环境得以快速卸压,这时必定携带大量的瓦斯产出,目前对这部分逸出的气体缺乏必要的测试手段。在含气量测试过程中,通常测定的是微孔卸压后进入正常解吸扩散阶段的含气量。煤体破坏越严重,微孔卸压逸出瓦斯的速率就越快,测量的误差就越大。要解决这个问题,就必须采用高压密闭取心测试,但目前无论是地面煤层气领域还是煤矿井下瓦斯抽采领域,都没有进行此项试验。

上述讨论了考虑微孔超压环境的煤系气资源量计算的方法,但是计算参数的获取还有大量的工作要做,如某一储层在现今储层温压条件下的毛管压力是多少、孔径分布的代表性、气水饱和度等。这是一个全新的领域,大量的研究工作亟待进行。

4.3 煤系气的运移产出机理

煤层气井排采时,随着煤层中水的排出,井底压力的降低,在井筒周围会形成压降漏斗,在压降漏斗影响范围内,当储层压力低于临界解吸压力时,煤层气在煤基质表面开始解吸。普遍认为煤层气的产出经历了解吸—扩散—饱和单相水流—不饱和单相水流—气水两相流等阶段。但事实上,在排采初期,微孔超压环境客观存在,由于甲烷气微溶于水,使基质微孔隙内的吸附气降压解吸后并非以浓度差驱动向割理/裂缝扩散,而是在孔隙水中溶解、扩散,直至孔隙水饱和,甲烷气体开始聚集形成气泡,进一步生长形成气塞。在微孔内形成的气塞在压力差的驱动下将微孔中的液塞驱出到割理/裂缝,上述过程循环出现,直至微孔内水全部排出。排采中期,微孔内的孔隙水已被不断形成的气塞逐步携带产出,煤层气的解吸、扩散不再受到微孔超压环境的影响(图 4-11)。

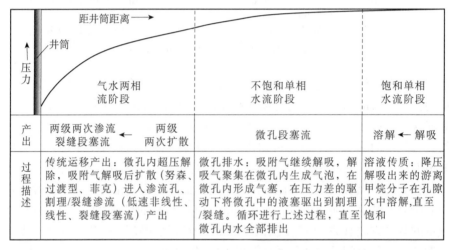

图 4-11　基于微孔超压环境的煤层气运移产出机理

这一煤层气运移产出机理与目前普遍采用的"解吸-扩散-渗流"机理有本质区别:煤层气的运移产出仍然经历了饱和单相水流—不饱和单相水流—气水两相流三个阶段,但是运移产出的机理有了新的认识,即存在"两级两类扩散、两级两类渗流、两级两次段塞",特别是段塞流的发现,将对煤系气的开发,乃至其他低渗的非常规天然气的开发技术提出新的要求。

4.3.1　饱和单相水流阶段

煤层气井排采初始,压降幅度比较小,还不足以使煤层中的水产生流动,煤层气无法解吸,处于静水状态,这种流态在煤层气井排采过程中持续的时间最短。随着压降幅度的增大,煤层中的裂隙水开始流动,极少量溶解气在裂隙系统中将处于运移状态,此时只有水的流动,称为饱和水单相流阶段。

在饱和水单相流阶段,随着压降幅度的增大,基质孔隙内的吸附气将解吸,吸附气解吸服从 Langmuir 方程。如果煤层中的基质孔隙水未饱和甲烷气体,从基质孔隙表面陆续解吸的甲烷气体将溶解于水中。甲烷气体在水中的溶解机理是间隙填充和水合作用。由于水分子间隙小,气体分子填充量有限;加上甲烷在煤层温度下水合作用程度低,可知甲烷在水中的溶解度不大,其在水中的溶解度满足亨利定律[式(4-11)]。溶解于水中的甲烷分子在浓度差驱动下扩散进入煤层割理/裂缝,其满足 Fick 扩散定律,但由于甲烷气体微溶于水,因此,这种气液两相间的溶液传质作用非常微弱,以这种方式扩散的甲烷量很少,可以忽略不计[175]。

4.3.2 不饱和单相水流阶段

当基质孔隙水的溶解达到饱和后,饱和单相水流阶段结束。随着排采进行,压力进一步下降,一定量的煤层气解吸出来,形成气泡,阻碍水的流动,水的相对渗透率下降,无论在基质孔隙中还是在裂隙系统中,气泡都是孤立的,没有互相连接,这时处于不饱和单相水流阶段。

4.3.2.1 饱和水中游离甲烷聚集形成气塞

当基质孔隙水溶液达到饱和后,随着排水降压解吸的继续进行,溶解在孔隙水中的甲烷气体分子不断聚集,产生气液两相分离,由于气液界面张力的存在,气液界面力图保持成球形。因此,气液两相分离后甲烷气体分子聚集形成气泡,此时煤储层基质孔隙中出现游离气。气泡在生长过程中受到孔隙壁面的约束,其成长动力来自气泡内压 P_g,阻力来自毛管压力 p_c 和储层压力 P_r。随着煤层气解吸量的逐渐增加,更多的甲烷分子经由孔隙水聚集进入气泡,促使气泡体积增大;同时排水降压使得影响气泡成长的储层压力 P_r(阻力)逐渐减小,气泡内压 P_g 发生变化,促使气泡体积进一步增大,形成气塞,该过程满足气体状态方程 $P_g V_g = ZMRT$(Z 为气泡压缩因子,V_g 为气泡体积,P_g 为气泡压力,M 为甲烷摩尔数)。

4.3.2.2 微孔阶段的段塞流——第一次段塞

随着排采的进行,裂缝内的流体压力逐渐降低,孔内的气体压力逐渐升高,气泡体积越来越大,气体压力已经可以克服毛管压力和裂缝内的流体压力,促使水由基质孔隙向裂缝流动,由此形成了煤层气运移产出微孔阶段的段塞流——第一次段塞。段塞流是气液两相流动的一种特殊形式,是指管道中一段气柱、一段液柱交替出现的气液两相流动状态[176-179]。随段塞流的持续,微孔内的水逐渐被排出,煤层气的产出就进入扩散阶段。段塞运移受到的阻力除了储层压力外,还有贾敏效应产生的阻力和毛管压力。

1. 气泡通过孔喉窄口产生贾敏效应

由于煤储层孔隙结构复杂,孔喉大小存在差异,当甲烷游离气泡通过孔喉窄口时,由于孔喉两端的半径大小不一,造成甲烷游离气泡两端气液界面的毛管力表现为阻力,若要通过孔喉窄口必须拉长并改变气泡自身形状,从而减缓气泡运动,进而产生贾敏效应(图 4-12)。由式(4-15)可知孔喉内外压差至少达到 p_{JM} 时气泡才能通过。

$$p_{\mathrm{JM}} = 2\sigma\left(\frac{1}{R_1} - \frac{1}{R_2}\right) \tag{4-15}$$

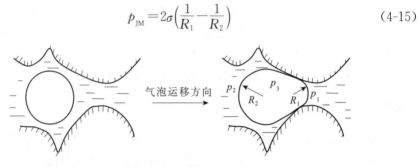

图 4-12　贾敏效应

2. 圆柱形毛管孔道中气塞的受力分析

圆柱形毛管孔道中气塞的驱动压差可由式(4-16)表示。

$$\triangle P = P_{\mathrm{g}} - P_{\mathrm{r}} - p_{\mathrm{c}} \tag{4-16}$$

式中,P_{g} 为气塞内的压力,MPa;p_{c} 为气塞运动受到的毛管压力,MPa;P_{r} 为储层压力,MPa;$\triangle P$ 为驱动压差。

静止的气塞在压差的驱动下欲运动时,外加压差使弯液面变形(图 4-13),此时前进弯液面和后退弯液面分别受到的毛管压力(方向均指向凹液面)为 p_1 和 p_2。

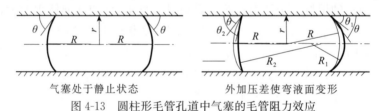

气塞处于静止状态　　　　　　外加压差使液面变形
图 4-13　圆柱形毛管孔道中气塞的毛管阻力效应

前进弯液面毛管压力公式:

$$p_1 = \frac{2\sigma\cos\theta_1}{r} \tag{4-17}$$

后退弯液面毛管压力公式:

$$p_2 = \frac{2\sigma\cos\theta_2}{r} \tag{4-18}$$

气塞运动受到的毛管压力公式:

$$p_{\mathrm{c}} = p_1 - p_2 = \frac{2\sigma(\cos\theta_1 - \cos\theta_2)}{r} \tag{4-19}$$

因此,在有压差驱动的情况下,气塞在驱动压力方向上所受到的动力公式为

$$F_{T}=(P_{g}-P_{r})\pi r^{2}-2\pi r\sigma(\cos\theta_{1}-\cos\theta_{2}) \tag{4-20}$$

当 F_{T} 大于零时,气塞将产生移动。

对于气塞而言,由于单个气塞在孔隙空间内没有形成连续的流动通道,因此气塞的流动不满足达西定律;气塞流动必须克服毛管压力和储层压力作用,因此,存在一个最小的压力梯度,即启动压力梯度。只有当基质与裂缝间的压差足够大时,基质孔隙中的气塞才能流动。由式(4-20),得出基质孔隙中气塞进入煤层割理/裂缝的启动压力梯度计算公式:

$$\lambda_{gb}=\frac{P_{r}}{l}+\frac{2\sigma(\cos\theta_{1}-\cos\theta_{2})}{rl} \tag{4-21}$$

式中,l 为气塞由孔隙至割理/裂缝流经的长度,m;λ_{gb} 为气塞的启动压力梯度,$Pa\cdot m^{-1}$。

综上所述,煤层气解吸后形成的游离气塞在基质孔隙中的流动为段塞流。

3. 微孔段塞流数理模型

将煤系气储层孔隙系统视为圆管,并依据微孔的孔隙体积和平均孔径获得微孔展开长度,图 4-14 是煤系气储层微孔段塞单元模型示意图。该段塞单元由气塞、液塞组成。其中,液塞和气塞分别充满整个微孔横截面。

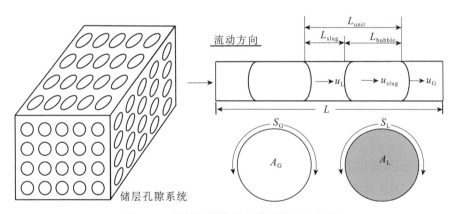

图 4-14　煤储层微孔段塞单元模型示意图

1)气液两相质量守恒

基于气液两相质量守恒,可知总的液体质量应该等于液塞中的液体质量[式(4-22)],气塞中的气体质量等于总的气体质量[式(4-23)]。

$$u_{SL}=\frac{L_{slug}}{L_{unit}}u_{slug} \tag{4-22}$$

$$u_{SG}=\frac{L_{bubble}}{L_{unit}}u_{slug} \tag{4-23}$$

气液混合表观速度 u_M 等于气液两相表观速度之和：

$$u_M = u_{SG} + u_{SL} = u_{slug} \tag{4-24}$$

则液塞速度 u_{slug}：

$$u_{slug} = u_M \tag{4-25}$$

式中，u_G、u_L 为气相、液相的真实速度，m/s；u_{SG}、u_{SL} 为气相、液相的表观速度，m/s；u_M 为气液混合表观速度，m/s；u_{slug} 为液塞的速度，m/s。

2)气液两相动量守恒

微孔内气液两相动量平衡可以用式(4-26)和式(4-27)表达：

$$-A_G \left(\frac{\mathrm{d}p}{\mathrm{d}L_{unit}} \right)_G - \tau_{WG} S_G - \rho_G A_G \mathrm{g} \sin\theta = 0 \tag{4-26}$$

$$-A_L \left(\frac{\mathrm{d}p}{\mathrm{d}L_{unit}} \right)_L - \tau_{WL} S_L - \rho_L A_L \mathrm{g} \sin\theta = 0 \tag{4-27}$$

式中，$\left(\dfrac{\mathrm{d}p}{\mathrm{d}L_{unit}} \right)_G$、$\left(\dfrac{\mathrm{d}p}{\mathrm{d}L_{unit}} \right)_L$ 分别为气相和液相的压力梯度，Pa/m；τ_{WG} 和 τ_{WL} 为微孔壁面对气相和液相流体的壁面切应力，Pa；A_G、A_L 为微孔的截面积，气相和液相流体所占微孔横截面积，m^2；S_G、S_L 为气相和液相流体的周长，m；θ 为裂缝倾斜角度，℃。

微孔横截面气液两相对应的几何关系如图 4-14 所示。

由于在同一截面处的气液相压力梯度相等，于是可以消去式(4-26)和式(4-27)的压力梯度项，并且忽略式(4-27)中的水力梯度项，得到气液两相动量守恒方程：

$$-\tau_{WG} \frac{S_G}{A_G} + \tau_{WL} \frac{S_L}{A_L} + (\tau_{WG} - \tau_{WL}) \mathrm{g} \sin\theta = 0 \tag{4-28}$$

由图 4-14 给出的模型几何关系可知，气、液相面积 A_G、A_L，气、液相周长 S_G、S_L 可以表示成关于微孔孔径 d 的函数：

$$A_L = A_G = 0.25\pi d^2 \tag{4-29}$$

$$S_L = S_G = \pi d \tag{4-30}$$

壁面切应力为

$$\tau_{WG} = 0.5 f_G \rho_G u_G^2 \qquad \tau_{WL} = 0.5 f_L \rho_L u_L^2 \tag{4-31}$$

摩擦因子为

$$f_G = C_G \left(\frac{\rho_G u_G D_G}{\mu_G} \right)^{-n_G} \qquad f_L = C_L \left(\frac{\rho_L u_L D_L}{\mu_L} \right)^{-n_L} \tag{4-32}$$

式中,C_G和C_L为气相、液相的滑脱系数;n_G和n_L为气相、液相的流动行为指数。

各相的直径定义为

$$D_G=d \quad D_L=d \tag{4-33}$$

4.3.3 气水两相流阶段

随着排采进行,储层压力进一步下降,更多气体解吸出来,气相渗透率逐渐增大,气产量逐步增多,水产量开始下降,直至气泡相互连接,形成连续的流线,处于气水两相流态。该阶段微孔内的孔隙水已被不断形成的气塞逐步携带产出。吸附气解吸后经扩散(Knudsen、过渡型、Fick)至渗流孔、割理/裂缝渗流(低速非线性、线性)而产出(图4-15)。

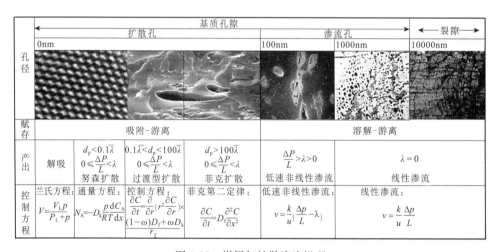

	基质孔隙				裂隙
	扩散孔			渗流孔	
孔径	0nm			100nm 1000nm	10000nm
赋存	吸附-游离			溶解-游离	
产出	解吸	$d_p<0.1\bar{\lambda}$ $0\leq\frac{\Delta P}{L}<\lambda$ 努森扩散	$0.1\bar{\lambda}<d_p<100\bar{\lambda}$ $0\leq\frac{\Delta P}{L}<\lambda$ 过渡型扩散	$d_p>100\bar{\lambda}$ $0\leq\frac{\Delta P}{L}<\lambda$ 菲克扩散	$\frac{\Delta P}{L}>\lambda>0$ 低速非线性渗流	$\lambda=0$ 线性渗流
控制方程	兰氏方程: $V=\frac{V_L p}{P_L+p}$	通量方程: $N_A=-D_k\frac{p}{RT}\frac{dC_A}{dx}$	控制方程: $\frac{\partial C}{\partial t}=\frac{1}{r^2}\frac{\partial}{\partial r}\left(r^2\frac{\partial C}{\partial r}\right)\times\frac{(1-\omega)D_f+\omega D_k}{r^2}$	菲克第二定律: $\frac{\partial C}{\partial t}=D_f\frac{\partial^2 C}{\partial x^2}$	低速非线性渗流: $v=\frac{k}{u}\left(\frac{\Delta p}{L}-\lambda\right)$	线性渗流: $v=\frac{k}{u}\frac{\Delta p}{L}$

图 4-15 煤层气扩散渗流机理

4.3.3.1 两级两类扩散

由于在不饱和单相水流阶段,基质微孔隙内的孔隙水已被持续生成的游离气泡携带产出,在气水两相流阶段,游离甲烷气体在浓度差的驱动下由扩散孔扩散至渗流孔、割理/裂缝。

1. 扩散孔与渗流孔的判识

煤体是一种多孔介质,众多学者运用分形理论建立了煤体多孔介质的分形模型,认为只要$\lg[dV_{p(d)}/dp(d)]$与$\lg p(d)$满足线性关系,孔隙分布就满足线性特征,其中,$p(d)$为压汞实验时的注入压力,其与孔径d满足式(4-1);$dV_{p(d)}/dp(d)$为注入压力$p(d)$时的孔体积增量[180-183]。煤中发育了两大类孔隙系统,扩散孔(包含了吸附孔)和渗流孔。扩散孔内主要发生煤层气的吸附/解吸和扩散,而气体的吸附/解吸及扩散能力的强弱依赖于孔比表面积,因此扩散孔内的$\lg[dV_{p(d)}/$

$\mathrm{d}p(d)$]与$\lg p(d)$线性关系较弱。而渗流孔则与扩散孔不同,渗流能力的强弱主要取决于孔体积,因此渗流孔内$\lg[\mathrm{d}V_{p(d)}/\mathrm{d}p(d)]$与$\lg p(d)$之间的线性关系较强。

由焦作中马村矿煤样压汞实验数据绘制$\lg[\mathrm{d}V_{p(d)}/\mathrm{d}p(d)]$与$\lg p(d)$散点图并对其线性部分进行拟合,得到$\lg[\mathrm{d}V_{p(d)}/\mathrm{d}p(d)]$与$\lg p(d)$拟合趋势线(图 4-16)。

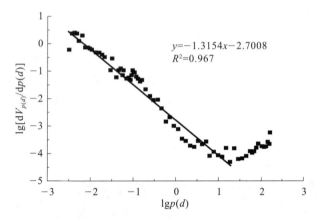

$$y=-1.3154x-2.7008$$
$$R^2=0.967$$

图 4-16　$\lg[\mathrm{d}V_{p(d)}/\mathrm{d}p(d)]$与$\lg p(d)$的线性拟合(焦作中马村矿)

由图 4-16 可知,当$\lg p(d)<1.27$时,$\lg[\mathrm{d}V_{p(d)}/\mathrm{d}p(d)]$与$\lg p(d)$有明显的线性关系;而当$\lg p(d)>1.27$时,$\lg[\mathrm{d}V_{p(d)}/\mathrm{d}p(d)]$与$\lg p(d)$变化很小,两者不显相关性;$\lg p(d)=1.27$即为线性拟合分界点。

表 4-1 中各煤样的$\lg[\mathrm{d}V_{p(d)}/\mathrm{d}p(d)]$与$\lg p(d)$线性拟合分界点及其对应孔径如表 4-4 所示,各煤样趋势线分界点基本位于$\lg p(d)=1.02\sim1.27$内,分界点对应的孔径介于 $105\sim132\mathrm{nm}$。对于该分界点,不同的学者得出了不同的结论,但是其范围极其相近,赵爱红[181]、傅雪海[182]及张松航[183]分别求得该分界点直径介于 $120\sim140\mathrm{nm}$、$108\sim170\mathrm{nm}$ 和 $48\sim216\mathrm{nm}$。

表 4-4　线性拟合分界点及其对应孔径

样品名称	分界点处 $\lg p(r)$	分界点对应孔径/nm
大同	1.02	115
沙曲	1.12	120
屯兰	1.15	132
新义	1.24	117
焦作	1.27	105

综上可知,由$\lg[\mathrm{d}V_{p(d)}/\mathrm{d}p(d)]$与$\lg p(d)$线性拟合所决定的分界点可以很好地判识不同煤样的扩散孔与渗流孔的界限,分界点左侧则代表了孔径较大的渗流孔,而右侧代表了孔径较小的扩散孔。结合基质孔隙分类方法本书将扩散孔与渗流孔的临界孔径确定为 100nm。

2. 扩散模式的分布

煤层气在储层中存在 Knudsen 扩散、Fick 扩散两类扩散模式,其扩散以何种模式进行则主要受控于甲烷气体分子的平均自由程($\bar{\lambda}$)与扩散空间大小(d_p)的相对关系[184]。当 $d_p > 10\bar{\lambda}$ 时,自由气体分子之间发生碰撞的机率大于分子与毛细管壁的碰撞,发生 Fick 扩散;当 $d_p < 0.1\bar{\lambda}$ 时,气体分子对孔壁的碰撞,较之气体分子间的碰撞要频繁得多,发生 Knudsen 扩散;当 $0.1\bar{\lambda} < d_p < 10\bar{\lambda}$ 时,发生过渡型扩散。

甲烷气体分子的平均自由程计算公式为

$$\bar{\lambda} = \frac{KT}{\sqrt{2}\pi d^2 p} \tag{4-34}$$

式中,K 为玻尔兹曼常量,$K = 1.38066 \times 10^{-23}$ J/K;T 为环境温度,K;d 为气体分子直径,m,甲烷分子的直径为 4.14×10^{-10} m;p 为环境压力,Pa。

甲烷气体分子的平均自由程可以看做是压力 p、温度 T 的函数,随着压力的增加而迅速减小,随着温度的增加而增加。因此,判定分子平均自由程的大小,进而判定气体的扩散模式,应该充分考虑压力和温度对其的影响。根据式(4-34),在标准状态下(20℃,0.1MPa),甲烷气体分子的平均自由程为 53.2nm。在煤层气排采过程中,井底压力通常都远大于常压,所以储层环境下甲烷的平均自由程要小的多(图 4-17)。图 4-18 揭示了不同孔径和储层压力条件下两类扩散模式的分布情况。

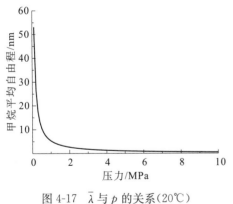

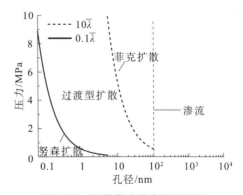

图 4-17 $\bar{\lambda}$ 与 p 的关系(20℃)　　　　图 4-18 扩散模式分布图(20℃)

3. 解吸与扩散数学模型

该模型的基本假设条件如下:储层流体只存在气、水两相;气、水相之间没有能量转换;储层温度恒定;气体成分只含有 CH_4;解吸可用 Langmuir 等温吸附方程描述;气体的解吸和扩散均发生在煤储层扩散孔中,气水相的渗流过程发生在渗流孔和裂隙系统中。

1）解吸

解吸可用 Langmuir 方程描述，由 Langmuir 方程可知，储层表面单位面积的吸附量：

$$q_{ads} = \frac{\rho_s M_g}{V_{std}} \frac{V_L p_g}{P_L + p_g} \tag{4-35}$$

式中，q_{ads} 为标准状况下储层单位质量的吸附体积，m^3/kg；V_{std} 为标准状况下的摩尔体积，m^3/mol；V_L 为 Langmuir 体积，m^3/kg；ρ_s 为储层密度，kg/m^3；M_g 为气体的摩尔质量，kg/mol。

2）Knudsen 扩散

由 Knudsen 扩散引起的气体质量流量为

$$N_k = -M_g D_k \nabla C_m \tag{4-36}$$

式中，N_k 为 Knudsen 扩散产生质量流量，$kg/(m^2 \cdot s)$；M_g 为气体的摩尔质量，kg/mol；C_m 为气体的摩尔浓度，mol/m^3；D_k 为气体 Knudsen 扩散系数，m^2/s。

对于真实气体：

$$C_m = \frac{\rho_m}{M_g} = \frac{p_m}{ZRT} \quad \rho_m = \frac{p_m M_g}{ZRT} \tag{4-37}$$

式中，ρ_m 为气体密度，kg/m^3；φ_m 为基岩孔隙度；Z 为气体压缩因子，无量纲；R 为普适气体常量，值为 $8.3145J/(mol \cdot K)$；T 为绝对温度，K。

假设 Z 为常数，则式（4-37）变形为

$$N_k = -M_g D_k \left[\nabla \left(\frac{p_m}{ZRT} \right) \right] = -\frac{\rho_m D_k \nabla p_m}{p_m} \tag{4-38}$$

其中

$$D_k = \frac{2r}{3} \left(\frac{8RT}{\pi M_g} \right)^{0.5} \tag{4-39}$$

式中，r 为孔隙半径，m。

3）Fick 扩散

Fick 定律，是描述气体扩散现象的宏观规律，包括两个内容：①在稳态扩散过程中，单位时间内通过垂直于扩散方向的单位截面积的扩散物质流量与该截面处的浓度梯度成正比，即扩散通量只随距离变化，用 Fick 第一定律描述。②在非稳态扩散过程中，在距离 x 处，浓度随时间的变化率等于该处的扩散通量随距离变化率的负值，扩散通量随时间和距离变化，用 Fick 第二定律表达。

Fick 第一定律：

$$J=-D\frac{\partial C}{\partial x} \tag{4-40}$$

Fick 第二定律：

$$\frac{\partial C}{\partial t}=D\frac{\partial^2 C}{\partial x^2} \tag{4-41}$$

式中，J 为扩散通量，kg/(m²·s)；C 为扩散物质的体积浓度，kg/m³；t 为扩散时间，s；x 为距离，m；$\frac{\partial C}{\partial x}$ 为浓度梯度；D 为扩散系数，它表示单位浓度梯度下的通量，m²/s；负号表示扩散方向与浓度梯度方向相反。

实际上，煤层气气体的扩散是在非稳态条件下进行的，其扩散遵从 Fick 第二定律，扩散引起的质量流量为

$$\frac{D_{fi}}{r_i^2}\frac{\partial}{\partial r_i}\left(r_i^2\frac{\partial C_i}{\partial r_i}\right)=\frac{\partial C_i}{\partial t} \tag{4-42}$$

$$N_{f_i}=-\frac{A_i\varphi_i D_{fi}}{V_i}\frac{\partial C_i}{\partial r_i}\Big|_{r_i=r_k} \tag{4-43}$$

式中，r 为孔隙半径，m；N_f 为 Fick 扩散引起的扩散通量，kg/(m²·s)；V 为孔隙体积，m³；A 为孔隙表面积，m²；φ 为煤孔隙度；r_k 为扩散距离，m。

其中

$$D_f=\frac{k_b T}{6\pi\mu_B r_A} \tag{4-44}$$

式中，D_f 为菲克扩散系数，m²/s；r_A 为气体分子的半径，m；μ_B 为孔隙中原所含流体的黏度，Pa·s；k_b 为 Boltzmann 常数 1.38×10^{-23}，J/K；T 为绝对温度，K。

4）扩散孔（<100nm）中两级两类扩散的计算模型

气体在储层扩散孔中的流动状态是 Knudsen 扩散、Fick 扩散以及气体解吸的共同作用的结果，因此两级两类扩散的总质量通量 q_m 可以表达为

$$q_m=(1-\varepsilon)N_k+\varepsilon N_f \tag{4-45}$$

式中，q_m 为扩散孔流入渗流孔的气体质量通量，kg/(m²·s)；ε 为不同扩散机理流动的贡献系数，无因次。

贡献系数计算公式为

$$\varepsilon=1-\exp\left(\frac{-K_n}{K_{nVisc}}\right) \tag{4-46}$$

式中，K_{nVisc} 为从努森扩散到菲克扩散开始过渡的努森系数，一般为 0.1。

4.3.3.2　两级两类渗流

1. 扩散与渗流的判识

启动压力梯度可作为扩散、低速非线性渗流与线性渗流三种流态的判断依据，见式(4-47)。

$$v=\begin{cases} \dfrac{k(p_1^2-p_2^2)}{2p_0\mu L}, & \lambda=0 \\[3mm] \dfrac{k}{\mu}\left[\dfrac{(p_1^2-p_2^2)}{2p_0 L}-\lambda\right], & \lambda\neq0,\dfrac{\Delta p}{L}\geqslant\lambda \\[3mm] 0, & \lambda\neq0,\dfrac{\Delta P}{L}<\lambda \end{cases} \tag{4-47}$$

式中，v 为气体流速，m/s；k 为渗透率，m²；p_1 为入口压力，Pa；p_2 为出口压力，Pa；p_0 为大气压力，101325Pa；μ 为气体黏度，Pa·s；ΔP 为入口与出口间的压力差，Pa；L 为气体流经长度，m；λ 为启动压力梯度，Pa/m。

当 $\lambda=0$ 时，为线性渗流。当 $\lambda\neq0$，且储层压力梯度大于 λ 时，为低速非线性渗流；储层压力梯度小于 λ 时，为扩散。

启动压力梯度可在实验室获得[185]。当不考虑启动压力梯度时的气体渗流方程：

$$v=\frac{k(p_1^2-p_2^2)}{2p_0\mu L} \tag{4-48}$$

式中，v 为气体流速，m/s；k 为渗透率，m²；p_0 为大气压力，101325Pa；μ 为气体黏度，Pa·s；p_1 为入口压力，Pa；p_4 为出口压力，Pa；L 为气体流经长度，m。

可以看出，v 与 $p_1^2-p_2^2$ 为呈线性关系。如果启动压力梯度存在，则：

$$v=a(p_1^2-p_2^2)-b \tag{4-49}$$

式(4-49)中，a、b 为常数，令 $v=0$，则 p_1 与 p_2 关系：

$$p_1=\left(\frac{b}{a}+p_2^2\right)^{\frac{1}{2}} \tag{4-50}$$

所以启动压力梯度：

$$\lambda=\frac{\left(\dfrac{b}{a}+p_2^2\right)^{\frac{1}{2}}-p_2}{L} \tag{4-51}$$

只需回归 v 与 $p_1^2-p_2^2$ 之间的线性关系，求出斜率 a 和截距 b，代入式(4-51)即可求解启动压力梯度。

2. 低速非线性渗流与线性渗流临界孔径的确定

当然,在气水两相流阶段,启动压力梯度的最大贡献者为毛管压力,通过计算基质孔隙毛管压力为 0.1MPa 时对应的孔径,可以界定低速非线性渗流与线性渗流[式(4-52)],但由于煤的性质不同,不同的煤其临界孔径也各不相同(表 4-5)。

$$D_p = 40\sigma\cos\theta \tag{4-52}$$

式中,D_p 为低速非线性渗流与线性渗流临界孔径,nm,临界孔径处的孔隙毛管压力同外界大气压相等,启动压力梯度为 0。

表 4-5　临界孔径计算结果

样品名称	$\sigma/(mN/m)$	$\theta/(°)$	D_p/nm
大同	—	48	1968.6
沙曲	—	63	1335.6
屯兰	73.55	66	1196.6
新义	—	57	1602.3
焦作	—	56	1645.1

由表 4-5 可知,临界孔径集中在 1000～2000nm 内,结合本书基质孔隙分类方法,将低速非线性渗流与线性渗流的临界孔径或缝宽确定为 1000nm。

3. 渗流数学模型

1)低速非线性渗流

低速非线性渗流的特点是存在启动压力梯度,即压力梯度较小时流速按非线性规律缓慢增加,当压力梯度超过启动压力梯度后流速才按线性规律快速增加。当启动压力梯度 $\lambda \neq 0$,且储层压力梯度大于启动压力梯度时,此时气体的流动属于非线性渗流。由低速非线性渗流引起的气体的流速为

$$v_{vf} = \frac{k_{mi}}{\mu_g}(\nabla p_m - \lambda) \tag{4-53}$$

式中,v_{vf} 为气体流速,m/s;k_{mi} 为储层相对渗透率,m^2;μ_g 为气体黏度,Pa·s;∇p_m 为压力梯度,Pa/m;λ 为启动压力梯度,Pa/m。

则低速非线性渗流产生的气体质量流量为

$$N_{vf} = -\frac{\rho_m k_{mi}}{\mu_g}(\nabla p_m - \lambda) \tag{4-54}$$

式中,N_{vf} 为达西渗流引起的质量流量,$kg/(m^2 \cdot s)$;ρ_m 为气体密度,kg/m^3。

2)线性渗流

线性渗流可用达西定律描述：

$$v_v = \frac{k_{mi}}{\mu_g} \nabla p_m \tag{4-55}$$

式中，v_v 为气体流速，m/s；k_{mi} 为储层相对渗透率，m²；μ_g 为气体黏度，Pa·s；∇p_m 为压力梯度，Pa/m。

则达西流动产生的气体质量流量为

$$N_v = -\frac{\rho_m k_{mi}}{\mu_g} \nabla p_m \tag{4-56}$$

式中，N_v 为达西渗流引起的质量流量，kg/(m²·s)；ρ_m 为气体密度，kg/m³。

3)渗流孔(100~10000nm)内两级两类渗流混合数学模型

渗流孔内任意单元控制体的示意图如图 4-19 所示。控制体边长分别为 Δx、Δy 和 Δz；流体运移方向为由左面流入、右面流出、前面流入、后面流出、下面流入、上面流出(图 4-19)。作如下假设：①x-y 平面与煤层顶、底面平行；②渗流孔系统与扩散孔、裂隙系统连通，如图 4-19 所示；③气体可被压缩，水近似不可压缩。

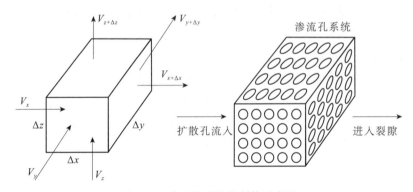

图 4-19　渗流孔系统控制体示意图

根据流体连续性方程的物质平衡原理，在任意时间 Δt 内，有

$$Q_d = Q_r \tag{4-57}$$

式中，Q_d 为流入、流出控制体的甲烷质量差，kg；Q_r 为控制体裂隙系统中游离甲烷质量变化量，kg。

在 Δt 时间内，x 轴方向上流入控制体的甲烷质量为

$$m_{x\text{-in}} = \rho_g V_{gx} \Delta x \Delta y \Delta t \tag{4-58}$$

式中，ρ_g 为气体密度，kg/m³；V_{gx} 为气体在 x 方向上的速度分量，m/s。

在 Δt 时间内 x 轴方向上流出控制体的甲烷质量为

$$m_{x\,\text{out}} = \rho_g V_{gx} \Delta x \Delta y \Delta t + \frac{\partial (\rho_g V_{gx})}{\partial x} \Delta x \Delta y \Delta z \Delta t \tag{4-59}$$

可得 Δt 时间内 x 轴方向上流入、流出控制体的煤层甲烷质量差为

$$\Delta m_x = -\frac{\partial (\rho_g V_{gx})}{\partial x} \Delta x \Delta y \Delta z \Delta t \tag{4-60}$$

同理，在 Δt 时间内，沿 y 和 z 轴方向流入、流出控制体的质量差分别为

$$\Delta m_y = -\frac{\partial (\rho_g V_{gy})}{\partial y} \Delta x \Delta y \Delta z \Delta t \text{ 和 } \Delta m_z = -\frac{\partial (\rho_g V_{gz})}{\partial z} \Delta x \Delta y \Delta z \Delta t \tag{4-61}$$

式中，V_{gy} 为气体在 y 方向上的速度分量，m/s；V_{gz} 为气体在 z 方向上的速度分量，m/s。

控制体裂隙系统煤层甲烷质量为

$$m = \rho_g S_g \varphi \Delta x \Delta y \Delta z \tag{4-62}$$

式中，S_g 为煤层气的饱和度，%；φ 为裂隙孔隙率，无量纲。

所以，在 Δt 时间内，裂隙系统中煤层甲烷质量变化率为

$$\Delta m = -\frac{\partial (\rho_g S_g \varphi)}{\partial t} \Delta x \Delta y \Delta z \Delta t \tag{4-63}$$

综上所述，可得气体的渗流连续方程：

$$-\frac{\partial (\rho_g V_{gx})}{\partial x} \Delta x \Delta y \Delta z \Delta t - \frac{\partial (\rho_g V_{gy})}{\partial y} \Delta x \Delta y \Delta z \Delta t - \frac{\partial (\rho_g V_{gz})}{\partial z} \Delta x \Delta y \Delta z \Delta t$$

$$= \frac{\partial (\rho_g S_g \varphi)}{\partial t} \Delta x \Delta y \Delta z \Delta t \tag{4-64}$$

由于单元控制体的任意性，有

$$-\frac{\partial (\rho_g V_{gx})}{\partial x} - \frac{\partial (\rho_g V_{gy})}{\partial y} - \frac{\partial (\rho_g V_{gz})}{\partial z} = \frac{\partial (\rho_g S_g \varphi)}{\partial t} \tag{4-65}$$

同理可得水的渗流连续方程：

$$-\frac{\partial (\rho_w V_{wx})}{\partial x} - \frac{\partial (\rho_w V_{wy})}{\partial y} - \frac{\partial (\rho_w V_{wz})}{\partial z} = \frac{\partial (\rho_w S_w \varphi)}{\partial t} \tag{4-66}$$

式中，V_{wx} 为水在 x 方向上的速度分量，m/s；V_{wy} 为水在 y 方向上的速度分量，m/s；V_{wz} 为水在 z 方向上的速度分量，m/s；ρ_{wz} 为水的密度，kg/m³；S_{wz} 为裂隙系统中的水饱和度，%。

对于渗流孔系统而言，气相的源项为扩散孔扩散进入渗流孔的煤层气量，水相无源项；气相的汇项为渗流孔流入裂隙系统的煤层气量，设为 E_g；水相的汇项为渗

流孔流入裂隙系统的水量,设为 E_w。

利用哈密尔顿算子 ∇ 代替对 x、y、z 的求偏[92],同时加入源、汇项,有

$$\begin{cases} -\nabla \cdot (\rho_g V_g) + q_m - E_g = \dfrac{\partial}{\partial t}(\varphi_p \rho_g S_{gp}) \\ -\nabla \cdot (\rho_w V_w) - E_w = \dfrac{\partial}{\partial t}(\varphi_p \rho_w S_{wp}) \end{cases} \tag{4-67}$$

流体在低渗透煤储层中的渗流受启动压力梯度影响,基于启动压力梯度的气、水渗流流动速度可表示为

$$\begin{cases} V_g = -\dfrac{kk_{rg}}{\mu_g}(\nabla p_g - \rho_g g\,\nabla h - \lambda_g\,\nabla L) \\ V_w = -\dfrac{kk_{rw}}{\mu_w}(\nabla p_w - \rho_w g\,\nabla h - \lambda_w\,\nabla L) \end{cases} \tag{4-68}$$

式中,V_g、V_w 为流体在煤储层裂隙系统中的渗流速度(w、g 分别代表水和气),m/s;k 为煤储层的绝对渗透率,m^2;ρ_g、ρ_w 为流体的密度,kg/m^3;k_{rg}、k_{rw} 为流体的相对渗透率,无量纲;μ_g、μ_w 为流体的黏滞系数,$Pa \cdot s$;p_g、p_w 为流体的压力,Pa;g 为重力加速度,m/s^2;h 为相对标高,m;∇L 为流体运移距离,m;λ_g、λ_w 为流体的启动压力梯度,Pa/m。

将式(4-68)代入式(4-67)中,有

$$\begin{cases} \nabla \cdot \left[\dfrac{\rho_g k_p k_{rgp}}{\mu_g}(\nabla p_{gp} - \rho_g g\,\nabla h - \lambda_g\,\nabla L)\right] + q_m - E_g = \dfrac{\partial}{\partial t}(\varphi \rho_g S_{gp}) \\ \nabla \cdot \left[\dfrac{\rho_w k_p k_{rwp}}{\mu_w}(\nabla p_{wp} - \rho_w g\,\nabla h - \lambda_w\,\nabla L)\right] - E_w = \dfrac{\partial}{\partial t}(\varphi \rho_w S_{wp}) \end{cases} \tag{4-69}$$

式中,k_p 为渗流孔的绝对渗透率,m^2;k_{rwp} 为渗流孔系统内水相相对渗透率,无量纲;k_{rgp} 为渗流孔系统内气相相对渗透率,无量纲;P_{wp} 为渗流孔系统中水相压力,MPa;P_{gp} 为渗流孔系统中气体压力,MPa。

式(4-69)中,p_{wp}、p_{gp}、S_{wp}、S_{gp} 分别满足下面两个附加方程:

$$\begin{cases} p_{cp} = p_{gp} - p_{wp} \\ S_{wp} + S_{gp} = 1 \end{cases} \tag{4-70}$$

式中,p_{cp} 为渗流孔系统的毛管压力,MPa;S_{gp}、S_{wp} 为渗流孔系统的气、水饱和度,%。

将式(4-69)和式(4-70)联立起来,这样方程中就只含有 p_{wp}、p_{gp}、S_{wp}、S_{gp} 4 个未知数,与方程个数相同,因此可得到方程的唯一解。结合初边值条件即构成了渗流孔系统煤层气产出的数学模型。

4）裂隙系统线性渗流数学模型

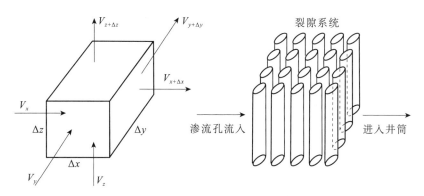

图 4-20　裂隙系统控制体示意图

　　裂隙系统的流体连续方程与渗流孔系统一致，而源汇项则不同。裂隙系统内气相的源项为渗流孔流入的气量；水相的源项为渗流孔流入的水量；气相的汇项为井筒产出的煤层气量；水相的汇项为井筒产出的水量（图 4-20）。由此可得含源汇项的裂隙系统气水渗流方程，表述如下：

$$\begin{cases} \nabla \cdot \left[\dfrac{\rho_g k_f k_{rgf}}{\mu_g}(\nabla p_{gf} - \rho_g \, g \, \nabla h) \right] + E_g - q_g = \dfrac{\partial}{\partial t}(\varphi_f \rho_g S_{gf}) \\ \nabla \cdot \left[\dfrac{\rho_w k_f k_{rwf}}{\mu_w}(\nabla p_{wf} - \rho_w \, g \, \nabla h) \right] + E_w - q_w = \dfrac{\partial}{\partial t}(\varphi_f \rho_w S_{wf}) \end{cases} \tag{4-71}$$

式中，k_f 为裂隙的绝对渗透率，m^2；k_{rwf} 为裂隙内水相相对渗透率，无量纲；k_{rgf} 为裂隙内气相相对渗透率，无量纲；φ_f 为裂隙孔隙度，无量纲；P_{wf} 为裂隙系统中水相压力，MPa；P_{gf} 为裂隙系统中气体压力，MPa；q_w 和 q_g 为煤层气井产出的水量和气量，m^3；S_{gf} 和 S_{wf} 为裂隙系统的气、水饱和度，%。E_g 和 E_w 为从渗流孔系统流入裂隙系统的气量和水量，m^3，仍然是压力差导致的流动，可用达西定律表示。

　　结合裂隙系统中的附加方程，如下所示

$$\begin{cases} p_{cf} = p_{gf} - p_{wf} \\ S_{wf} + S_{gf} = 1 \end{cases} \tag{4-72}$$

式中，p_{cf} 为裂隙毛细管压力，MPa。

　　忽略两个系统间重力差和毛管压力差，简化的质量公式如式（4-73）所示。

$$\begin{cases} E_g = \sigma \dfrac{\rho_g [w_g k_{rgp} k_p + (1-w_g) k_{rgf} k_f]}{\mu_g}(p_{gp} - p_{gf}) \\ E_w = \sigma \dfrac{\rho_w [w_g k_{rwp} k_p + (1-w_w) k_{rwf} k_f]}{\mu_w}(p_{wp} - p_{wf}) \end{cases} \tag{4-73}$$

式中,σ 为形状因子,无量纲;w_g 和 w_w 分别为气相和水相渗透率的上游权重系数,因为渗流孔系统和裂隙系统的渗流能力不一样,渗透率采用上游权公式计算。

上游权重系数的取值是根据两个单元对发生事件的影响程度而定的。影响程度大者的上游权重系数为 1,而小者的系数取 0。在煤层气从渗流孔流入裂隙的过程中,裂隙系统是主要的渗流通道,其渗流能力明显强于渗流孔系统,因此式(4-73)中 w_g 和 w_w 的取值均为 0。因此,式(4-73)可简化如下

$$\begin{cases} E_g = \sigma \dfrac{\rho_g k_{rgf} k_f}{\mu_g}(p_{gp} - p_{gf}) \\ E_w = \sigma \dfrac{\rho_w k_{rwf} k_f}{\mu_w}(p_{wp} - p_{wf}) \end{cases} \tag{4-74}$$

式(4-74)即是由渗流孔系统流入裂隙系统的气量和水量。

4.4　气水两相流阶段的段塞流形成机理

普遍认为煤层气和泥页岩气的产出经历了解吸—扩散—饱和单相水流—不饱单相水流—气水两相流等阶段,致密砂岩气没有解吸这一环节。由于此类储层的低渗性,决定了气水两相流阶段存在形成段塞流的可能性。段塞流是流体管道输送领域的一种常见流态,是指管道中一段气柱、一段液柱交替出现的气液两相流动状态。其特征描述见图 4-21,气体和液体交替流动,充满整个管道流通面积的液塞被气团分割,气团下方沿管底部流动的是分层液膜,管道内多相流体呈段塞流时,管道压力、管道出口气液瞬时流量有很大波动[176-179]。

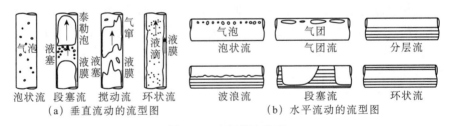

图 4-21　多相管流流型

在油气领域,特别是低渗的煤系气领域涉及段塞流的研究并不多,但笔者最近的研究表明这种流态非常常见:其一,致密砂岩气中往往存在气水倒置现象,这是由于储层足够致密、且下部有气源源不断地补充,在某种程度上相当于一个大的地质段塞。其二,在焦作某矿井下进行煤层压裂试验时,发现压裂后瓦斯的涌出和水的涌出是段塞式的,当气体喷出时,水产量减少(图 4-22);对于伴注氮气压裂的煤层气井或含气饱和度接近 100% 的煤层气井,压裂后放溢流速度过快时会出现气

水交替产出的段塞流。其三,最近的室内实验表明,当介质渗透率低到一定程度,气水饱和度与流速配合得当的条件下可以形成段塞流(图 4-23)。其四,煤层气排采采用气水流量自动连续记录的一些井的资料表明,气水的产出不是均匀的,是段塞式的(图 4-24)。由此可见,低渗储层中段塞流的存在是客观现实的。

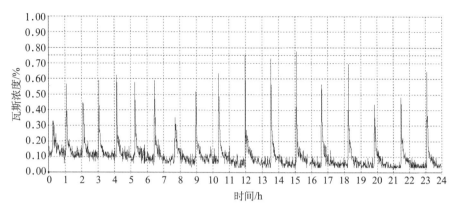

图 4-22　某矿水力压裂后风流瓦斯浓度变化情况

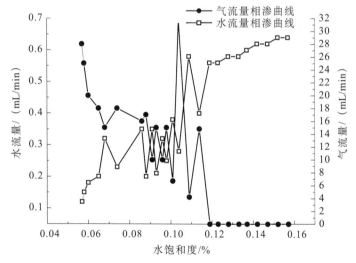

图 4-23　非稳态段塞流实验中气水瞬时流量曲线
(驱替压力为 0.5MPa,气测渗透率为 140mD)

段塞流的形成会对储层造成严重的速敏伤害,对其形成机制和防控技术原理进行探讨具有重要的理论和实际意义。

(1)理论意义:对煤系气储层中段塞流的形成条件和形成过程进行分析,探讨其形成机制,建立其数理模型,更加全面地认识煤系气运移产出的整个过程,是对

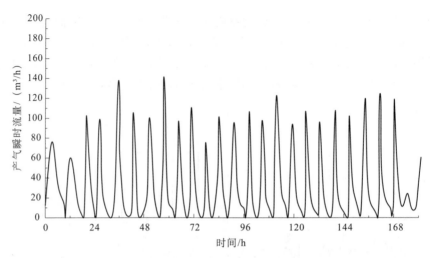

图 4-24　某井田地面煤层气井产气波动特征[47]

煤系气地质学理论的重要补充,是本书的理论意义所在。

（2）方法意义:低渗储层段塞流的研究刚刚起步,还没有专门的实验装置和研究方法,建立一套煤系气段塞流的研究方法和实验装置是项目实施的前提和基础,更可为这一领域的探索提供装备和方法支撑,这是本书的方法性贡献。

（3）实际意义:段塞流可造成储层的严重速敏伤害,这种伤害往往与水锁伤害并存,可能是造成一些地区煤层气难以商业化开发的主因。这类伤害可以通过采取一些技术措施最大限度地加以限制。对防控段塞流发生的技术原理进行探讨,便于控制技术的优化,这是其工程意义所在。

4.4.1　非稳态段塞流实验

采用非稳态渗透率测试方法,用蒸馏水先饱和测试煤样,然后通过注入氮气将水排出,在这个过程中饱和度持续变化,记录出口端的瞬时气、水流量。

1）低渗介质段塞流实验系统

实验过程中需要保证每次待测原始样品具有相同的孔裂隙结构,而煤岩性脆易碎、割理裂隙发育、非均质性强,导致制取具有相同孔裂隙结构的煤心难度很大,因此,在现有渗透率测试系统的基础上进行了改进,将原有的样品加持装置更换为可以装填煤粉样品或煤粉与石英砂混合样品的煤样罐（长度 20cm、内径 2.54cm）。实验系统如图 4-25 所示。

2）低渗介质制备

实验前,需将沙曲原始煤样粉碎,用 60 目的筛子筛取－60 目煤粉,将煤样干燥,与 40～70 目的石英砂按 1∶1 混合,搅拌均匀,缩分为 4 份,装袋密封,编号备用。

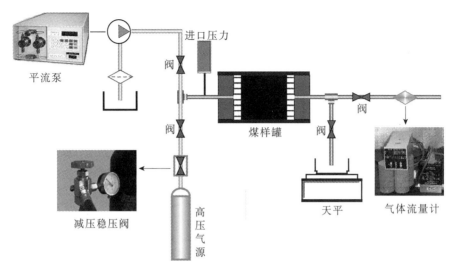

图 4-25 低渗介质段塞流实验系统

3)实验步骤

第一步:装填煤样。

实验时先取出待测样品,每次从样品袋内取出一勺样品放入煤样罐,使用特制力学锤(锤重 134.86g、落距 48cm)锤击特定次数,将样品夯实,循环执行上述操作直至煤样罐装填样品高度 20cm 为止,称重。

第二步:渗透率测试。

样品装入煤样罐后,煤样罐两端装入透气板,安装上法兰盘。将煤样罐安装并连接到实验测试装置上,进行渗透率测试。测试过程中,通过减压稳压阀控制氮气驱替压力,采用气体压力传感器读取气体进口压力值,出口压力为 0.101325MPa(1atm),通过电子流量计读取气体稳定流量,依据式(4-24)计算煤样罐内干燥样品渗透率。

第三步:强制饱和。

将煤样罐放入装有蒸馏水溶液的器皿内,保证溶液液面没过煤样罐,再将器皿放入真空抽气装置进行强制饱和,直至器皿内无气泡冒出,取出煤样罐,称重,安装并连接到实验测试装置上。

第四步:非稳态驱替。

分别以锤击次数 5 次/勺、10 次/勺、15 次/勺和 20 次/勺装填样品,每次装填样品后都需要进行渗透率测试和强制饱和。同一渗透率条件下,分别在驱替压力 0.3MPa、0.4MPa、0.5MPa 和 0.6MPa 实验条件下进行非稳态驱替,每次非稳态驱替前都必须执行第三步。实验过程中,通过减压稳压阀控制氮气驱替压力,采用气体压力传感器读取气体进口压力值,通过电子流量计读取气体瞬时流量,通过电子天平记录每个时间点的出水量,实验在达到束缚水状态后结束,取出煤样罐,称重。

4)非稳态段塞流实验结果

经过上述实验步骤,发现气测渗透率为 140mD(锤击次数 10 次/勺)、氮气驱替压力为 0.5MPa 时,煤样罐出口端气、水瞬时流量剧烈波动,进口压力也在驱替压力附近左右摆动,如图 4-26(a)~(d)所示。

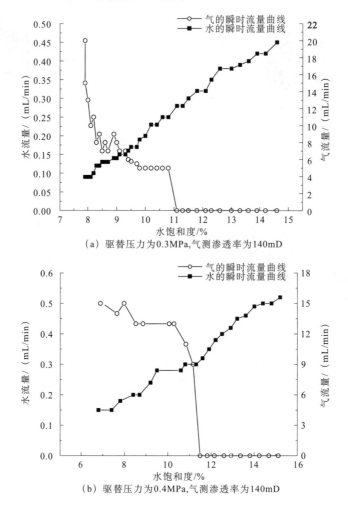

（a）驱替压力为0.3MPa,气测渗透率为140mD

（b）驱替压力为0.4MPa,气测渗透率为140mD

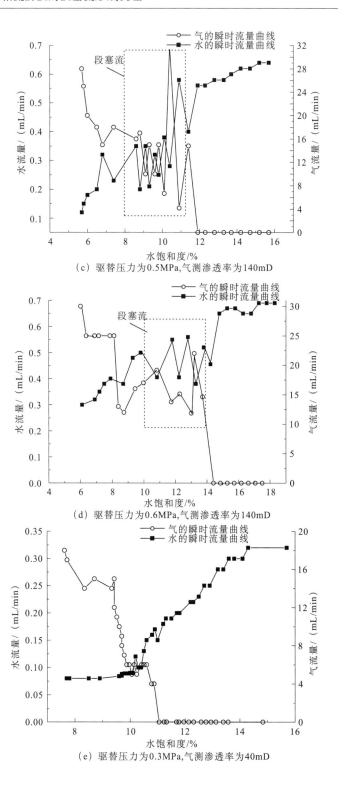

（c）驱替压力为0.5MPa,气测渗透率为140mD

（d）驱替压力为0.6MPa,气测渗透率为140mD

（e）驱替压力为0.3MPa,气测渗透率为40mD

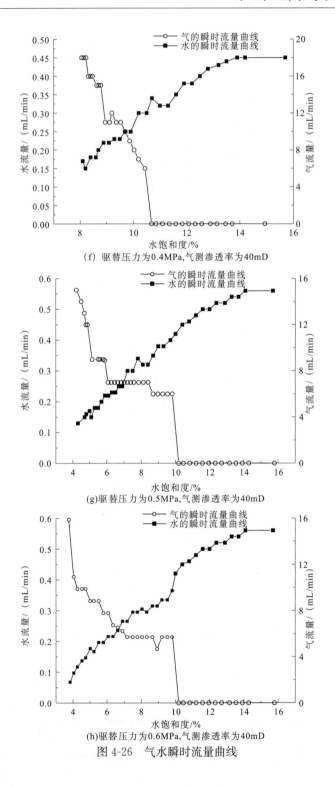

（f）驱替压力为0.4MPa,气测渗透率为40mD

(g)驱替压力为0.5MPa,气测渗透率为40mD

(h)驱替压力为0.6MPa,气测渗透率为40mD

图 4-26　气水瞬时流量曲线

　　驱替压力 0.6MPa 时,煤样罐出口端气、水瞬时流量有很大波动,但其剧烈程度明显小于前者;而气测渗透率 40mD(锤击次数 20 次/勺)时,实验设定气驱压力下,气水两相产出平稳。非稳态段塞流实验中气水瞬时流量曲线(锤击次数 10 次/勺、20 次/勺),如图 4-26(e)~(h)所示。

　　图 4-26(a)、图 4-26(b)、图 4-26(e)、图 4-26(f)、图 4-26(g)和图 4-26(h)的气水瞬时流量曲线比较平稳,基本上反映出"气相渗透率逐渐增大,水相渗透率逐渐减小"的趋势;而图 4-26(c)和图 4-26(d)曲线框内的气水瞬时流量曲线波动密集,"周期"性地出现流量峰值,有明显的波峰、波谷,符合段塞流特征。综上所述,在煤储层中,当气水饱和度与流速配合得当的条件下可以形成段塞流。

4.4.2　液相物性参数对段塞流特性影响研究

　　液面在失稳、起塞、形成液塞的过程中受到重力、黏性力以及表面张力的影响。液相物性参数的变化会引发液面受力情况的改变,进而影响液塞的形成过程。为此,进行了液相物性参数对水平管道段塞流特性影响的实验研究。

　　水平管道段塞流实验系统如图 4-27 所示。流型观测段采用 2m 的有机玻璃管,其内径为 25.4mm,壁厚 5mm。

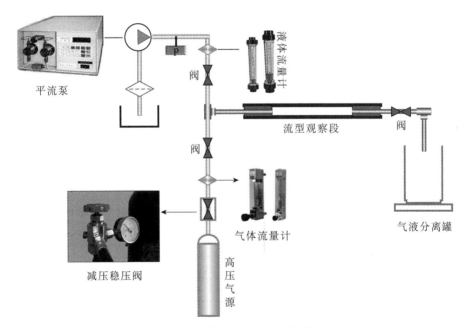

图 4-27　水平管道段塞流实验系统

　　实验采用的气相介质为氮气,液相介质为水、0 号柴油和白油(表 4-6)。

表 4-6　实验材料的物性参数

实验介质	密度/(kg/m³)	动力黏度/(MPa·s)	表面张力/(N/m)
氮气	1.36		
水	998.2	1.07	73.55
0 号柴油	845	3.8	28
白油	856	62.8	30

注:物性参数为温度 293.15K(20℃),压强 101.325kPa。

　　液相介质由平流泵驱动进入实验系统,供气装置采用高压氮气瓶。各相流体由流量调节阀调节流量后,经玻璃转子流量计测量其流量。

　　图 4-28 是实验获得的水平管道段塞流的形成过程。

　　实验中观察气液界面的形态可以发现,当气相速度充分小时,气液分层流动[图 4-28(a)];当气速达到充分大的时候,气液界面出现波动[图 4-28(b)];随着气速的增大,波浪增长阻塞管道,形成段塞流[图 4-28(c)]。

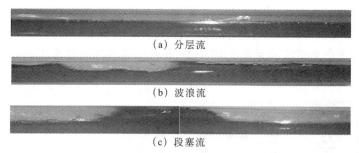

(a) 分层流

(b) 波浪流

(c) 段塞流

图 4-28　水平管道段塞流的形成过程

　　对于同样的气相表观速度,氮气-白油的临界液层的高度明显高于氮气-柴油。主要原因为两种液体的黏性不同。由于白油的高黏度,白油层的移动速度要低于柴油层,这样导致白油具有更高的持液率,相应的白油层高度也大于柴油层。因此,增大液体的黏度提高了液塞的稳定性。

　　对于同样的气相表观速度,氮气-水的临界液层高度略高于氮气-柴油。主要原因为两种液体的表面张力不同。由于水的高表面张力,其截面含气率和空隙率低于柴油,相应的持液率则高于柴油,促使水层的高度略高于柴油层,更有利于接触到水平管道的上壁面,形成液塞。因此,增大液体的表面张力更有利于液塞的形成。

　　综上所述,液相黏度越大、表面张力越高,液塞越稳定,越容易形成段塞流。

4.4.3　煤储层段塞流的形成机理

4.4.3.1　煤储层段塞流的形成过程

　　气水两相流阶段,气相渗透率逐渐增大,水相渗透率逐渐减小,在裂缝内气水两相分层流动[图 4-29(a)],符合达西定律;当气相流速变化时,根据伯努利原理

[式(4-75)],如果速度小,压力就大;如果速度大,压力就小]可知,储层裂缝内的气相压力也会随之变化,由压力变化产生的负压抽吸力作用于液面,并克服对液面起稳定作用的重力时,液面失稳、起塞,形成波浪流[图4-29(b)],当持续生长的不稳定液面在气水分层流动界面与裂缝上壁面之间形成液桥时,液塞形成,储层裂缝内发生段塞流[图4-29(c)]。

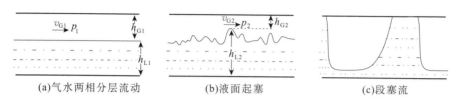

图 4-29 煤储层裂缝内气水两相流态

$$P + \frac{1}{2}\rho v^2 + \rho g h = \text{const} \tag{4-75}$$

如图4-29(b)所示,当作用在波上的负压抽吸力大于重力时,波动增加,分层流气液界面不再稳定。若发生波动时的气体过流截面积分别为 A_{G1} 和 A_{G2},裂缝的倾角为 θ,此时不稳定气流临界气流速度 v_G 为

$$v_G = \sqrt{\frac{2g(\rho_L - \rho_G)\cos\theta(h_{L2} - h_{L1})}{\rho_G} \frac{A_{G2}^2}{A_{G1}^2 - A_{G2}^2}} \tag{4-76}$$

当波动较小时,A_{G2} 接近于 A_{G1},气液界面长度为 S_i,此时不稳定气流速度变为

$$v_G = K\sqrt{\frac{2g(\rho_L - \rho_G)\cos\theta A_{G1}}{\rho_G S_i}} \tag{4-77}$$

$$K = \sqrt{\frac{2(A_{G1}/A_{G2})^2}{1 + A_{G1}/A_{G2}}} \tag{4-78}$$

当裂缝内液位较低时,A_{G2} 接近于 A_{G1},则 K 接近于 1;当液位较高时,A_{G1} 接近于 0,则 K 接近于 0,于是可以假设 $K = 1 - h_L/D$,于是分层流不稳定临界气流速度为

$$v_G = (1 - h_L/D)\sqrt{\frac{(\rho_L - \rho_G)g\cos\theta A_G}{\rho_G S_i}} \tag{4-79}$$

由此得到煤储层裂缝内气水两相分层流向段塞流转变的判断准则:

$$u_G \geqslant (1 - h_L/D)\sqrt{\frac{(\rho_L - \rho_G)g\cos\theta A_G}{\rho_G S_i}} \tag{4-80}$$

式中，u_G 为气相的真实速度，m/s；h_G 为气相的高度，m；D 为裂缝缝高，m；ρ_L、ρ_G 分别为液相和气相的密度，kg/m^2。

4.4.3.2 段塞流数理模型

将煤系气储层裂缝视为圆管，并依据裂缝体积和缝宽获得裂缝展开长度，图 4-30 是煤系气储层段塞单元模型示意图。该段塞单元由大气泡、液塞和液膜组成。其中，液膜横贯整个段塞单元，液塞和大气泡在液膜上方流动，大气泡和大气泡下的液膜的流动是分层流。

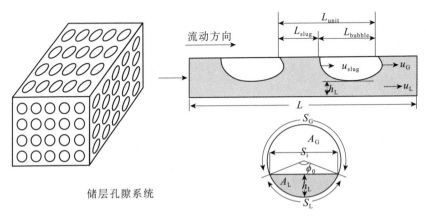

图 4-30 煤储层段塞单元模型示意图

1. 气液两相质量守恒

基于气液两相质量守恒，可知总的液体质量应该等于液膜内的液体质量和液塞中的液体质量之和[式(4-81)]，大气泡中的气体质量等于总的气体质量[式(4-82)]。

$$u_{SL} = \frac{L_{slug}}{L_{unit}}(1-h_L)u_{slug} + h_L u_L \tag{4-81}$$

$$u_{SG} = \frac{L_{bubble}}{L_{unit}}(1-h_L)u_{slug} \tag{4-82}$$

气液混合表观速度 u_M 等于气液两相表观速度之和：

$$u_M = u_{SG} + u_{SL} = (1-h_L)u_{slug} + h_L u_L \tag{4-83}$$

则液塞速度 u_{slug}：

$$u_{slug} = \frac{u_M - h_L u_L}{1 - h_L} \tag{4-84}$$

式中，u_G、u_L 为气相、液相的真实速度，m/s；u_{SG}、u_{SL} 为气相、液相的表观速度，m/s；u_M 为气液混合表观速度，m/s；u_{slug} 为液塞的速度，m/s；h_L 为分层液体液相的高度,m。

2. 气液两相动量守恒

裂缝内气液两相动量平衡可以用式(4-85)和式(4-86)表达。

$$-A_G\left(\frac{\mathrm{d}p}{\mathrm{d}L_{unit}}\right)_G-\tau_{WG}S_G+\tau_i S_i-\rho_G A_G g\sin\theta=0 \tag{4-85}$$

$$-A_L\left(\frac{\mathrm{d}p}{\mathrm{d}L_{unit}}\right)_L-\rho_L g\left(\frac{\mathrm{d}h_L}{\mathrm{d}L_{unit}}\right)-\tau_{WL}S_L+\tau_i S_i-\rho_L A_L g\sin\theta=0 \tag{4-86}$$

式中,$\left(\frac{\mathrm{d}p}{\mathrm{d}L_{unit}}\right)_G$、$\left(\frac{\mathrm{d}p}{\mathrm{d}L_{unit}}\right)_L$ 分别为气相和液相的压力梯度,Pa/m;τ_{WG}、τ_{WL} 为裂缝壁面对气相和液相流体的壁面切应力,Pa;τ_i 为气液两相界面的切应力,Pa;A_P、A_G、A_L 为裂缝的截面积、气相和液相流体的所占裂缝横截面积,m²;S_G、S_L 为气相和液相流体的湿壁周长,m;S_i 为气液界面长度,m;θ 为裂缝倾斜角度,℃。

各相的湿壁周长分别假设裂缝内流动充分发展,$\mathrm{d}h_L/\mathrm{d}L_{unit}=0$。裂缝横截面气液两相对应的几何关系如图4-22所示。

由于在同一截面处的气液相压力梯度相等,于是可以消去式(4-85)和式(4-86)的压力梯度项,并且忽略式(4-87)中的水力梯度项,得到气液两相动量守恒方程:

$$-\tau_{WG}\frac{S_G}{A_G}+\tau_{WL}\frac{S_L}{A_L}-\tau_i S_i\left(\frac{1}{A_G}+\frac{1}{A_L}\right)+(\tau_{WG}-\tau_{WL})g\sin\theta=0 \tag{4-87}$$

由图4-30给出的模型几何关系可知,气相面积 A_G、液相面积 A_G、气液界面长度 S_i、液相湿周 S_L 都可以表示成关于液膜高度 h_L 的函数:

$$A_L=0.25[\pi-\cos^{-1}(2h_L/D-1)+(2h_L/D-1)\sqrt{1-(2h_L/D-1)^2}] \tag{4-88}$$

$$A_G=0.25[\cos^{-1}(2h_L/D-1)-(2h_L/D-1)\sqrt{1-(2h_L/D-1)^2}] \tag{4-89}$$

$$S_L=\pi-\cos^{-1}(2h_L/D-1) \tag{4-90}$$

$$S_i=\sqrt{1-(2h_L/D-1)^2} \tag{4-91}$$

壁面切应力为

$$\tau_{wG}=0.5f_G\rho_G u_G^2 \quad \tau_{wL}=0.5f_L\rho_L u_L^2 \quad \tau_i=0.5f_i\rho_G(u_G-u_L)^2 \tag{4-92}$$

摩擦因子为

$$f_G=C_G\left[\frac{\rho_G u_G D_G}{\mu_G}\right]^{-n_G} \quad f_L=C_L\left[\frac{\rho_L u_L D_L}{\mu_L}\right]^{-n_L} \tag{4-93}$$

式中,C_G、C_L 为气相、液相的滑脱系数;n_G、n_L 为气相、液相的流动行为指数。

各相的水力直径定义为

$$D_G = \frac{4A_G}{S_G + S_i}, \quad D_L = \frac{4A_L}{S_L} \tag{4-94}$$

引入表征各相流动几何参数的无量纲数(表 4-7),有如下的无量纲动量平衡方程:

$$(\widetilde{D}_G \widetilde{u}_G)^{-n_G} \widetilde{u}_G^2 \left[\frac{\widetilde{S}_G}{\widetilde{A}_G} + \frac{f_i}{f_G} \left(1 - \frac{1}{\widetilde{u}_G} \frac{\widetilde{u}_L}{\widetilde{u}_G} \right)^2 \widetilde{S}_i \left(\frac{1}{\widetilde{A}_G} + \frac{1}{\widetilde{A}_L} \right) \right] - \chi^2 (\widetilde{D}_G \widetilde{u}_G)^{-n_G} \widetilde{u}_L^2 \frac{\widetilde{S}_L}{\widetilde{A}_L} + 4Y = 0,$$

$$\chi^2 = \frac{4 \frac{C_L}{D} \left(\frac{u_{SL} D}{u_L} \right)^{-n_L} \rho_L \frac{u_{SL}^2}{2}}{4 \frac{C_G}{D} \left(\frac{u_{SG} D}{u_G} \right)^{-n_G} \rho_G \frac{u_{SG}^2}{2}}, \quad Y = \frac{(\rho_L - \rho_G) g \sin\phi_0}{4 \frac{C_G}{D} \left(\frac{u_{SG} D}{u_G} \right)^{-n_G} \rho_G \frac{u_{SG}^2}{2}}, \quad \widetilde{Q} = \frac{u_{SG}}{u_{SL}} \tag{4-95}$$

式中,ϕ_0 为液相界面张角。由于无量纲几何参数都仅和无量纲液膜高度 h_L/D 有关,且和气液两相无量纲速度 u_G、u_L 一样都是 h_L/D 的函数。当各相流体所处的流动状态一定时,即 C_G,C_L,n_G,n_L 一定时,式(4-96)所描述的动量守恒平衡方程可以用下式表示:

$$F(\chi^2, Y, \widetilde{Q}, h_L^*) = 0 \tag{4-96}$$

如果裂缝几何尺寸和流体物性参数确定,当知道了气液两相真实速度的其中一相时,通过平衡方程式(4-96)可求得另一相的真实速度。将式(4-88)~式(4-94)代入方程(4-87)可求得液体高度 h_L,进而依据式(4-85)和式(4-86)计算气相和液相的压力梯度。

表 4-7　无量纲的流动几何参数

无量纲参数	表达式	无量纲参数	表达式
$h_L^* = h_L/D$	$0.5(1 - \cos\phi_0)$	$\widetilde{S}_L = S_L/D$	ϕ_0
$\widetilde{A} = A/D^2$	$\pi/4$	$\widetilde{S}_i = S_i/D$	$\sin(\phi_0)$
$\widetilde{A}_G = A_G/D^2$	$0.25[\pi - \phi_0 + 0.5\sin(2\phi_0)]$	$\widetilde{D}_G = D_G/D$	$4\widetilde{A}_G/(\widetilde{S} + \widetilde{S})$
$\widetilde{A}_L = A_L/D^2$	$0.25[\phi_0 - 0.5\sin(2\phi_0)]$	$\widetilde{D}_L = D_L/D$	$4\widetilde{A}_L/\widetilde{S}_L$
$h = A_L/A$	$4\widetilde{A}_L/\pi$	$\widetilde{u}_G = u_G/u_{SG}$	$\pi/[\pi - \phi_0 + 0.5\sin(2\phi_0)]$
$\widetilde{S}_G = S_G/D$	$\pi - \phi_0$	$\widetilde{u}_L = u_L/u_{SL}$	$\pi/[\phi_0 - 0.5\sin(2\phi_0)]$

4.4.3.3　段塞流的防控

段塞流的存在必定引起裂缝内流体压力的波动,直接导致储层发生速敏,因此,必须研究段塞流的防控技术,抑制段塞流的发生。

从控制段塞流形成的因素看,对段塞流的防控可以从以下三个方面考虑。

一是,通过缝网改造,大规模提升储层的渗透率。

二是,改变压裂液的性质,降低其表面张力。在气液两相流动中,液体黏性和表面张力对液塞的稳定性有一定影响,液相黏度越大、表面张力越高,液塞越稳定,越容易形成段塞流,因此,可以采用低黏度、低表面张力的压裂液进行储层强化,一定程度上可以抑制液塞的形成。

三是,合理的排采速率。当气相表观速度超过其最低临界表观速度时,形成段塞流的概率将大幅度增加[式(4-80)]。因此,控制煤层气井排采速度,使气体以缓慢的速度产出,一定程度上也可以抑制段塞流的形成。

第5章 缝网改造压裂液增产机理

压裂液是一种提供压力和携带支撑剂的介质,其作用是对储层进行改造,对渗透性进行强化。作为一种外来液体,即使它与地层流体和储层的配伍非常好,也会或多或少对储层造成一定的伤害,只不过其伤害程度远小于其强化效果。但是对低渗储层而言,除了可以控制的水敏、酸敏、碱敏和盐敏外,压裂液的水锁伤害至关重要,可能是造成非常规天然气井,特别是煤层气井低产的主因,同时还会造成后期排采阶段的速敏。因此,如何研制一种能够控制水锁和速敏发生的压裂液是人们关注的焦点。本章将对几种低渗储层常用压裂液的特性进行研究,从增解、增扩和增透等(非造缝增透)方面对其增产机理进行探讨,最终从控制水锁和速敏的角度对不同压裂液的适应性进行分析,优选出具有广泛适应性的压裂液体系。

5.1 含气相压裂液的增产机理

含气相压裂液主要是指压裂液自身生成气体或压裂过程中伴注液态气体的压裂液,这种压裂液由于气体的存在,使其具有了一些独特的性质,如增解、增能和增透等作用。本节重点介绍自生氮压裂液的增产机理,并对伴注液态二氧化碳和氮的压裂液进行简要介绍。

5.1.1 含气相压裂液研究概述

含气相压裂液在油气开发领域主要用于油气井的解堵、增能和助排。

5.1.1.1 解堵

采用自生氮压裂液体系的前提源于其化学自生热现象,该技术最早用于低温含蜡高凝油井清蜡解堵,并取得了良好的效果。该体系主要是利用亚硝酸钠与氯化铵的水溶液在激活剂的作用下发生反应,释放出的热量和气体在油层中通过径向和垂向传导作用,可以大幅度的提高近井地带的温度和地层压力,且生成物对地层几乎不存在伤害[186]。反应产生的大量气体能够进入液体而无法进入孔隙,破坏毛细管阻力,从而提高渗流能力。井眼周围油层温度升高,使熔化在管道及油层中沉积的石蜡与油一起排出[187]。

自生热压裂液技术不但适用于高凝稠油藏和低渗储层的改造,还可用于改造低温油气井。优化激活剂的用量,控制反应时间,在完成造缝之后迎来生热峰值。压裂液释放出的热量加快了破胶剂的分解,压裂液将更为彻底的破胶水化;释放出的大量高能气体解除油层的有机物堵、水堵和高界面张力堵等,降低原油黏度,提高裂缝导流能力;同时还能够有效控制化学解堵剂的反应时间,充分利用反应释放的热量,减少热量损失,有效地解除油层近井地带的堵塞与污染问题,充分发挥储层的生产潜力。

目前,该技术已成功应用于国内低温、低渗和低压油井的热化学解堵、热化学压裂、稠油降黏等领域,具有增温破胶、致裂增透、增能促进原油流动和压裂液返排等作用,同时它还兼具泡沫压裂液和常规水基压裂液的优点[188,189]。

5.1.1.2 增解和增能

1. 强化甲烷产出

在煤层气领域,人们往往利用煤优先吸附二氧化碳的特性,将二氧化碳注入煤层,将甲烷驱替出来,形成了所谓的 ECBM(强化甲烷产出)[190,191]。

Clarkson 和 Arri 等提出,在煤层气生产期间,可以通过向煤层中注入非甲烷气体来降低游离气体中甲烷的分压或与其竞争吸附空间,从而促使甲烷从煤层中解吸,增加甲烷的气产率[192,193]。Katayama 进行了二氧化碳置换甲烷的实验研究和氮气置换甲烷的实验研究,研究表明,二氧化碳置换甲烷的机理是由于二者吸附能的差异,而氮气置换甲烷是由于二者之间的分压变化形成了新的吸附平衡[194]。国内专家学者先后从实验和理论角度研究了注气开发煤层气的机理,注气增加储层能量,提高储层压力传导系数并产生竞争置换效应,从而提高煤层气开采时的单井产量和回收率[195-199]。

2. 泡沫压裂液

氮气和二氧化碳泡沫压裂技术具有增加储层能量、易返排、滤失低、黏度高、携砂能力强、压裂液效率高、储层伤害小和增产效果好等优点[200-202]。

其增能助排机理是:氮气和二氧化碳泡沫压裂液进入油气储层后,压裂液在储层温度下气化,气体溶解于压裂液降低了压裂液的表面张力,有助于压裂液的返排;更重要的是泡沫压裂液气化后体积迅速增大,在油气储层中起到增能作用。

在美国和加拿大普遍将氮气泡沫压裂技术应用于低渗、欠压油气田的增透增能改造[203,204]。在我国沁水盆地南部和韩城的氮气泡沫压裂试验井,获得了较高的产气量[205],但由于压裂设备和成本昂贵,未能实现广泛应用。

5.1.2 自生氮压裂液

5.1.2.1 自生氮压裂液的制备

1. 自生氮压裂液反应原理

自生氮体系选用 $NaNO_2$ 和 NH_4Cl 作为生氮剂,在激活剂的作用下发生如下反应：

$$NaNO_2 + NH_4Cl \xrightarrow{\text{激活剂}} NaCl + N_2 \uparrow + 2H_2O, \Delta H_0 = -332.58(\text{kJ/mol}) \quad (5\text{-}1)$$

由式(5-1)可知，100ml 浓度为 1mol/L 的 $NaNO_2$ 溶液与相同体积和浓度的 NH_4Cl 溶液混合反应，可产生 2.24L 的 N_2（标准状态下），释放出 33.258kJ 热量。

$NaNO_2$ 和 NH_4Cl 在低温（60℃以下）下反应速率极低，必须加入激活剂，提高体系中活化分子数、使其有效碰撞率增高、降低反应的活化能，反应才能快速进行。

2. 生氮剂与激活剂的最佳配比

1) 生氮剂的摩尔比对反应的影响

配制 40ml 含不同摩尔比生氮剂的反应液（表 5-1），加入相同剂量的激活剂，调节反应液体系的 pH=5，置于 30℃的恒温条件下反应，生氮剂摩尔比对最终产气量的影响如图 5-1 所示。

表 5-1　不同摩尔比的反应液配比量

编号	$NaNO_2$/mol	NH_4Cl/mol
1	0.02	0.08
2	0.02	0.07
3	0.02	0.06
4	0.02	0.05
5	0.02	0.04
6	0.02	0.03
7	0.02	0.02

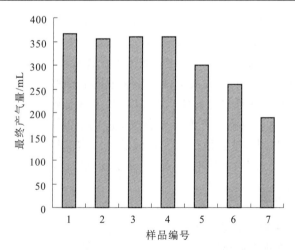

图 5-1　生氮剂摩尔比对最终产气量的影响效果

由图 5-1 可知,当 NH_4Cl 和 $NaNO_2$ 的摩尔比$\geqslant$2.5 时,反应液最终产气量最优,考虑生氮剂用量的经济性,确定 NH_4Cl 和 $NaNO_2$ 的摩尔比为 2.5:1。

2)激活剂用量对反应的影响

配制 40ml 含 0.05mol NH_4Cl 和 0.02mol $NaNO_2$ 反应液,加入不同剂量的激活剂(0.01g、0.02g、0.03g、0.04g、0.05g),置于 30℃ 的恒温条件下反应,激活剂用量对反应速率的影响见图 5-2。

由图 5-2 可知,激活剂用量越多,反应速率越快。实验过程中发现:加入 0.05g 激活剂时,反应器内出现红棕色气体,这是因为该试样中加入的激活剂过多,H^+ 与 NO_2^- 结合形成 HNO_2,而 HNO_2 极不稳定,常温下会发生如下反应:

$$H^+ NO_2^- \longrightarrow HNO_2 \quad 2HNO_2 \longleftrightarrow H_2O+N_2O_3$$
$$N_2O_3 \longleftrightarrow NO+NO_2 \quad 2NO+O_2 \longrightarrow 2NO_2 \tag{5-2}$$

NO_2 常温常压下为红棕色气体。因此,对激活剂的用量要有严格的控制,以防有害气体的产生。实验结果分析可知,配制 40mL 含 0.05mol NH_4Cl 和 0.02mol $NaNO_2$ 反应液,激活剂的最佳用量是 0.04g。

3)温度对反应的影响

配制 40mL 含 0.05mol NH_4Cl 和 0.02mol $NaNO_2$ 的反应液,并加入 0.04g 激活剂,分别置于不同的温度下反应,温度对反应速率的影响见图 5-3。

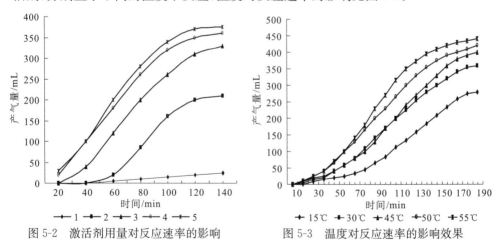

图 5-2 激活剂用量对反应速率的影响　　图 5-3 温度对反应速率的影响效果

由图 5-3 可知,温度越高,反应速率越快,反应进行的越彻底,产气量也就越多。在 20~40℃ 内,温度对反应的影响没有明显的差异;温度高于 60℃,反应无需激活剂即可自发进行。

由此可见适用于低温储层压裂的最佳配比为 40mL 含 0.05mol NH_4Cl 和 0.02mol $NaNO_2$ 反应,激活剂用量为 0.04g,即摩尔比为 2.5:1。

5.1.2.2　自生氮压裂液的增解作用

自生氮压裂液有利于煤层气的解吸,其增解作用机理一是压裂液释放出的热量,能够有效提高煤储层温度,促进煤层气的解吸;二是压裂液产生的氮气通过分压分体积作用提高煤层气的解吸速率和解吸量。

1. 增温增解作用

随温度的升高,煤的亲甲烷能力降低,解吸能力增加(图 5-4)。自生氮压裂液在其生气过程中释放出大量热量,造成的增温、增解、增产作用是其他压裂液所不具备的(图 5-5)。

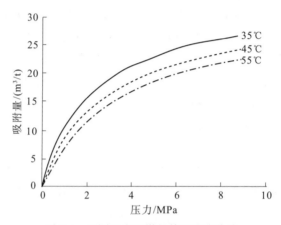

图 5-4　不同温度下煤的等温吸附曲线

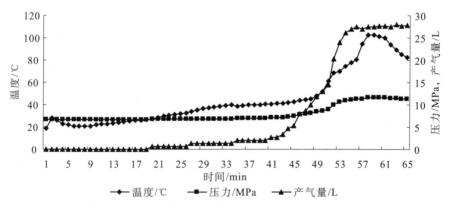

图 5-5　高压反应釜内自生氮生成过程中压力、温度和产气量的变化

温度 20℃,初始压力 7MPa

2. 分压分体积增解作用

虽然煤的亲甲烷能力强于氮气(图 5-5),但由分压分体积原理可知,氮气的存

在必定占据一定的煤孔隙表面,与甲烷争夺吸附位,促进甲烷解吸。

1)分压定律

道尔顿气体分压定律:气体混合物总压强为各组分气体分压之和,其中气体分压为相同温度下其占有整个容器时的压力。其数学表达式为

$$p = \sum_{i=1}^{n} p_i \tag{5-3}$$

气体混合物中组分 i 的分压力与总压力之比可用理想气体状态方程得出:

$$\frac{p_i}{p} = \frac{n_i RT/V}{nRT/V} = \frac{n_i}{n} = y_i \tag{5-4}$$

则摩尔分数与分压力的关系为

$$p_i = y_i p \tag{5-5}$$

式中,y_i 为气体混合物中组分 i 的物质的量分数,即摩尔分数,无因次;p_i 为气体混合物中组分 i 的分压力,MPa;p 为气体混合物的总压力,MPa。

2)分体积定律

某一气体在气体混合物中所占的分体积等于它单独存在于气体混合物所处的温度、压力条件下所占有的体积;而气体混合物的总体积等于组成该气体混合物的各组分的分体积之和。其数学表达式为

$$V = \sum_{i=1}^{n} V_i \tag{5-6}$$

气体混合物中组分 i 的分体积与总体积之比可用理想气体状态方程得出

$$\frac{V_i}{V} = \frac{n_i RT/V}{nRT/V} = \frac{n_i}{n} = y_i \tag{5-7}$$

则摩尔分数与分压力的关系为

$$V_i = y_i V \tag{5-8}$$

式中,y_i 为气体混合物中组分 i 的物质的量分数,即摩尔分数,无因次;V_i 为气体混合物中组分 i 的分体积,m^3;V 为气体混合物的总体积,m^3。

3)混合气体的吸附特征

对混合气体的吸附特征,可以用扩展 Langmuir 方程描述:

$$V_i = \frac{V_{Li} \dfrac{p_i}{p_{Li}}}{\left[1 + \sum_{j=1}^{n} \left(\dfrac{p}{p_L} \right)_j \right]} \tag{5-9}$$

式中,V_i 为 i 组分的吸附量,cm^3/g;V_{Li} 为 i 组分 Langmuir 体积,cm^3/g;P_{Li} 为 i 组分 Langmuir 压力,Pa;p_i 为 i 组分分压,MPa;n 为组分数量。

如果已知二元气体等温吸附实验中游离组分的摩尔分数,就可以利用式(5-5)计算二元气体各组分的分压,继而根据式(5-9)计算二元气体各组分在压力平衡点

的吸附量。

4)50％CH_4＋50％N_2的等温吸附实验

进行纯CH_4、纯N_2、50％CH_4＋50％N_2(体积摩尔分数)的等温吸附实验,实验温度为25℃的实验温度,平衡水分。

首先进行纯气体的等温吸附实验,获得煤样(晋城地区三号煤层煤样)对CH_4、N_2的 Langmuir 常数(表5-2)。

表 5-2　两种纯气体的等温吸附实验结果(无水无灰基)

实验气体	N_2	CH_4
Langmuir V_L/(cm³/g)	14.63	34.58
等温吸附常数 P_L/MPa	2.14	1.71

接着进行50％CH_4＋50％N_2二元气体的等温吸附实验。在实验过程中,测定样品中混合气体的平衡压力以及在平衡压力下的游离气体化学组分浓度(表5-3)。

表 5-3　二元气体等温吸附实验中游离组分浓度

二元气体组分	测试项目	测试数据						
50％CH_4＋50％N_2	平衡压力/MPa	0	0.71	2.06	3.92	5.82	7.87	9.97
	CH_4摩尔分数/％	50	32.4	39.1	40.4	42.6	44.6	45.1
	N_2摩尔分数/％	50	67.6	60.9	59.6	57.4	55.4	54.9

结合表5-3,利用式(5-5)即可计算得到二元气体等温吸附实验中游离组分分压(表5-4)。结合表5-2和表5-4,利用式(5-9)即可计算二元气体等温吸附实验中各组分的吸附量(表5-5)。

表 5-4　二元气体等温吸附实验中游离组分分压

二元气体组分	测试项目	测试数据						
50％CH_4＋50％N_2	平衡压力/MPa	0	0.71	2.06	3.92	5.82	7.87	9.97
	CH_4分压/MPa	0	0.23	0.81	1.58	2.48	3.51	4.50
	N_2分压/MPa	0	0.48	1.25	2.34	3.34	4.36	5.47

表 5-5　二元气体等温吸附实验中各组分的吸附量

二元气体组分	测试项目	测试数据						
50％CH_4＋50％N_2	平衡压力/MPa	0	0.71	2.06	3.92	5.82	7.87	9.97
	总吸附量/(cm³/g)	0	5.84	12.09	15.9	18.19	19.8	20.74
	CH_4吸附量/(cm³/g)	0	3.42	7.92	10.61	12.5	13.95	14.7
	N_2吸附量/(cm³/g)	0	2.41	4.17	5.29	5.69	5.86	6.05

煤样对纯CH_4、纯N_2和50％CH_4＋50％N_2二元混合气体的吸附量对比见图5-6。

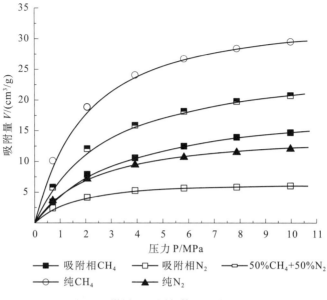

图 5-6 煤样对不同气体的吸附量对比

由图 5-6 可以看出,煤样对纯 CH_4 气体的吸附量大于二元混合气体中 CH_4 组分的吸附量。这是由于二元混合气体中存在 N_2 组分,降低了游离态 CH_4 的分压,加速了吸附态 CH_4 的解吸。因此,自生氮压裂液通过其产生的 N_2 的分压作用可以促进煤层中吸附态 CH_4 的解吸。

5.1.2.3 自生氮压裂液的增透增能作用

1. 渗透率测试实验

分别测试自生氮压裂液浸泡前后煤心的渗透率(表 5-6、图 5-7),发现经自生氮压裂液处理后,渗透率均有显著增加,增幅为 $40.10\% \sim 91.38\%$,说明自生氮压裂液能够有效提高煤储层渗透率。

表 5-6 自生氮压裂液处理前后煤样渗透率的对比

编号	样品处理	处理前渗透率/mD	处理后渗透率/mD	增幅/%
1	激活剂	0.253	0.286	12.85
2	激活剂	0.285	0.315	0.46
3	自生氮	0.177	0.259	46.69
4	自生氮	0.293	0.480	63.87
5	自生氮	0.257	0.416	61.91
6	自生氮	0.419	0.770	83.72
7	自生氮	0.079	0.111	40.10
8	自生氮	0.428	0.819	91.38
9	自生氮	0.162	0.30	1.42
10	自生氮	0.231	0.0	55.85

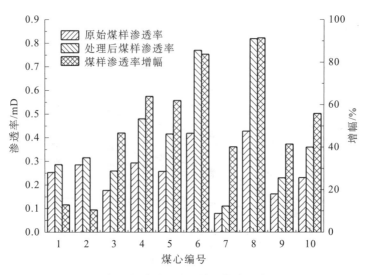

图 5-7　自生氮压裂液处理前后煤渗透率变化图

2. 增透机理

自生氮压裂液对煤储层的增透机理类似于微裂隙排烃理论[206-208]。当其以液态形式注入储层孔裂隙后,在激活剂的作用下发生化学反应,产生大量氮气,体积发生膨胀,在密闭环境下流体压力急剧增加(图 5-5),在克服了地应力和煤岩的抗拉强度后产生微裂缝,这些微裂缝改善了储层的渗透性。自生氮压裂液的致裂机理如图 5-8、图 5-9 所示。储层产生微裂缝时,流体压力 P 和地层破裂压力 p_f 应该满足:$P \geqslant p_f$。

$$p_f = 3\sigma_h - \sigma_H - \alpha p_0 + S_t \tag{5-10}$$

式中,p_0 为地层孔隙压力,MPa;σ_H、σ_h 为最大、最小水平主应力,MPa;S_t 为拉伸强度,MPa;a 为 biot 系数。

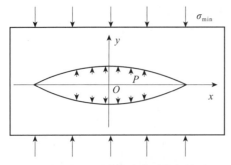

图 5-8　自生氮压裂液气胀致裂的力学原理图

图 5-9　自生氮压裂液气胀致裂作用

5.1.3　伴注液氮压裂液

伴注液氮的压裂液与自生氮压裂液具有相同的作用原理,都是以液态形式高压注入储层,压裂液在储层中气化,起到致裂增透作用和分压分体积增解作用。但伴注液氮压裂液降低了储层温度,对甲烷的解吸有一定的抑制作用。

5.1.4　伴注二氧化碳压裂液

伴注二氧化碳压裂液具有置换增解作用、分压分体积增解作用和气胀致裂增透作用,但是二氧化碳置换甲烷产出是有很苛刻的适用条件的。

5.1.4.1　置换增解作用

1. 注二氧化碳置换甲烷产出

煤吸附各类气体的过程不是独立进行的,而是存在吸附能力强的气体优先吸附,在吸附过程中处于强势地位,吸附能力弱的气体处于劣势地位。那么在相同条件下就存在吸附能力强的气体置换吸附能力弱的气体的现象。由 CH_4、CO_2 和 N_2 气体的等温吸附曲线(图 5-10)可知,同一压力条件下,其相对吸附能力由强到弱的顺序是:$CO_2 > CH_4 > N_2$。因此,在相同条件下注入 CO_2 气体能将 CH_4 从煤基质表面置换为游离态,从而增加 CH_4 的解吸能力,这正是 ECBM(注二氧化碳强化甲烷产出)的原理所在。

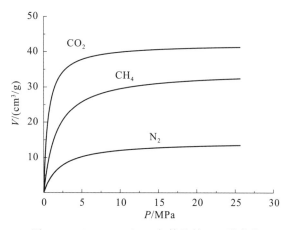

图 5-10　CH_4、CO_2 和 N_2 气体的等温吸附曲线

2. 注二氧化碳置换甲烷产出的适用条件

煤的亲二氧化碳能力大于甲烷,理论上可以通过注入二氧化碳强化甲烷的产出,但经过了 20 余年的实验室研究和现场试验,至今这一技术还没能工程化应用,说明其实施是有条件的。根据大量等温吸附-解吸数据的分析,可将煤吸附/解吸

二氧化碳和甲烷归纳为以下三种情形论述。

1)情形 I

以德国 Argonne premium 煤的吸附-解吸为代表[209]。相同压力条件下,二氧化碳和甲烷的解吸量均小于其吸附量,且在 1~2.5MPa,甲烷吸附-解吸量差异表现最为显著(图 5-11)。在这一区间甲烷和二氧化碳的解吸特性曲线近乎重合,向低压和高压区间二氧化碳的吸附势和吸附空间均大于甲烷,且有逐渐增大的趋势(图 5-12)。说明该地区煤层储层压力在 1~2.5MPa 不利于注二氧化碳驱甲烷;在低压(<1MPa)和高压(>2.5MPa)条件下均有利,且储层压力越高或越低越有利。因此对这类储层进行注二氧化碳强化甲烷产出时,应尽量避开 1~2.5MPa 压力的储层。

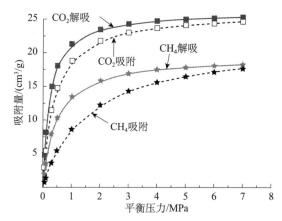

图 5-11　CH_4 和 CO_2 在德国 Argonne premium 煤($R_{max}=1.16\%$)中的吸附-解吸等温线[209]

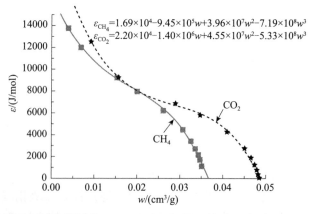

图 5-12　CH_4 和 CO_2 在德国 Argonne premium 煤($R_{max}=1.16\%$)中的解吸特性曲线

2)情形Ⅱ

以潞安煤的吸附-解吸为代表[210]。二氧化碳的吸附-解吸等温线一致,甲烷的吸附-解吸等温线交叉于 A 点,对应的吸附压力为 2.5MPa(图 5-13),这一交叉点对应于特性曲线上的 A′点(图 5-14)。在相同的压力条件下,由该点向低压阶段二氧化碳的吸附势普遍小于甲烷,向高压阶段则相反;这意味着储层压力在 2.5MPa 以下,甲烷的产出量相对减少,二氧化碳则相对增加;在 2.5MPa 以上,甲烷产出量相对增加,二氧化碳则下降。因此针对这类储层进行注二氧化碳强化甲烷产出时,在储层压力大于 2.5MPa 时,注二氧化碳强化甲烷产出效果最佳。

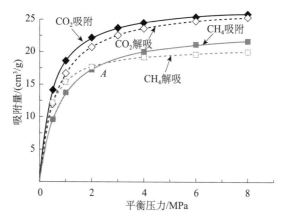

图 5-13　CH_4 和 CO_2 在潞安煤($R_{max}=1.68\%$)中的吸附-解吸等温线[210]

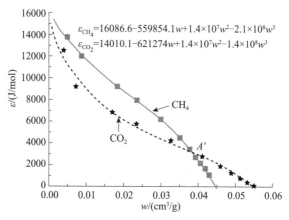

图 5-14　CH_4 和 CO_2 在潞安煤($R_{max}=1.68\%$)中的吸附特性曲线

二氧化碳驱甲烷实验也充分证实了这一结论。在压力小于 2.5MPa 时,游离气体中甲烷的浓度急剧降低,二氧化碳浓度显著增高;压力大于 2.5MPa 时浓度变化变缓(图 5-15)。

3)情形Ⅲ

以晋城煤的吸附-解吸为代表[25]。甲烷的吸附-解吸等温线一致;二氧化碳的吸附-解吸等温线交叉于 B 点,对应的压力在 2.5MPa 左右(图 5-16)。由该点向低压阶段二氧化碳吸附量相对减少,解吸量相对增加。该点对应于特性曲线上的 B' 点(图 5-17)。由 B' 点向低压阶段,在相同压力的条件下,二氧化碳吸附势均低于甲烷。即甲烷的产出量相对减少,二氧化碳相对增加。图 5-18 可以看出,压力低于 2.5MPa 时二氧化碳的浓度急剧增加,甲烷浓度急剧下降。因此针对这类储层进行注二氧化碳强化甲烷产出时,储层压力>2.5MPa 时效果最佳。

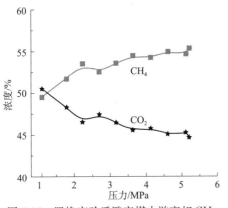

图 5-15　置换实验后潞安煤中游离相 CH_4 和 CO_2 浓度和 CO_2 压力的关系[210]

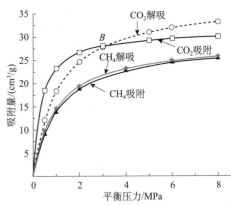

图 5-16　CH_4 和 CO_2 在晋城煤($R_{max}=4.27\%$)中的吸附-解吸等温线[210]

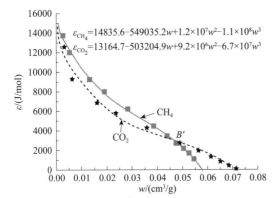

$$\varepsilon_{CH_4}=14835.6-549035.2w+1.2\times10^7w^2-1.1\times10^8w^3$$
$$\varepsilon_{CO_2}=13164.7-503204.9w+9.2\times10^6w^2-6.7\times10^7w^3$$

图 5-17　CH_4 和 CO_2 在晋城煤($R_{max}=4.27\%$)中的解吸特性曲线[210]

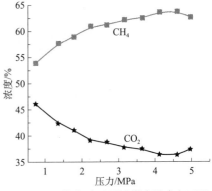

图 5-18　置换实验后晋城煤中游离相 CH_4 和 CO_2 浓度与 CO_2 压力的关系[210]

上述分析表明,在高压(>2.5MPa)条件下,煤亲二氧化碳的能力最强,有利于注入二氧化碳强化甲烷产出,低压(<1MPa)下除了情形Ⅰ外,均不利于甲烷的强化产出。这为注二氧化碳强化甲烷产出工艺的适应对象和注入压力的确定提供了

理论依据。大多数情况下,煤层气井排采过程中的储层压力都不会高于 2.5MPa,这就意味着,很多情况下注二氧化碳的置换增解作用并不存在,这可能是 ECBM 这一技术难以工程化应用的主要原因。

5.1.4.2 分压分体积增解作用

进行了纯 CH_4、纯 CO_2、50%CH_4+50%CO_2(体积摩尔分数)气体的等温吸附实验,实验结果见表 5-7~表 5-10,煤样对不同气体的吸附量对比见图 5-19。可以看出,CO_2 降低了游离态 CH_4 的分压,加速了吸附态 CH_4 的解吸。因此,伴注 CO_2 的压裂液,通过 CO_2 的分压作用能够促进煤层中吸附态 CH_4 的解吸。这与氮气的作用是一致的。

表 5-7 CH_4 和 CO_2 的等温吸附实验结果(无水无灰基)

实验气体	CH_4	CO_2
Langmuir 体积 V_L/(cm³/g)	34.58	42.25
等温吸常数 P_L/MPa	1.71	0.59

表 5-8 二元气体等温吸附实验中游离组分浓度

二元气体组分	测试项目	测试数据						
	平衡压力/MPa	0	0.23	0.79	1.71	2.81	4.06	5.42
50%CH_4+50%CO_2	CH_4摩尔分数/%	50	86.1	78.2	75.3	69.5	57.4	51.4
	CO_2摩尔分数/%	50	13.9	21.8	24.7	30.5	42.6	48.6

表 5-9 二元气体等温吸附实验中游离组分分压

二元气体组分	测试项目	测试数据						
	平衡压力/MPa	0	0.23	0.79	1.71	2.81	4.06	5.42
50%CH_4+50%CO_2	CH_4分压/MPa	0	0.2	0.62	1.29	1.95	2.33	2.79
	CO_2分压/MPa	0	0.03	0.17	0.42	0.86	1.73	2.63

表 5-10 二元气体等温吸附实验中各组分的吸附量

二元气体组分	测试项目	测试数据						
	平衡压力/MPa	0	0.23	0.79	1.71	2.81	4.06	5.42
50%CH_4+50%CO_2	总吸附量/(cm³/g)	0	5.38	15.02	22.8	28.06	32.3	34.53
	CH_4吸附量/(cm³/g)	0	3.42	7.56	10.55	10.99	8.9	7.94
	CO_2吸附量/(cm³/g)	0	1.96	7.46	12.25	17.07	23.39	26.59

5.1.4.3 气胀致裂增透作用

伴注液态 CO_2 的压裂液对储层的增透机理与自生氮压裂液相同。

值得注意的是含气相压裂液适用于低压储层的改造,对于正常和高压储层使用时要慎重。由于它增加了地层压力,会造成压裂后的下泵作业期间发生井喷,对储层造成伤害。在左权一区块就发生了此类现象,后期的排采表明储层受到了一定伤害。

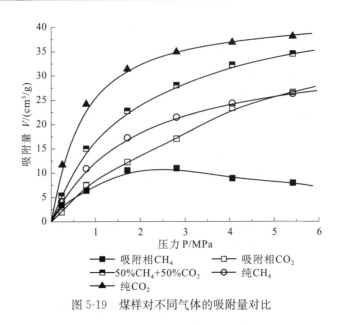

图 5-19　煤样对不同气体的吸附量对比

5.2　强氧化性压裂液增产机理

以往压裂液对储层的改造主要是物理方式,强氧化性压裂液主要是利用加入的强氧化剂对含有有机质的储层(如煤层或者泥页岩)进行氧化、表面改性,实现储层的增解、增扩和增透作用,同时还可以利用其强氧化性实现胍胶等高黏压裂液的破胶,降低对储层的伤害。本节主要介绍将二氧化氯和过硫酸铵(过氧化氢)作氧化剂的压裂液增产机理。

5.2.1　强氧化性压裂液的研究现状

常见的强氧化剂有过硫酸盐、高锰酸钾、过氧化物和二氧化氯等,在油气田中常用的强氧化剂有二氧化氯与过硫酸铵。强氧化性压裂液是在基础压裂液中加入一定剂量的二氧化氯或过硫酸铵等强氧化剂而形成的。

1802 年二氧化氯气体被发现,但由于其不稳定性、易爆炸性和腐蚀性,未得到关注。1811 年美国科学家 Davery 利用 $KClO_3$ 水溶液和盐酸反应,首次合成并收集了二氧化氯气体[211]。1921 年被用于纸浆漂白[211]。1930 年二氧化氯才得以安全、经济地规模生产,开始工业化的广泛应用[211]。二氧化氯作为一种强氧化剂,其溶解度比氯气高出五倍以上,具有轻微的刺激性气味,水溶液呈黄色,氧化还原电位高达 1.5V,属极强氧化剂,在杀菌消毒、环境治理、食品保鲜、除臭防腐及油气田开发中都得到了广泛应用[211]。二氧化氯在油气田上的应用主要是解堵,即利用二氧化氯的强氧化性、杀菌效率高的特点,解除压裂液、钻井液滤液中有机高分子物质的堵塞、溶除铁垢、杀死细菌达到解堵的目的[212,213]。

二氧化氯的制备方法多种多样,最常用的是亚氯酸盐法和氯酸盐法。亚氯酸盐法主要原料为亚氯酸钠,包括酸化法、氯气氧化法、过硫酸盐氧化法和二氧化碳法等,该法成本较高,但是在酸性等较为温和的环境下仍能够释放出二氧化氯,因此适合实验室小规模制备二氧化氯;氯酸盐法主要原料为氯酸钠,包括 R2~R12 系列法、日曹法及 SVP 系列法等,由于氯酸钠相对于亚氯酸钠便宜很多,因此该法成本较低适合于大规模的工业生产[214-218]。

长期以来,过硫酸铵作为一种强氧化剂被广泛地应用于工业生产、地下水污染处理和油气田的开发等领域[219-221],在水力压裂施工中常将它用于冻胶压裂液的破胶。室温下,过硫酸铵晶体的化学性质非常稳定,但高温下易溶于水,并能在水中表现出极强的活性。在激活剂条件下,如添加草酸、加热、紫外光照射或存在过渡离子(如 Fe^{2+} 和 Ag^+)的条件下 $S_2O_8^{2-}$ 会产生具有强氧化性的硫酸根自由基(SO_4^-)[222-225],同时生成过氧化氢,其氧化还原电位高达 2.60V[226]。因此过硫酸铵可以有效地氧化降解大部分高分子有机物。

5.2.2 强氧化性压裂液的制备

强氧化性压裂液加入的氧化剂主要是二氧化氯与过硫酸铵,两者都是利用化学反应间接生成的产物。

在激活剂作用下,$NaClO_2$ 以缓慢速率稳定的分解成 ClO_2,反应方程式为

$$4H^+ + 5NaClO_2 \longrightarrow 4ClO_2 + 2H_2O + 5Na^+ + Cl^- \tag{5-11}$$

由于二氧化氯对热、震动、撞击和摩擦相当敏感,受热和受光照或遇有机物等能促进氧化作用的物质时,能促进分解并易引起爆炸。虽二氧化氯极易溶于水但不与水反应。常温下二氧化氯溶解度为 8g/L 左右,考虑安全问题,配置二氧化氯溶液的浓度低于溶解度即可,本节实验过程中使用二氧化氯溶液浓度为 4000ppm①。

在激活剂的作用下过硫酸铵吸湿后在水溶液中能发生水解反应,反应方程:

$$(NH_4)_2S_2O_8 + 2H_2O \longrightarrow 2NH_4HSO_4 + H_2O_2 \tag{5-12}$$

实验过程中使用的过硫酸铵溶液浓度为 1g/L。

5.2.3 增解作用

5.2.3.1 等温吸附实验

为研究强氧化剂对煤的吸附能力的影响,采用二氧化氯和过硫酸铵溶液分别对煤样进行浸泡,并测试等温吸附常数。煤质特征见表 5-11。

---

① 1ppm=1×10^{-6}。

表 5-11　煤样煤质特征

编号	地点	类型	R_{max}/%	水分/%	灰分/%	挥发分/%
DTK	大同	硬煤	0.7	4.32	11.54	38.98
PM6K	平顶山	硬煤	1.1	0.68	13.89	32.68
PM10K	平顶山	硬煤	1.2	0.78	6.95	32.28
PM12K	平顶山	硬煤	1.3	0.78	6.13	25.51
JLSK	焦作	硬煤	3.3	2.55	10.45	5.7
XTK	新田	硬煤	3.5	1.72	12.46	6.42
DYGK	巩义	硬煤	4.1	3.74	18.63	4.77
ZMK	焦作	硬煤	4.2	3.82	7.64	6.89
JYK	济源	硬煤	5.8	0.4	15.86	7.31
QQS	义马	软煤	0.5	7.88	10.84	40.23
PM6S	平顶山	软煤	1.2	1.11	14.24	34.54
PM10S	平顶山	软煤	1.4	1.74	12.05	24.08
PM12S	平顶山	软煤	1.6	4.62	21.53	27.95
XYS	新义	软煤	1.9	0.57	16.44	12.17
DPS	郑州	软煤	2.2	1.61	11.81	11.08
GCS	郑州	软煤	2.3	1.38	9.96	11.51
XTS	新田	软煤	3.7	1.83	12.69	6.34
DYGS	巩义	软煤	4.2	4.03	18.91	5.41
ZMS	焦作	软煤	4.5	2.74	12.3	6.69
JYS	济源	软煤	6	0.43	15.08	9.24

　　蒸馏水、二氧化氯溶液和过硫酸铵溶液浸泡后煤样的等温吸附数据见表 5-12、表 5-13 和表 5-14。

表 5-12　蒸馏水浸泡后煤样等温吸附数据

编号	类型	V_L/(cm³/g)	P_L/MPa	编号	类型	V_L/(cm³/g)	P_L/MPa
DTK-1	硬煤	24.09	9.74	PM6S-1	软煤	28.82	1.61
PM6K-1	硬煤	25	1.72	PM10S-1	软煤	35.46	1.59
PM10K-1	硬煤	20.45	0.92	PM12S-1	软煤	32.05	1.25
PM12K-1	硬煤	25.25	1.02	XYS-1	软煤	32.93	3.06
JLSK-1	硬煤	38.5	2.53	DPS-1	软煤	31.35	1.04
XTK-1	硬煤	35.09	0.55	GCS-1	软煤	26.88	0.88
DYGK-1	硬煤	29.78	0.41	XTS-1	软煤	39.53	0.63
ZMK-1	硬煤	40.38	1.47	DYGS-1	软煤	31.15	0.41
JYK-1	硬煤	25.97	0.63	ZMS-1	软煤	46.3	0.78
QQS-1	软煤	9.98	1.23	JYS-1	软煤	21.19	0.5

表 5-13　二氧化氯溶液浸泡后煤样等温吸附数据

编号	类型	V_L /(cm³/g)	P_L/MPa	V_L降幅 /%	编号	类型	V_L /(cm³/g)	P_L/MPa	V_L降幅 /%
DTK-2	硬煤	22.14	8.47	8.09	PM6S-2	软煤	27.78	1.43	3.61
PM6K-2	硬煤	24.69	1.3	1.24	PM10S-2	软煤	35.09	1.45	1.04
PM10K-2	硬煤	18.15	0.75	11.25	PM12S-2	软煤	30.4	1.1	5.15
PM12K-2	硬煤	18.98	0.83	24.83	XYS-2	软煤	24.53	2.79	25.51
JLSK-2	硬煤	41.74	0.53	−8.42	DPS-2	软煤	25.71	0.57	17.99
XTK-2	硬煤	34.36	0.5	2.08	GCS-2	软煤	25.94	0.78	3.50
DYGK-2	硬煤	24.74	0.39	16.92	XTS-2	软煤	33.22	0.54	15.96
ZMK-2	硬煤	41.02	1.32	−1.58	DYGS-2	软煤	28.57	0.36	8.28
JYK-2	硬煤	20.16	0.27	22.37	ZMS-2	软煤	46.17	0.63	0.28
QQS-2	软煤	9.54	1.1	4.41	JYS-2	软煤	23.42	0.26	−10.52

表 5-14　过硫酸铵溶液浸泡后煤样等温吸附数据

编号	类型	V_L/(cm³/g)	P_L/MPa	V_L降幅/%
DTK-3	硬煤	23.23	8.85	3.57
PM10K-3	硬煤	19.98	0.81	2.30
ZMK-3	硬煤	41.12	1.33	−1.83
QQS-3	软煤	9.77	1.11	2.10
DPS-3	软煤	27.97	0.89	10.78
GCS-3	软煤	25.41	0.8	5.47

　　由图 5-20、图 5-21 可知,经二氧化氯和过硫酸铵溶液浸泡处理后,煤样的 Langmuir 体积(V_L)普遍降低,意味着其吸附能力下降。可见二氧化氯和过硫酸铵作用于煤体,降低了煤的亲甲烷能力,具有增解作用。

　　由图 5-22 可知,二氧化氯对煤样吸附能力的影响明显强于过硫酸铵,这是由于二氧化氯溶液中有效物质的浓度远高于过硫酸铵溶液。二氧化氯浸泡处理后,硬煤的吸附能力降幅普遍大于软煤,降幅均值为 12.40%,最大达到 24.83%(PM12K);软煤的吸附能力降幅则普遍小于硬煤,虽然最大降幅为 25.51%(XYS),但其均值仅为 8.57%。可见二氧化氯对硬煤的增解效果更好,这可能是由于软煤的演化程度略高于硬煤。

　　此外,ZMK、JLSK、JYS 煤样经二氧化氯和过硫酸铵处理后,其 Langmuir 体积不降反升,这可能是上述无烟煤中的部分次生显微组分(如渗出沥青体、微粒体)在氧化过程中被溶蚀,改变了煤的孔隙特征。

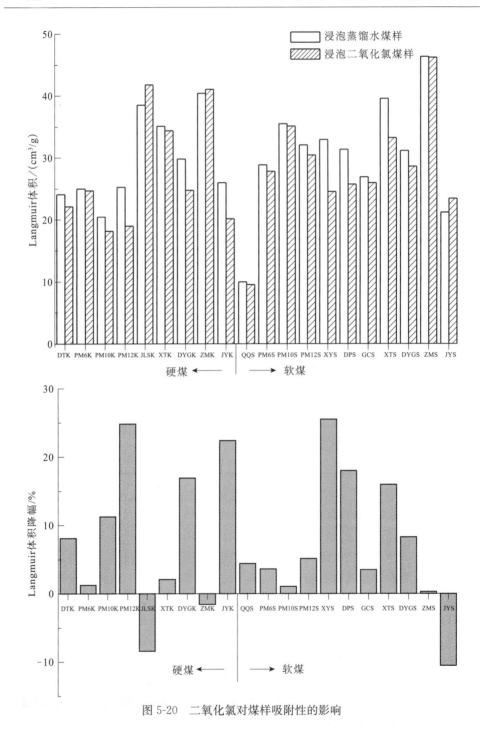

图 5-20　二氧化氯对煤样吸附性的影响

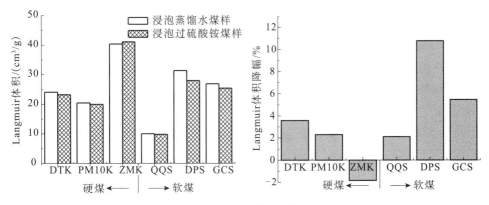

图 5-21 过硫酸铵对煤样吸附性的影响

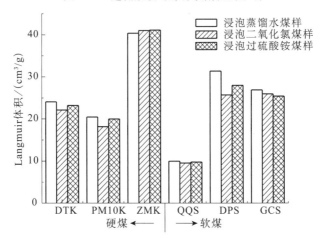

图 5-22 二氧化氯与过硫酸铵对煤样吸附性的不同影响

5.2.3.2 瓦斯放散初速度测试

瓦斯放散初速度是另外一个反应强氧化剂作用效果的指标。采用二氧化氯和过硫酸铵溶液分别对煤样进行浸泡,并测试瓦斯放散初速度。

蒸馏水、二氧化氯溶液和过硫酸铵溶液浸泡后煤样的 ΔP 数据见表 5-15、表 5-16 和表 5-17。

由图 5-23 和图 5-24 可知,经二氧化氯和过硫酸铵溶液浸泡处理后,ΔP 普遍降低。这是由于经强氧化剂作用后煤样的表面物理化学性质会产生一定程度的变化,其亲甲烷能力显著降低,直接导致 ΔP 测试过程中吸附甲烷量明显减少,进而导致瓦斯释放阶段产出的瓦斯量明显减少,最终造成 ΔP 降低。可见二氧化氯和过硫酸铵作用于煤体,降低了煤的亲甲烷能力,具有增解作用,这与等温吸附实验分析结果相同。

图 5-25 显示被过硫酸铵溶液浸泡处理过的煤样 ΔP 最大降幅为 13.33%（煤样 QQS），降幅均值为 6.02%；而相同的煤样经二氧化氯溶液浸泡处理过的煤样 ΔP 最大降幅为 45.71%（煤样 PM6K），降幅均值则达到了 14.34%，这说明二氧化氯对 ΔP 的影响明显强于过硫酸铵。同一地区的硬煤和软煤经二氧化氯和过硫酸铵溶液浸泡处理后，其 ΔP 未显示出明显的变化规律，可能是 ΔP 反映的变化精度有限所致。

表 5-15　蒸馏水浸泡后煤样 ΔP 数据

编号	类型	$\Delta P/(mL/s)$	编号	类型	$\Delta P/(mL/s)$
DTK-1	硬煤	2.2	PM6S-1	软煤	5.9
PM6K-1	硬煤	3.5	PM10S-1	软煤	9
PM10K-1	硬煤	4	PM12S-1	软煤	6.6
PM12K-1	硬煤	8.1	XYS-1	软煤	11
JLSK-1	硬煤	10.4	DPS-1	软煤	12
XTK-1	硬煤	18.3	GCS-1	软煤	16.7
DYGK-1	硬煤	4.7	XTS-1	软煤	17.6
ZMK-1	硬煤	14.8	DYGS-1	软煤	7.9
JYK-1	硬煤	5.6	ZMS-1	软煤	20.9
QQS-1	软煤	3	JYS-1	软煤	5.2

表 5-16　二氧化氯溶液浸泡后煤样 ΔP 数据

编号	类型	$\Delta P/(mL/s)$	ΔP 降幅/%	编号	类型	$\Delta P/(mL/s)$	ΔP 降幅/%
DTK-2	硬煤	1.9	13.64	PM6S-2	软煤	5.7	3.39
PM6K-2	硬煤	1.9	45.71	PM10S-2	软煤	8.1	10.00
PM10K-2	硬煤	3.5	12.50	PM12S-2	软煤	5.2	21.21
PM12K-2	硬煤	7.8	3.70	XYS-2	软煤	11.3	-2.73
JLSK-2	硬煤	10.3	0.96	DPS-2	软煤	16.1	-34.17
XTK-2	硬煤	17.5	4.37	GCS-2	软煤	16.5	1.20
DYGK-2	硬煤	4.2	10.64	XTS-2	软煤	16.4	6.82
ZMK-2	硬煤	15.4	-4.05	DYGS-2	软煤	6.7	15.19
JYK-2	硬煤	4.3	23.21	ZMS-2	软煤	19.5	6.70
QQS-2	软煤	2.5	16.67	JYS-2	软煤	4.1	21.15

表 5-17　过硫酸铵溶液浸泡后煤样 ΔP 数据

编号	类型	$\Delta P/(mL/s)$	ΔP 降幅/%
DTK-3	硬煤	2.1	4.55
PM10K-3	硬煤	3.8	5.00
ZMK-3	硬煤	15	-1.35
QQS-3	软煤	2.6	13.33
DPS-3	软煤	13.5	-12.50
GCS-3	软煤	16.5	1.20

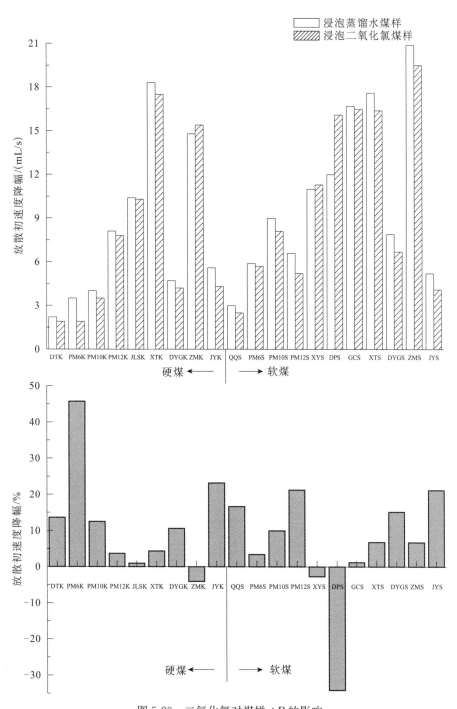

图 5-23 二氧化氯对煤样 ΔP 的影响

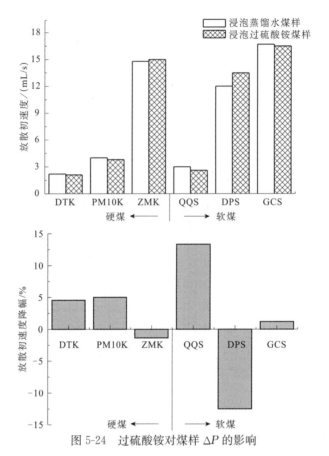

图 5-24　过硫酸铵对煤样 ΔP 的影响

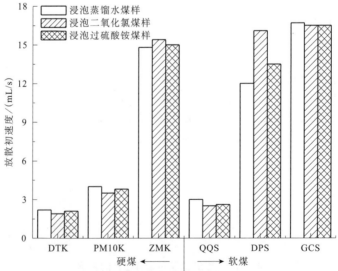

图 5-25　二氧化氯与过硫酸铵对煤样 ΔP 的不同影响

5.2.3.3 常压解吸实验

为进一步验证二氧化氯的增产机理,采集荥巩大峪沟矿(DYGK)、平煤六矿(PM6K)煤样,在实验室采用 400g 煤样(粒度介于 60~80 目的煤粉)进行常压解吸实验,对二氧化氯处理前后不同煤样的解吸速度和累计解吸量进行测试。从图 5-26、图 5-27 可以看出二氧化氯处理后的煤样解吸速度和累计解吸量与处理前相比均有所降低,这是因为二氧化氯作用后煤的吸附能力降低。可见二氧化氯作用于煤体,使得煤的亲甲烷能力降低,具有增解增产作用。

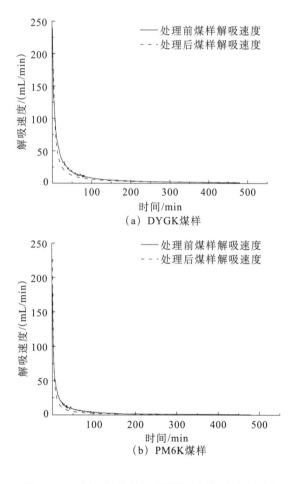

图 5-26 二氧化氯处理前后煤样常压解吸速率对比

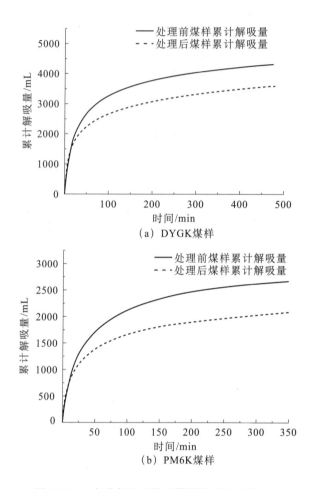

图 5-27 二氧化氯处理前后煤样累计解吸量对比

5.2.4 溶蚀增透作用

采集不同煤阶煤样,装备成煤光片,在显微镜下观察抛光的煤表面经过二氧化氯浸泡前后的溶蚀情况(图 5-28)。把煤样加工成 $\Phi50mm \times 50mm$ 规格的煤心,在轴向力为 2kN,围压为 1MPa 时,测试其渗透率的变化(表 5-13)。

从图 5-28 可看出,在相同条件下,低阶煤更容易被二氧化氯氧化溶蚀,高阶煤溶蚀效果稍差。二氧化氯作用后,煤体被部分溶蚀,孔缝体积增大,使得煤储层渗透率显著增加。需要说明的是图 5-28(b)、(d)裂缝为煤样干燥脱水所致,并不完全是二氧化氯蚀刻所形成。

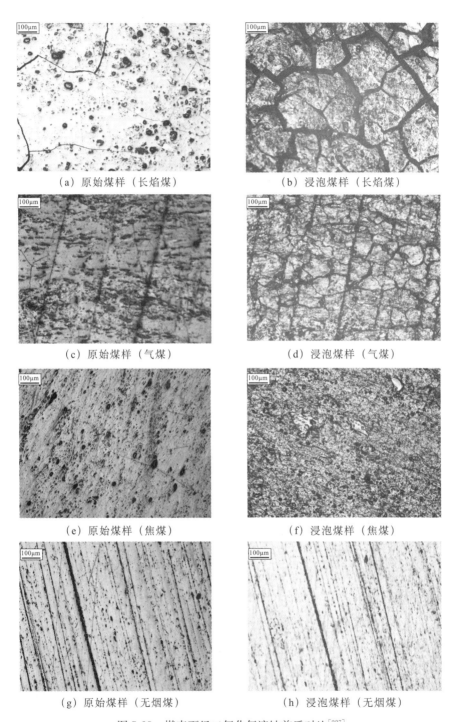

(a) 原始煤样（长焰煤）　　　　　（b) 浸泡煤样（长焰煤）

(c) 原始煤样（气煤）　　　　　　（d) 浸泡煤样（气煤）

(e) 原始煤样（焦煤）　　　　　　（f) 浸泡煤样（焦煤）

(g) 原始煤样（无烟煤）　　　　　（h) 浸泡煤样（无烟煤）

图 5-28　煤表面经二氧化氯溶蚀前后对比[227]

　　由表 5-18 和图 5-29 可知,二氧化氯溶液浸泡处理后煤样的渗透率普遍增加,且原始渗透率越大,其增加的幅度也较大,增透效果越明显。其中煤样 DYG 增幅最大,达到了 164.29%,增幅最小的煤样 ZM 也达到了 20.00%。这是由于渗透性高的煤样与二氧化氯溶液接触更充分所致。在煤储层改造时,首先是水力压裂形成裂缝增透,其次是二氧化氯对煤基质的氧化刻蚀增加了孔隙度,两者共同作用提高了储层改造效果。

表 5-18　煤心处理前后渗透率对比

编号	原始渗透率 /mD	处理后渗透率 /mD	增幅/%	编号	原始渗透率 /mD	处理后渗透率 /mD	增幅/%
DT	0.030	0.054	80.00	ZM	0.020	0.024	20.00
ZG1	0.046	0.058	26.09	DYG	0.028	0.074	164.29
ZG2	0.219	0.352	60.73	JY	0.057	0.081	42.11
PM6	0.135	0.236	74.81				

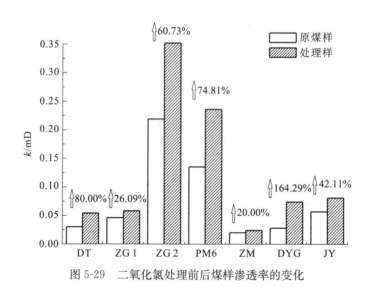

图 5-29　二氧化氯处理前后煤样渗透率的变化

5.2.5　增产机理

5.2.5.1　煤分子结构改变增产

　　强氧化剂对煤储层具有增解增产和增透增产双重作用,其内在机理是煤的分子结构和孔隙特征在强氧化剂的作用下发生了改变。通过 Raman(表 5-19)、^{13}C-NMR(表 5-20)、FTIR(图 5-32)和 XRD(表 5-21、表 5-22)测试,探讨二氧化氯对煤的改性机理。

表 5-19 二氧化氯浸泡前后 Raman 光谱特征参数

煤样	G 峰位置 /cm⁻¹	D 峰位置 /cm⁻¹	峰位差 /cm⁻¹	G 峰高 /a·u.	D 峰高 /a·u.	峰高比	G 峰面积	D 峰面积	峰面积比
千秋矿原始煤样	1589.53	1368.85	220.68	15282.3	9675.02	1.58	1713930	2813437	0.61
千秋矿浸泡煤样	1589.51	1370.65	218.86	9233.5	5942.45	1.55	1501579	3754788	0.4
沙曲矿原始煤样	1588.09	1350.87	237.12	13821.1	8402.72	1.64	1371980	2357890	0.58
沙曲矿浸泡煤样	1587.7	1364.82	222.88	10372.9	8446.43	1.23	1179220	3095410	0.38
古汉山原始煤样	1603.2	1334.17	269.03	12647.3	5865.58	2.16	826013	1546950	0.53

表 5-20 煤样¹³C-NMR 谱图各官能团分布

煤样	官能团/%			f_a
	CH_2+CH_3	$Ar-O+Ar-C,H$	$C=O+COOH$	
千秋矿原始煤样	33.09	62.94	3.97	0.6294
千秋矿浸泡煤样	32.25	61.76	5.99	0.6176
马兰矿原始煤样	25.53	68.41	6.06	0.6841
马兰矿浸泡煤样	24.59	67.56	7.85	0.6756
沙曲矿原始煤样	21.51	71.82	6.67	0.7182
沙曲矿浸泡煤样	20.7	71.28	8.02	0.7128
官地矿原始煤样	18.05	74.52	7.43	0.7452
官地矿浸泡煤样	17.11	74.06	8.83	0.7406
中马矿原始煤样	9.79	81.46	8.75	0.8146
中马矿浸泡煤样	9.23	81.17	9.6	0.8117

表 5-21 原始煤样的 XRD 参数

编号	类型	d_{002}/Å	L_a/Å	L_c/Å	编号	类型	d_{002}/Å	L_a/Å	L_c/Å
DTK-1	硬煤	3.586	10.159	14.468	PM6S-1	软煤	3.481	1.779	11.82
PM6K-1	硬煤	3.425	7.228	10.651	XYS-1	软煤	3.4	13.644	27.282
JLSK-1	硬煤	3.428	15.476	25.7	DPS-1	软煤	3.497	16.577	25.194
XTK-1	硬煤	3.456	25.139	29.014	GCS-1	软煤	3.38	14.827	24.951
DYGK-1	硬煤	3.454	28.087	20.778	XTS-1	软煤	3.404	30.531	23.56
ZMK-1	硬煤	3.421	19.584	24.35	DYGS-1	软煤	3.427	30.117	18.309
JYK-1	硬煤	3.407	39.88	16.594	ZMS-1	软煤	3.391	21.574	22.946
QQS-1	软煤	3.622	5.12	5.782	JYS-1	软煤	3.436	38.046	19.005

表 5-22 二氧化氯溶液浸泡后煤样的 XRD 参数

编号	类型	d_{002}/Å	L_a/Å	L_c/Å	编号	类型	d_{002}/Å	L_a/Å	L_c/Å
DTK-2	硬煤	3.606	9.239	14.997	PM6S-2	软煤	3.491	1.679	10.82
PM6K-2	硬煤	3.501	6.721	11.251	XYS-2	软煤	3.453	12.542	27.982
JLSK-2	硬煤	3.518	14.776	25.021	DPS-2	软煤	3.557	15.378	24.294
XTK-2	硬煤	3.556	24.049	28.324	GCS-2	软煤	3.392	13.733	23.735
DYGK-2	硬煤	3.497	26.989	19.388	XTS-2	软煤	3.451	28.531	22.887
ZMK-2	硬煤	3.511	19.074	24.016	DYGS-2	软煤	3.446	29.01	18.288
JYK-2	硬煤	3.497	38.981	17.574	ZMS-2	软煤	3.398	20.674	23.006
QQS-2	软煤	3.662	5.223	5.082	JYS-2	软煤	3.446	37.6626	18.913

　　由表5-19和图5-30可知,二氧化氯作用后Raman峰面积比减小,表明煤大分子结构中的芳香环数和芳碳总量相对减少,芳构化和环缩合作用减弱,最终导致芳香层面上C=C的变形振动峰面积减少。表5-20也显示二氧化氯作用后芳香度有所降低,且低煤阶较高煤阶降低幅度大。这是由于脂族结构中侧链或官能团脱落,芳香烃中不饱和烃键以及芳香环上的醚氧键在二氧化氯改性过程中断裂,芳香环被打开,使煤样的芳香度有所降低。由于低阶煤中具芳香结构的分子较少,故而表现为芳香度降低幅度明显。

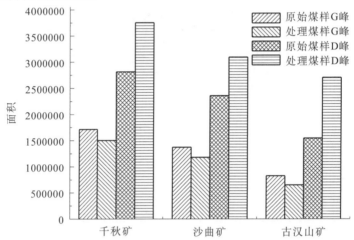

图5-30　改性前后煤样Raman光谱G峰和D峰面积对比[228]

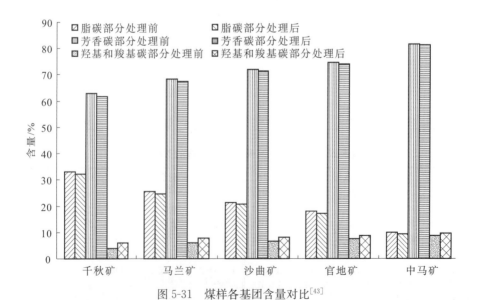

图5-31　煤样各基团含量对比[43]

　　由表 5-20 可知,经二氧化氯溶液处理的煤样的羧基和羰基官能团有所增加(图 5-31)。经计算千秋矿、马兰矿、沙曲矿、官地矿和中马矿煤样经处理后羧基和羰基官能团增加幅度分别为 50.88%、29.54%、20.24%、18.84% 和 9.71%,表明煤阶越低,原始煤样中含有的高活性基团的数量越多,被二氧化氯溶液氧化成较稳定的羧基和羰基基团的数量相应也越多,则其变化幅度就越大;与此同时,侧链的脱落也使羧基碳和羰基碳的含量相对增加。

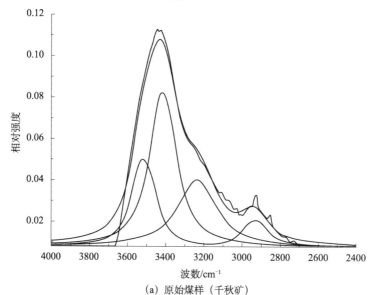

(a) 原始煤样 (千秋矿)

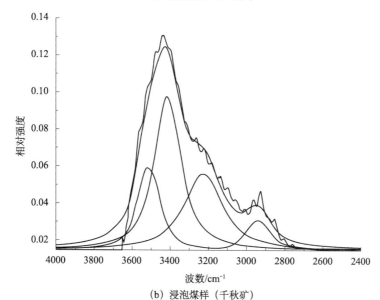

(b) 浸泡煤样 (千秋矿)

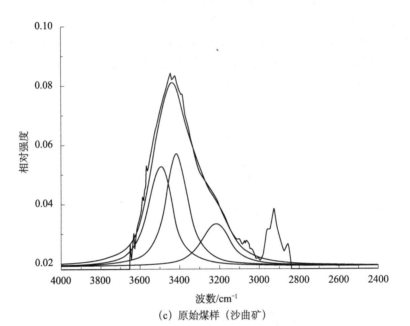

（c）原始煤样（沙曲矿）

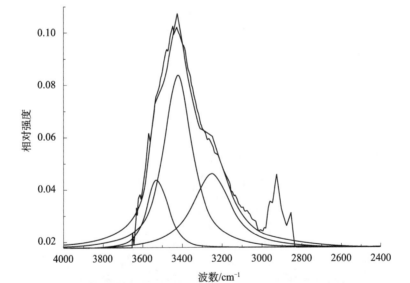

（d）浸泡煤样（沙曲矿）

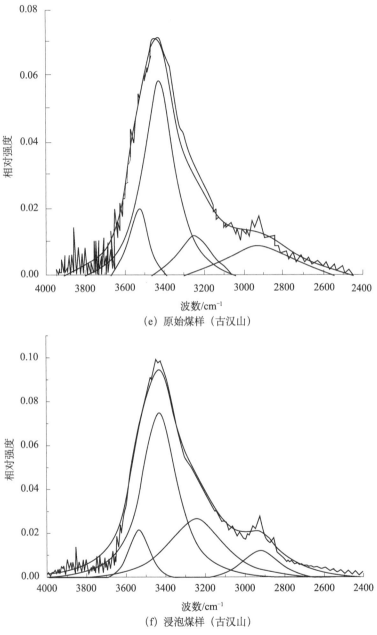

(e) 原始煤样（古汉山）

(f) 浸泡煤样（古汉山）

图 5-32 二氧化氯处理前后煤样红外谱分峰拟合图[43]

采用高斯拟合法对红外光谱中重叠的氢键吸收峰进行分峰拟合（图 5-32）。根据各分峰面积数据作图 5-33，可以看出四种氢键的变化有着一定的规律性。改性后煤的大分子间羟基和 π 键形成的氢键、自缔合羟基形成的氢键以及羟基和 N 原子形成的氢键作用力均降低,其中自缔合的羟基形成的氢键作用力下降最为明显,表明煤样中羟基官能团数量不断减少,煤样发生了部分降解。

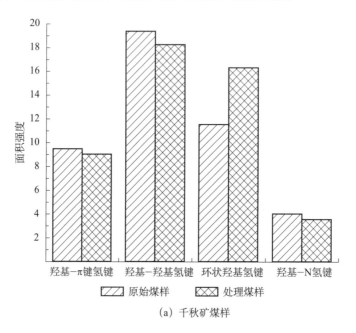

(a) 千秋矿煤样

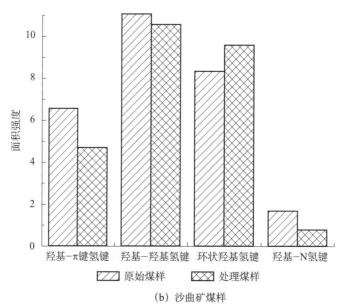

(b) 沙曲矿煤样

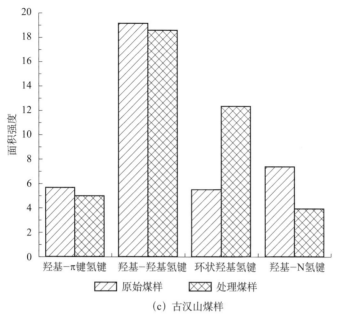

(c) 古汉山煤样

图 5-33 处理前后煤样的氢键强度变化[43]

二氧化氯作用后煤的晶体结构也发生了变化。由图 5-34 可知,煤样经二氧化氯溶液浸泡处理后其大分子结构中的芳构碳层面间距(d_{002})均发生了不同程度的增大,但是增幅普遍较小,最大增幅为 2.89%(XTK)。二氧化氯溶液浸泡处理后硬煤的 d_{002} 增幅大部分集中在 2%左右;而软煤的 d_{002} 增幅则相对较小,最大增幅仅为 1.72%,均值为 0.83%。二氧化氯对硬煤 d_{002} 的影响要强于软煤,这是由于软煤的演化程度略高于硬煤。d_{002} 的变化在一定程度上会影响煤中大分子结构在垂向上的堆砌情况,而堆砌情况的变化反映了煤分子结构的变化,煤分子结构的改变是煤亲甲烷能力降低的主因。

由图 5-35 可知,煤样经二氧化氯溶液浸泡处理后其大分子结构中的芳构碳层面直径(L_a)普遍减小,降幅在 1.01%~9.06%,仅煤样 QQS 的 L_a 出现异常。二氧化氯溶液浸泡处理后硬煤 L_a 降幅普遍低于软煤,其均值为 4.81%,而软煤降幅均值则达到了 5.46%。同时发现,煤阶越低的煤样经二氧化氯处理后的 L_a 降幅越大。二氧化氯是一种强氧化剂,可以使煤大分子结构上的部分侧链和官能团氧化降解而脱落,从而造成 L_a 减小。低煤阶煤的大分子结构中含有较多的侧链和官能团,因而发生了更多的氧化降解反应,L_a 的降幅自然较大。二氧化氯与煤大分子中的侧链和官能团的氧化反应使得煤储层孔隙表面发生了氧化改性,这就是二氧化氯降低煤储层亲甲烷能力、增解增产的微观机理。

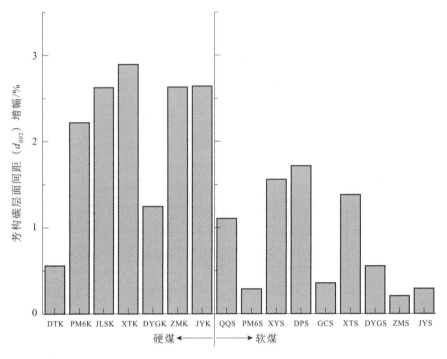

图 5-34　二氧化氯对煤样 d_{002} 的影响

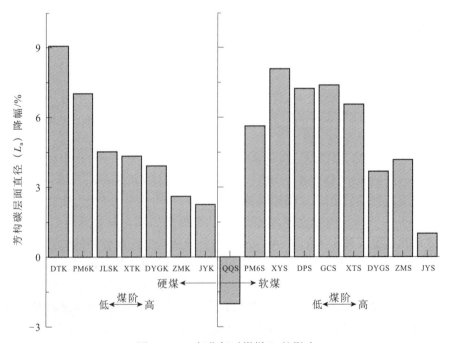

图 5-35　二氧化氯对煤样 L_a 的影响

由图 5-36 可知,煤样经二氧化氯溶液浸泡处理后其大分子结构中的芳构碳堆砌高度(L_c)多数呈减小态势,但仍有五组煤样的 L_c 是增大的。这表明二氧化氯对煤的大分子结构中 L_c 的影响总体是使 L_c 减小的,但是之前分析结果显示二氧化氯会使 d_{002} 略微增大,d_{002} 的增大又在一定程度上使得 L_c 增大。这是由于二氧化氯的作用降低了煤芳环层片之间的引力(范德华力),如果部分层片剥落,脱离了芳环核,则 L_c 减小;如果还结合在一起,则 d_{002} 增大,芳环层片结合不紧密,L_c 就会增大。

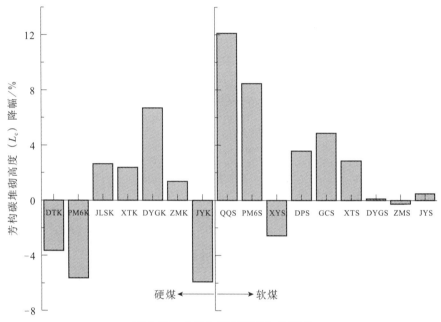

图 5-36　二氧化氯对煤样 L_c 的影响

强氧化剂作用前后软硬煤的晶格参数的变化表明构造应力引起软煤的轻微动力变质,对煤晶体结构中的面网间距的改变是最大的,使之普遍减小。但这种减小所增加的面网之间的结合力远不如以往长期的、强烈的煤化作用形成的结合力牢固,在强氧化剂的作用下最容易被破坏,因此强氧化剂对软煤面网间距的破坏最为严重。强氧化剂对软硬煤延展度的破坏程度相差无几,但是强氧化剂对硬煤的破坏程度弱于软煤,这可能是构造应力作用已经对软煤的延展度造成了轻微的损伤的缘故。可见强氧化剂作用后煤的晶体结构遭到了不同程度的破坏。

从以上实验结果分析可知,经二氧化氯改性后煤的晶体结构遭到了不同程度的破坏,煤的大分子结构中破坏的断键和断链增多,使得大分子结构中无序单元增加,结构缺陷迅速增加。芳构化程度降低和侧链断裂都将降低煤对甲烷的吸附作用,同时部分侧链脱落将导致比表面积相应降低,有利于提高煤层气的解吸。等温吸附和解吸实验也充分说明了强氧化剂作用后煤的亲甲烷能力降低。

5.2.5.2　孔隙特征改变增产

煤储层的孔隙结构决定着煤层气的扩散和渗流过程,强氧化剂作用后煤的孔隙特征变化情况采用压汞实验测试,实验结果见表 5-23、表 5-24。

表 5-23　压汞实验基本数据

编号	R_{max}/%	煤体结构	孔隙度/%	孔容/(cm³/g)					孔容比/%			
				V_1	V_2	V_3	V_4	V_t	V_1/V_t	V_2/V_t	V_3/V_t	V_4/V_t
QQS-1	0.5	软煤	8.0674	0.0228	0.012	0.0034	0.009	0.0472	48.37	25.44	7.12	19.07
QQS-2	0.5	软煤	8.5168	0.0277	0.0142	0.0049	0.011	0.0578	47.94	24.51	8.54	19.01
DTK-1	0.7	硬煤	4.6111	0.0177	0.0092	0.0025	0.007	0.0365	48.63	25.27	6.87	19.23
DTK-2	0.7	硬煤	4.8114	0.0192	0.0096	0.0038	0.0074	0.0399	48.03	24.03	9.5	18.44
PM12K-1	1.3	硬煤	5.0148	0.0209	0.0118	0.0045	0.0052	0.0424	49.29	27.83	10.61	12.26
PM12K-2	1.3	硬煤	5.5122	0.0224	0.0129	0.005	0.0066	0.0468	47.76	27.5	10.66	14.08
PM12S-1	1.6	软煤	5.2004	0.0203	0.0108	0.0042	0.0068	0.0421	48.22	25.65	9.98	16.15
PM12S-2	1.6	软煤	5.8607	0.0205	0.0107	0.0059	0.0095	0.0465	43.99	22.96	12.66	20.39
GCS-1	2.3	软煤	4.8238	0.0159	0.0089	0.0044	0.0069	0.036	44.04	24.65	12.19	19.11
GCS-2	2.3	软煤	5.2233	0.0161	0.0089	0.0043	0.0105	0.0399	40.45	22.36	10.8	26.38
ZMK-1	4.2	硬煤	5.6039	0.0199	0.0108	0.0051	0.0076	0.0434	45.85	24.88	11.75	17.51
ZMK-2	4.2	硬煤	6.4903	0.0202	0.0121	0.0062	0.0122	0.0507	39.8	23.93	12.15	24.12
ZMS-1	4.4	软煤	4.2947	0.0136	0.007	0.0017	0.0092	0.0315	43.17	22.22	5.4	29.21
ZMS-2	4.4	软煤	4.4693	0.0163	0.0049	0.0019	0.009	0.0326	50.78	15.26	5.92	28.04

注:V_1 为微孔(3nm<孔径<10nm);V_2-小孔(10nm<孔径<100nm);V_3-中孔(100nm<孔径<1000nm);V_4-大孔(孔径>1000nm);V_t-总孔容。原始煤样编号末尾为—1,二氧化氯处理煤样编号末尾为—2。

表 5-24　压汞实验基本数据

编号	R_{max}/%	煤体结构	孔比表面积/(m²/g)					孔比表面积比/%			
			S_1	S_2	S_3	S_4	S_t	S_1/S_t	S_2/S_t	S_3/S_t	S_4/S_t
QQS-1	0.5	软煤	12.0126	1.4619	0.0284	0.0076	13.511	88.91	10.82	0.21	0.056
QQS-2	0.5	软煤	11.4082	1.3544	0.0321	0.0055	12.85	88.78	10.54	0.25	0.0428
DTK-1	0.7	硬煤	14.6243	1.7977	0.04	0.004	16.466	88.82	10.92	0.24	0.0243
DTK-2	0.7	硬煤	14.2138	1.6932	0.044	0.004	15.955	89.09	10.61	0.28	0.0251
PM12K-1	1.3	硬煤	17.157	2.357	0.067	0.004	19.585	87.6	12.03	0.34	0.0204
PM12K-2	1.3	硬煤	15.6904	2.1567	0.0625	0.0034	17.913	87.59	12.04	0.35	0.019
PM12S-1	1.6	软煤	16.5965	2.1885	0.064	0.004	18.853	88.03	11.61	0.34	0.0212
PM12S-2	1.6	软煤	15.1388	2.0462	0.084	0.01	17.279	87.61	11.84	0.49	0.0579
GCS-1	2.3	软煤	13.347	1.722	0.063	0.006	15.138	88.17	11.38	0.42	0.0396
GCS-2	2.3	软煤	13.2289	1.7291	0.064	0.006	15.032	88	11.5	0.43	0.0665
ZMK-1	4.2	硬煤	16.4895	2.0904	0.071	0.008	18.659	88.37	11.2	0.38	0.0429
ZMK-2	4.2	硬煤	16.7689	2.2381	0.096	0.01	19.113	87.74	11.71	0.5	0.0523
ZMS-1	4.4	软煤	11.4508	1.3972	0.024	0.005	12.877	88.92	10.85	0.19	0.0388
ZMS-2	4.4	软煤	13.2182	1.2328	0.022	0.006	14.479	91.29	8.51	0.15	0.0414

注:S_1-微孔(3nm<孔径<10nm);S_2-小孔(10nm<孔径<100nm);S_3-中孔(100nm<孔径<1000nm);S_4-大孔(孔径>1000nm);S_t-总表面积。原始煤样编号末尾为—1,二氧化氯处理煤样编号末尾为—2。

1)二氧化氯对孔隙度、总孔容和总比表面积的影响

煤样经二氧化氯溶液浸泡处理后,其孔隙度、总孔容、总比表面积都存在不同

程度的变化(图 5-37)。经二氧化氯处理后,煤样的孔隙度和总孔容均有不同程度的增幅,如 ZMK 煤样的孔隙度增幅最大,达 15.82%,总孔容也提高了 16.82%。当 $R_{max}<2.3\%$ 时,经二氧化氯处理后,各煤样的总表面积均有不同程度的减小,且中等变质程度煤样的降低幅度最大;但 $R_{max}>2.3\%$ 时,各煤样的总表面积反而有所增大,且软煤的增幅更明显。

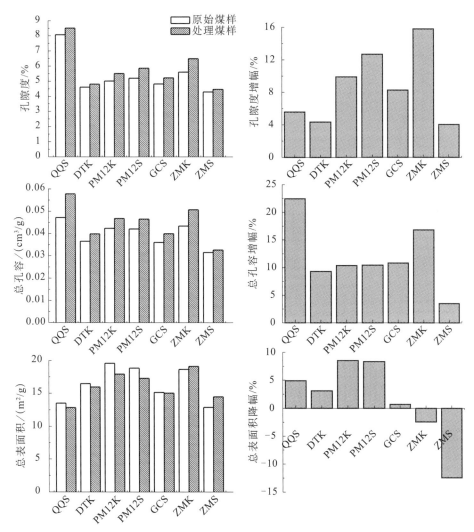

图 5-37 二氧化氯对煤样孔隙基本参数的影响

经二氧化氯处理后,煤的总比表面积减小会降低煤的吸附甲烷能力,从而实现增解增产;孔隙度和总孔容的增加改变了扩散和渗流的通道,实现增透增产。分析表明,二氧化氯对中等变质程度硬煤改性效果最好;对变质程度较高的煤,二氧化氯虽能改善其孔隙度和总孔容,但同时也增加了其总表面积,这可能是高煤阶煤中的部分次生显微组分(如渗出沥青体、微粒体)在氧化过程中被溶蚀所致。因此二氧化氯用于高阶煤的增解时应当谨慎。

　　2)二氧化氯对不同孔隙类型孔容的影响

　　由图 5-38 可知,微孔孔容均出现了不同程度的增大,由于微孔孔容在总孔容中所占百分比都在 40%～50%,其变化很大程度上决定了总孔容的变化,这就是孔隙度和总孔容增大的根本原因。但是其在总孔容中所占的百分比却出现了普遍的降低,且煤阶越高该降幅越大,说明二氧化氯对煤中不同孔隙类型孔容的分布影响较大,其中 ZMS 煤样的异常变化表明二氧化氯对高阶煤的化学改性可能存在不利的一面。

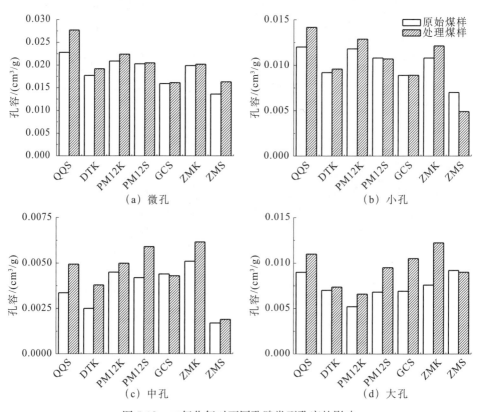

图 5-38　二氧化氯对不同孔隙类型孔容的影响

　　小孔孔容在总孔容中所占百分比一般在 20%～30%,经二氧化氯处理后,除 PM12S 和 ZMS 煤样外,其他煤样的小孔孔容均出现了小幅的增大,但是其变化率远小于微孔,各煤样小孔孔容所占总孔容百分比则出现了普遍性的降低,这再次印证二氧化氯对煤中不同孔径段孔容的分布影响较大,而 PM12S 和 ZMS 小孔孔容不升反降,这对煤层气的运移产出是不利的。可见,二氧化氯在高变质程度煤中应用时,尤其是在软煤中应用时应当谨慎。

中孔孔容在总孔容中所占百分比在 10% 左右,经二氧化氯处理后,其绝对值及所占总孔容百分比普遍有所增大。

大孔孔容在总孔容中所占百分比在 20% 左右,经二氧化氯处理后,除 ZMS 外,其他煤样大孔孔容均出现了不同程度的增大,且中等变质程度煤样增幅普遍较大,且其所占总孔容百分比亦有所增大。即对于中等变质程度的煤样,经二氧化氯处理后,下游渗流孔孔容不仅绝对值增加,其相对值亦增大,这对于煤层气的运移产出是十分有利的;而高变质程度煤 ZMS 数据的异常变化则又一次充分说明了二氧化氯对高阶煤化学改性的局限性。

3)二氧化氯对不同孔隙类型比表面积的影响

由图 5-39 可知,微孔比表面积除 ZMK 和 ZMS 煤样外其他煤样均出现了不同程度的减小,且中等变质程度的煤样降低幅度最大,其所占总孔比表面积比例大都在 80%~90%,因此其变化直接决定了总比表面积的变化。经二氧化氯处理后,微孔比表面积所占百分比大部分有所降低,但是变化幅度不大。表明二氧化氯对

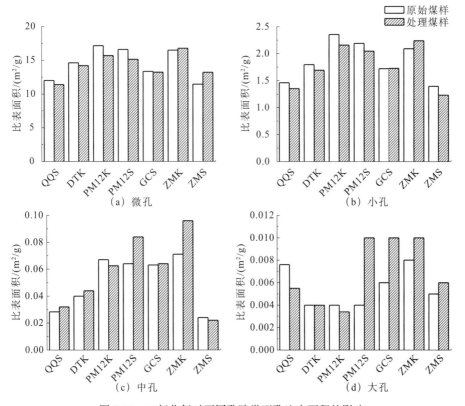

图 5-39 二氧化氯对不同孔隙类型孔比表面积的影响

不同孔径段孔比表面积的分布影响较小。经二氧化氯处理后,由 ZMK 与 ZMS 煤样微孔比表面积的异常变化可以看出,二氧化氯对于变质程度较高的煤样,很难降低其微孔比表面积,因此其对高阶煤的化学改性作用会相对较弱。

小孔比表面积所占百分比一般在 10% 左右,经二氧化氯处理后,其绝对值普遍有所降低,但在高阶煤阶段出现了个别增大现象,其所占百分比变化的规律性不强。中孔比表面积所占百分比相对于微孔和小孔非常小,其对总孔比表面积的变化影响微乎其微。因此,中孔比表面积经二氧化氯处理的变化规律在总比表面积的变化中基本没有显现。大孔比表面积所占百分比已经非常小,其变化以及对煤层气吸附解吸的影响可忽略不计。

4)二氧化氯对孔隙结构的影响

由图 5-40 中三组典型煤样的进退汞曲线图可以看出,经二氧化氯处理后,各煤样的进退汞曲线变得更加平滑;同一孔径区间内,进汞增量普遍显著增大,说明经二氧化氯处理后煤中各孔径阶段孔隙的排驱压力明显减少,孔径增加,孔隙的连通性增强,有利于煤层气的产出。

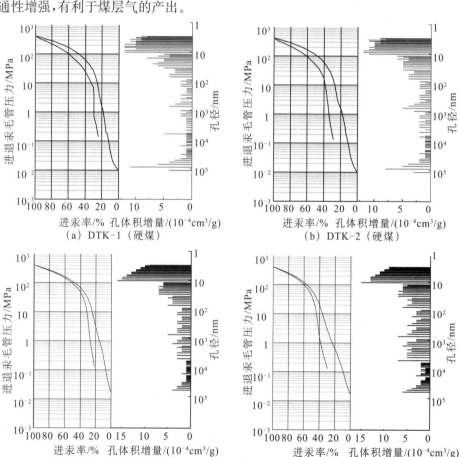

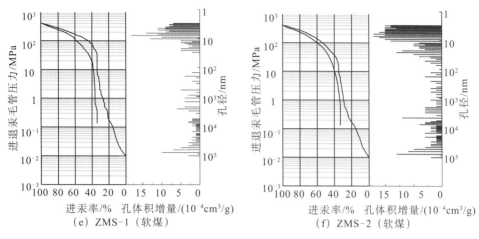

图 5-40　二氧化氯对煤样进退汞曲线的影响

5.3　含微生物压裂液的增产机理

含微生物压裂液是指压裂液中加入菌种,使其对储层和流体进行改造的一种混合液。这种压裂液在常规油气开发中应用较多,如稠油的开发;在煤层气领域中的应用近年来逐渐受到重视。煤和泥页岩中的有机质在产氢产甲烷菌作用下可生成氢气和甲烷,是对非常规天然气资源的重要补充,同时还能实现煤系气储层的增解和增透作用,本节将对微生物的增产机理进行探讨。

5.3.1　煤层气生物工程的研究现状

生物甲烷是指在适宜的温度、压力、pH、Eh、矿化度和营养物质供给条件下,微生物与煤和分散有机质作用生成的以甲烷为主的气体。其物质组成、判识标志和资源潜力等受到国内外研究者的广泛关注[229,230]。澳大利亚 Sydney 和 Bowen 盆地[231]、波兰 Upper Silesian 与 Lublin 盆地[232],新西兰的 Huntly、Ohai、Greymouth 等煤层[233],中国新疆沙尔湖、山西李雅庄、安徽淮南、云南恩洪、云南昭通等也相继发现了煤层生物甲烷的存在[234-237],可以说几乎所有的低煤阶盆地,或多或少都有生物甲烷的存在。美国圣胡安盆地北部的煤层气富集高渗区,次生生物气占资源总量的 30% 左右[238],粉河盆地已采出的煤层气总量远高于勘探阶段发现的资源总量,这引起了人们对生物甲烷资源的重视[239]。

生物成因煤层气是在较低的温度(一般低于 50℃)条件下,有机质通过细菌的参与或作用,在煤层中生成的以甲烷为主的气体。其具体途径或方式有 CO_2 还原和甲基类发酵(一般为醋酸发酵)两种,即 $CO_2 + 4H_2 \longrightarrow CH_4 + 2H_2O$、

$CH_3COOH \longrightarrow CH_4 + CO_2$,这两种作用一般都是在近地表环境的浅层煤层中进行的。2001 年 Ahmed 等研究了从煤的溶剂抽提物中分离出的脂肪烃和芳香烃,这些烃类的分布特征很大程度上反映了生物降解作用[240]。含氧水、养分、微生物主要是依靠含水层从地表输送,在煤层中发生连续的微生物氧化作用和脱羧基作用产生 CO_2。随着侵入氧完全消耗而变为还原环境,煤中微生物作用可使二氧化碳快速还原产生甲烷。

自 20 世纪 70 年代以来国内外大量学者也提出了各自的鉴别生物气的主要地球化学指标,主要为甲烷的碳同位素 $\delta^{13}C_1$ 组成和重烃气(C_{2+3})组分含量。陶明信等认为以煤为源岩的次生生物气主要地球化学特征是 $C_1/C_{2+} > 0.95$,$\delta^{13}C_1 < -55‰$,δD_{CH_4} 值多 $< -200‰$,$\triangle\delta^{13}C(CO_2 - CH_4)$ 值为 $(60+10)‰$。Faiz 等提出,甲烷的 δD 和 C 同位素可用于鉴别生物气以及乙酸发酵途径和 CO_2 还原途径[241]。CO_2 还原途径 δD 值为 $-277‰$,乙酸发酵途径 δD 值为 $-333‰$[242]。

煤是由植物遗体经过泥炭化作用、成岩作用和变质作用后,发生一系列生物、物理及化学变化而形成的复杂大分子固体混合物,具有多环芳香烃复杂结构。其演化过程的"副产品"——甲烷,可以是生物成因,也可以是热成因。煤层生物甲烷产生的最后步骤,是由甲烷菌将小分子物质通过乙酸发酵或二氧化碳还原途径完成的。那么在形成能被甲烷菌利用的小分子物质时,必须有其他微生物对煤的大分子物质的降解过程。实验研究发现,煤在形成生物甲烷过程中,由大分子不溶性化合物降解为水溶性聚合物可能是关键环节。

近二十年来,有关煤的降解研究有了较多进展。Fakoussa 于 1981 最先证明微生物能够降解煤,此后又发现了大量溶煤的细菌和真菌,其中以真菌研究较深入[243]。煤化程度是决定煤生物溶解速率和程度的重要因素。低煤化度的煤(如褐煤),分子中的侧链及桥键较多,活性官能团含量较高,易被微生物作用;高阶煤的降解则很难。目前,文献报道的煤生物降解至少有三种可能的机制:酶的攻击,基本代谢和微生物鳌合[244]。目前普遍接受和研究较深入的是酶作用机理,即认为可能是利用微生物分泌的胞外酶来溶煤。研究表明,降解褐煤的酶主要是木质素降解酶系中的一些酶类,如锰过氧化物酶、木素过氧化物酶和漆酶。此外,脂酶、还原酶,纤维素酶等也具有降解褐煤的能力。然而不同的微生物降解褐煤的主要酶系不同,不同的褐煤由于成煤植物和分化程度不同造成的结构、组成不同,其降解机理也不尽相同。

煤层气生物工程,是一门综合了煤岩学、水文地质学、煤层气地质学、微生物学、煤化学等多种学科的新型边缘学科。该学科以煤的微生物转化理论和技术为基础,结合煤层气资源综合开发利用等现代工程技术,将煤炭部分转化为可燃气体(生物甲烷和生物氢)和液态化工产品的形式进行开发利用。该学科的应用具有以下四重目的：探讨煤与微生物的作用过程和作用机理，从更深层次揭露其微生物学特征，不仅是对煤层气地质学理论，更是对微生物学理论的重要补充，进一步扩展了对深部生物多样性和生物地球化学作用的认识；利用微生物对煤炭的生物气化，提高煤层气资源量；将 CO_2 注入目的煤层，利用微生物作用将 CO_2 转化为生物甲烷，实现温室气体减排；驯化出极端微生物，使其能够适应复杂的环境条件变化，改善其对煤炭的降解转化效果，在采空区或不可采区域实现生物采煤及采残煤。

5.3.2 生物气的资源贡献

目前地层中有机质的生气潜力评价最有效的办法是在室内进行模拟实验。对采集的长焰煤进行工业分析及元素分析，见表 5-25。

表 5-25 实验煤样的工业分析及元素分析

工业分析/wt%			元素分析/wt%(daf)					R_{max}/%
M_{ad}	A_{ad}	V_{daf}	C	H	O	N	S	
5.22	11.46	40.52	78.31	4.89	14.83	1.33	0.64	0.56

注：daf(dry-ash-free)为干燥无灰基，也叫可燃基，是煤中除去水分和灰分后，余下的成分，即为可以燃烧发热提供能量的部分。

驯化前首先将煤样破碎成粒度为 $60\sim80$ 目的煤粉，称量煤样装入样品袋中，将样品袋放入高压灭菌锅中灭菌 20min 后放入 $4℃$ 冰箱中低温冷藏以备用。实验所用的菌源采自焦作古汉山矿井的煤层水样，在去除碳源营养物质的产甲烷培养基中加入煤样，将煤作为单一碳源对矿井水样驯化培养，重复进行三次。对矿井水中微生物进行鉴定，微生物菌种鉴定结果见图 5-41，模拟实验装置见图 5-42。

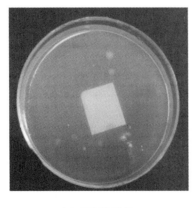

(a) 厌氧发酵菌   (b) 厌氧发酵菌

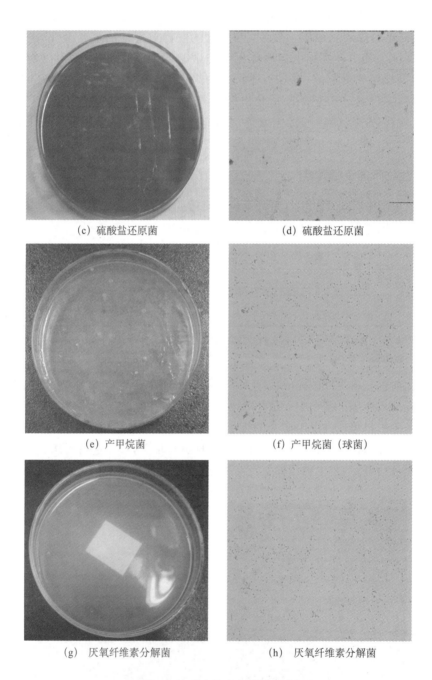

(c) 硫酸盐还原菌　　　　　　　　　(d) 硫酸盐还原菌

(e) 产甲烷菌　　　　　　　　　　(f) 产甲烷菌 (球菌)

(g) 厌氧纤维素分解菌　　　　　　(h) 厌氧纤维素分解菌

图 5-41　微生物产气菌群鉴定

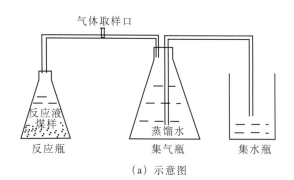 

（a）示意图 （b）实物图

图 5-42 微生物产气模拟实验装置

分别选择长焰煤 E_1、E_2、E_3，在温度 35℃、pH＝8，不添加 NaCl，在恒温振荡培养箱内培养 50 天，生成的气体结果见表 5-26。

表 5-26 微生物产气量统计

样品	CH_4 浓度/%	CO_2 及其他气体浓度/%	气体总量/(mL/g)	CH_4 生成量/(mL/g)	CO_2 及其他气体生成量/(mL/g)
E_1	90.95	9.05	11.91	10.83	1.08
E_2	91.93	8.07	10.83	9.96	0.87
E_3	80.97	19.03	8.17	6.62	1.55

从表 5-26 看出，本次实验的三个平行样生成的 CH_4 浓度及产量普遍较高，生成量为 6.62～10.83mL/g。一旦在压裂液中添加的菌种与煤持续作用生成以甲烷或氢气为主的气体，煤系气的含气量和单井控制资源量将有显著提升，对提高煤系气单井产量有重要意义。

5.3.3 增解作用

把微生物代谢模拟实验后的煤样冲洗干燥并进行等温吸附测试（表 5-27 和图 5-34）。从表 5-27 和图 5-43 看出，煤样经微生物成气实验处理后，煤的吸附能力相应降低，千秋矿和沙曲矿 Langmuir 体积分别降低了 27.57％和 8.02％。微生物作用降低了煤的亲甲烷能力，有助于煤层气的解吸。

表 5-27 微生物产气前后煤样吸附常数

煤样来源	处理方式	V_L/(cm³/g)	P_L/MPa
义马千秋矿	原始煤样	14.2	1.59
	微生物产气后残煤	10.29	1.72
柳林沙曲矿	原始煤样	23.62	1.92
	微生物产气后残煤	21.72	2.11

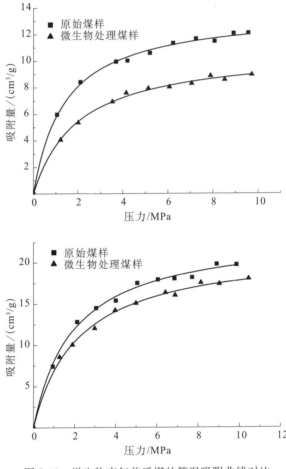

图 5-43　微生物产气前后煤的等温吸附曲线对比

5.3.4　增产机理

5.3.4.1　煤分子结构改变增产

1. 生物降解生成的液态物质

微生物与煤作用产生甲烷等气体的过程中,煤通过降解等方式部分转化为各种小分子有机化合物以供产甲烷菌群利用合成甲烷。煤中含有大量含氧官能团,并随着反应的进行逐渐脱落并融入反应液中。因此,煤进行水解后得到的液体产物中将包含醇类和各种挥发性脂肪酸等有机物。为明确反应过程中煤体降解所得的液体产物的变化情况,使用气相色谱对包括乙酸在内的四种主要有机组分浓度进行检测,同时监测反应各阶段 pH 的变化情况(表 5-28)。

表 5-28　不同样品液体产物浓度表

煤样编号	pH	乙醇浓度/(mmol/L)	乙酸浓度/(mmol/L)	丁酸浓度/(mmol/L)
1 ♯	6.58	0.5	2.56	3.67
2 ♯	7.46	0.41	1.82	1.94
3 ♯	8.4	0.39	0	0
4 ♯	8.41	0.38	0	0
5 ♯	8.4	0.38	0	0

　　以往的研究表明,厌氧生物处理中,产酸阶段存在三种发酵类型:丁酸型发酵(butyric-acid type fermentation)、丙酸型发酵(propionic-acid type fermentation)[245]和乙醇型发酵(ethanol type fermentation)[246]。根据不同的发酵产物来区分发酵的类型。结合本次对反应液不同阶段发酵产物的测定结果发现,反应过程主要以乙醇型发酵为主,在反应初期可能伴有丁酸型发酵,这有可能是因为封闭的发酵环境导致废物无法排除,造成反应类型的变化。

　　反应过程中 pH 及对应时间的有机物浓度变化见图 5-44,可以看出反应进行到第 12 天时,pH 降至整个反应过程的最低点(6.58),而后持续升高至 8.4 并持续至反应结束。这个反应过程中,乙醇、乙酸和丁酸都表现为先升高后降低的趋势,且均在 pH 为 7.46 处开始出现转折,即反应进行到 12 天的时候达到最高值。这说明在反应初期以产酸反应为主,随之产甲烷菌开始以产出的酸为基质进行产气反应。在产气反应阶段,各种酸类及醇类物质的含量开始减少,引起 pH 的升高。由于煤与微生物作用过程中生成了大量气态和液态产物,必然引起煤的表面物理化学性质发生变化。

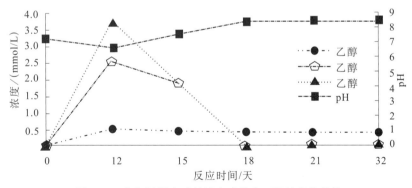

图 5-44　产气过程生成的液态产物和 pH 的变化趋势

2. 生物降解对煤结构的影响

　　为了探讨微生物产气前后煤的结构变化特征,分别采集长焰煤、气煤和焦煤煤样用于实验。原始煤样和微生物产气后煤样代号分别为 Q-1 和 Q-2、D-1 和 D-2、L-1 和 L-2(图 5-45 和表 5-29)。

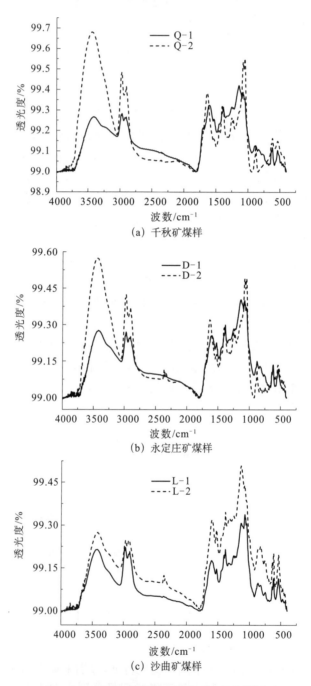

(a) 千秋矿煤样

(b) 永定庄矿煤样

(c) 沙曲矿煤样

图 5-45　煤样生物甲烷代谢前后 FTIR 谱图

表 5-29　不同煤阶煤生物甲烷代谢前后 FTIR 谱中各峰归属及峰面积

煤样编号	3650～3200cm⁻¹	3050～2800cm⁻¹	1800～1500cm⁻¹	1500～1350cm⁻¹	910～850cm⁻¹
Q-1	47.495	201.43	80.462	62.01	47.69
Q-2	302.68	92.374	34.09	129.08	1.985
D-1	52.312	200.23	86.253	66.08	61.865
D-2	232.17	98.376	43.15	142	5.75373
L-1	51.532	196.6	118	81.111	107.7
L-2	82.627	95.425	91.396	91.453	45.743

注：表中 $3650～3200cm^{-1}$ 为羟基或氨基的伸缩振动；$3050～2800cm^{-1}$ 为甲基、亚甲基的伸缩振动；$1800～1500cm^{-1}$ 为芳烃的伸缩振动；$1500～1350cm^{-1}$ 为羧酸、羧酸盐的伸缩振动；$910～850cm^{-1}$ 为芳环的面外弯曲振动。

对比表 5-30 中不同煤级各基团含量的变化率可以看出，从长焰煤、气煤到焦煤，各基团含量变化率大致都呈下降趋势，说明随煤变质程度增加，微生物甲烷代谢对煤的降解作用逐渐减弱。主要是因为低变质程度煤中侧链较多，且支链长度大，无序性强，结构不稳定，侧链在生物酶作用下易于脱落；随着煤变质程度增加，煤的芳构化程度不断提高，侧链和官能团减少，结构趋于稳定，微生物对煤的降解趋于困难。

表 5-30　生物甲烷代谢后基团含量变化率

煤样编号	羟基或氨基的伸缩振动/%	甲基、亚甲基的伸缩振动/%	芳烃的伸缩振动/%	羧酸、羧酸盐的伸缩振动/%	芳环的面外弯曲振动/%
Q-2	537.29	−54.14	−57.63	108.16	−95.84
D-2	343.82	−50.87	−49.97	114.89	−90.7

微生物利用煤作为碳源代谢合成生物甲烷，加剧了煤的大分子结构无定向排列程度，由此导致煤的表面物理化学性质发生改变[247]。从表 5-31 和图 5-46 看出，微生物产气后，芳构碳层面间距（d_{002}）增大，芳构碳堆砌高度（L_c）、芳构碳层面直径（L_a）与芳构碳层数（N_c）相应减小。表明生物甲烷代谢对煤的大分子具有一定的降解作用。一方面，煤的大分子结构遭到部分破坏，化学键较弱的侧链发生断裂；另一方面，芳香环逐步打开，在断开处引入羧基、羟基等含氧基团。上述两个方面变化都将降低煤的亲甲烷能力，实现增解增产。这与强氧化剂的作用结果是一致的，只不过一个是氧化剂氧化，一个是生物降解。由此导致煤的表面物理化学性质发生的改变是造成煤亲甲烷能力降低、增解增产的实质。

表 5-31　煤样微晶结构参数

样品编号	$2\theta_{002}$/(°)	$2\theta_{100}$/(°)	d_{002}/Å	d_{100}/Å	L_c/Å	L_a/Å	N_c	L_a/L_c
Q-1	25.006	43.928	3.558	2.059	7.271	12.081	3.043	1.661
Q-2	24.503	43.162	3.63	2.094	5.999	11.46	2.652	1.91
D-1	25.462	43.12	3.495	2.096	8.025	15.393	3.295	1.918

续表

样品编号	$2\theta_{002}/(°)$	$2\theta_{100}/(°)$	$d_{002}/\text{Å}$	$d_{100}/\text{Å}$	$L_c/\text{Å}$	$L_a/\text{Å}$	N_c	L_a/L_c
D-2	24.944	42.64	3.566	2.118	7.029	13.172	2.97	1.974
L-1	25.696	42.88	3.464	2.107	9.002	16.733	3.598	1.858
L-2	25.221	43.02	3.528	2.1	8.153	16.293	3.31	1.998

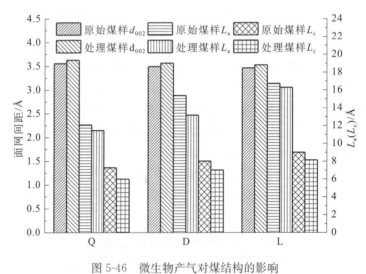

图 5-46　微生物产气对煤结构的影响

5.3.4.2　孔隙特征改变增产

为研究煤在微生物作用前后孔裂隙的变化规律,采用了光学显微镜和压汞实验进行观测。

将制备好的煤光片进行显微镜观测,然后将其放入微生物与煤作用的装置内进行生物代谢实验,反应结束后取出煤光片再次进行光学显微镜观测,确保两次观测为同一位置(图 5-47)。

从图 5-47 可以看出,经过处理,煤样的表面发生了很大的变化:部分煤体被降解,煤表面产生了大量的孔洞,裂隙连通性也大大增强。低煤阶煤样处理前后变化非常明显,高煤阶煤样变化相对较弱。

为查明微生物产气对煤孔隙特征的影响,分别对原始煤样(Q-1、D-1、L-1)和相应的生物产气残煤(Q-2、D-2 和 L-2)进行压汞测试,测试结果见表 5-32、表 5-33 及图 5-48。

1)孔容变化

从表 5-32、表 5-33、图 5-48 看出生物甲烷代谢后煤样总孔容和大孔孔容较原煤样都有一定程度的增加,孔隙间连通性增强,有效改善了储层渗透性,实现了增透增产。

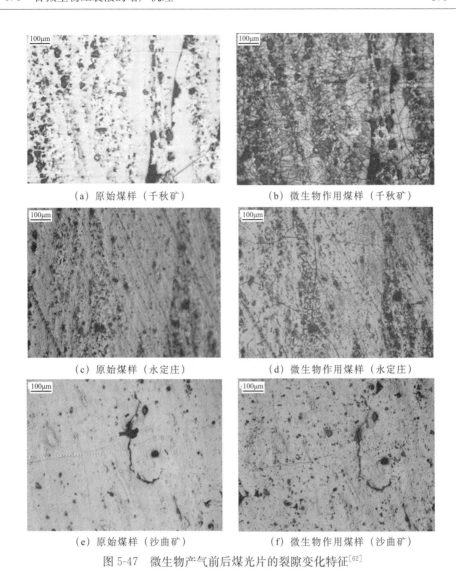

（a）原始煤样（千秋矿） （b）微生物作用煤样（千秋矿）

（c）原始煤样（永定庄） （d）微生物作用煤样（永定庄）

（e）原始煤样（沙曲矿） （f）微生物作用煤样（沙曲矿）

图 5-47 微生物产气前后煤光片的裂隙变化特征[62]

表 5-32 压汞实验测得的煤样孔容及孔隙度基本数据

编号	R_{max} /%	煤级	孔隙度 /%	孔容/(cm³/g)					孔容比/%			
				V_1	V_2	V_3	V_4	V_t	V_1/V_t	V_2/V_t	V_3/V_t	V_4/V_t
Q-1	0.5	长焰煤	8.0674	0.0228	0.012	0.0034	0.009	0.0472	48.37	25.44	7.12	19.07
Q-2	0.5	长焰煤	8.4475	0.024	0.0114	0.0032	0.0122	0.0508	47.2	22.47	6.31	23.95
D-1	0.7	气煤	4.6111	0.0177	0.0092	0.0025	0.007	0.0364	48.63	25.27	6.87	19.23
D-2	0.7	气煤	5.0334	0.0172	0.0092	0.0027	0.0111	0.0401	42.87	22.87	6.63	27.63
L-1	1.5	焦煤	4.4095	0.0199	0.0093	0.0016	0.0056	0.0364	54.67	25.55	4.4	15.38
L-2	1.5	焦煤	4.8515	0.0161	0.0102	0.0032	0.0108	0.0403	39.98	25.28	7.94	26.8

注：V_1-微孔(3nm<孔径<10nm)；V_2-小孔(10nm<孔径<100nm)；V_3-中孔(100nm<孔径<1000nm)；V_4-大孔(孔径>1000nm)；V_t-总孔容。原始煤样编号末尾为—1，生物产气残煤编号末尾为—2。

表 5-33　压汞实验测得的煤样孔比表面积基本数据

编号	R_{max}/%	煤级	孔比表面积/(m^2/g)					孔比表面积比/%			
			S_1	S_2	S_3	S_4	S_t	S_1/S_t	S_2/S_t	S_3/S_t	S_4/S_t
Q-1	0.5	长焰煤	12.0126	1.4619	0.0284	0.0076	13.511	88.91	10.82	0.21	0.06
Q-2	0.5	长焰煤	11.773	1.3819	0.026	0.2355	13.416	87.75	10.3	0.19	1.76
D-1	0.7	气煤	14.6243	1.7977	0.04	0.004	16.466	88.82	10.92	0.24	0.02
D-2	0.7	气煤	13.7605	1.7526	0.0428	0.4734	16.029	85.85	10.93	0.27	2.95
L-1	1.5	焦煤	16.4636	1.9134	0.029	0.002	18.408	89.44	10.39	0.16	0.01
L-2	1.5	焦煤	13.5803	1.7894	0.0178	0.6417	16.787	84.72	11.16	0.11	4

注:S_1-微孔(3nm<孔径<10nm);S_2-小孔(10nm<孔径<100nm);S_3-中孔(100nm<孔径<1000nm);S_4-大孔(孔径>1000nm);S_t-总表面积。原始煤样编号末尾为-1,生物产气残煤编号末尾为-2。

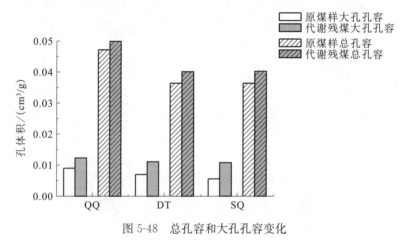

图 5-48　总孔容和大孔孔容变化

2)比表面积变化

由表 5-33 可知,微生物作用后原煤样的孔比表面积较原煤有一定程度的减小。生物甲烷代谢降低了煤的比表面积,降低了煤吸附甲烷的能力,实现了增解增产。

3)孔隙结构变化

煤储层的渗透性在一定程度上由孔隙连通性决定,因此,孔隙的连通性在很大程度上影响着煤层气的运移快慢,三组煤样的进汞-退汞曲线见图 5-49。

由图 5-49 看出,微生物作用后煤样的进汞-退汞曲线滞后环增大,压汞体积差变大,意味着煤样内的开放型孔增多;进退汞曲线更为平滑,说明孔隙连通性得到改善。

含有微生物的压裂液与煤作用具有提高含气量、增透和增解等多重功效。但不同区块煤系气储层的环境千差万别,如河东煤田柳林地区微生物作用不产甲烷而只有氢气,地下水补径排、矿化度、氧化还原电位、酸碱度及微量元素等诸多因素对产气过程均有影响。微生物产气要求在厌氧还原环境下进行,且过程比较漫长,目前还处于先导性试验阶段,该压裂液的大规模推广还有待时日。

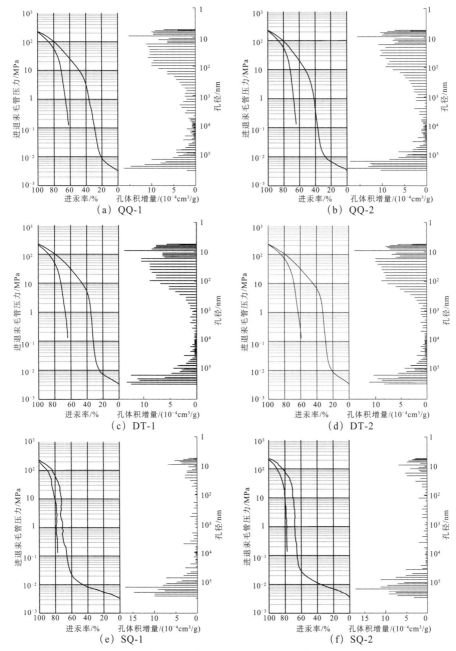

图 5-49 生物代谢对煤样进退汞曲线的影响

5.4　表面活性剂增产机理

中国煤层气的勘探开发经历了 30 余年的历程,但未能实现大规模商业化开发[248]。除了煤储层渗透性差、可改造性差以外,压裂液对储层的伤害可能是造成煤层气井低产的主要原因之一[249]。众所周知,压裂液如果配伍不当,可以造成储层的水敏、盐敏、酸敏、碱敏和水锁等伤害[250-253]。对于煤储层而言,最常用的活性水压裂液引起的酸敏、碱敏和盐敏伤害极其微弱;而由于 KCl 的黏土稳定作用,水敏效应得到了抑制;但水锁和速敏伤害至今没有引起人们的充分重视,这可能是制约我国煤层气商业化开发的主要因素之一。水锁是指在钻井、完井、压裂、修井等作业过程中侵入的外来水,在开井后不能被有效地排出,使储层束缚水饱和度增加,导致油气渗透率降低的现象,其形成机理大体分为热力学水锁效应和动力学水锁效应[254-265]。控制水锁的方法主要有物理法、化学法和物理-化学耦合法[266-275]。速敏是指储层中流体流动速度达到或超过临界流速时,引起储层中微粒运移并堵塞于细小喉道处,造成渗透率下降的现象[276-278]。以往油气储层的速敏控制主要体现在排采阶段[276,277],从压裂液的角度考虑速敏控制的不多。

低渗的煤层气储层对外来液体的反映更为敏感,水锁和速敏在压裂阶段就应该加以预防和控制[279]。煤层气开发过程中,采用水力压裂对储层进行改造,有两种伤害是不可避免的:一是水基压裂液进入储层孔隙后毛管压力增加造成的水锁伤害[186-188];二是压裂过程中形成的大量煤岩粉(煤粉、黏土矿物微粒、石英和非黏土矿物微粒等)引起后期排采过程中的速敏伤害[276-278]。对二者的控制长期以来一直是人们关注的焦点,也可能是影响某些地质条件下煤层气商业化开发的关键。例如,含水饱和度低的储层或"干层",外来液体进入后引起毛管压力增高,进而造成储层的启动压力梯度增高,低速非线性渗流形成;其次含水后解吸和扩散速率显著降低。加拿大阿尔伯特地区的马蹄谷组煤层气开发就是典型例证,该储层为干层,采用水力压裂后无法实现商业达产,后采用大规模液氮解堵,取得了商业化开发[282-284]。我国究竟存不存在这种情况,这种伤害是否严重影响了某些地区的煤层气商业化开发,值得我们深入探讨。向压裂液中加入表面活性剂是消除或减缓水锁伤害的最有效、最廉价的方法[185-296],但是目前存在两种观点。一种观点是在压裂液中加入憎水剂,增加压裂液与煤的接触角,使得压裂液不易进入基质孔隙、且不易附着在储层孔隙表面形成水锁;同时使储层微粒悬浮,在排采的过程中运移至井筒[292,293]。这是以往大多数研究者的共识,但存在两个疑问:压裂过程中,压裂液是被高压压入到储层的基质孔隙,而不是自吸进去的,毛管压力必定增加,排采过程中流体压力必须大于这一毛管压力才能产出,否则将被水锁;其次,悬浮在压裂液中的储层微粒,排采过程中随水流运移,发生了严重的速敏,遇到狭窄的通道(通道直径小于三倍煤岩粉直径)将堵塞沉淀。因此,最近产生了第二种观点,即在压裂液中加入增加其亲水性的表面活性剂,减小压裂液与储层的接触角,降低毛管压力,使得压裂液极容易进入基质孔隙,也容易排出;同时使煤粉沉淀聚集,不易发生速敏[294-299]。本节以控制水锁和速敏伤害为宗旨,通过各种实验室实验,优选出有效的表面活性剂,并对其作用机理进行探讨。

5.4.1 表面活性剂的优选

以往大量的研究和工程实践表明,氯化钾是一种可以有效控制水敏发生的黏土稳定剂,其浓度一般在1%~2%,本书采用蒸馏水配制成1.5%氯化钾溶液作为基液进行实验。根据以往的研究,通过对多种表面活性剂进行初步的沉降实验优选出的两种性价比最好的表面活性剂:阴离子型表面活性剂AS和非离子型表面活性剂NS。将这两种表面活性剂以不同的浓度加入到基液中配置出35种压裂液,分别对不同煤样进行煤粉静置沉降试验、接触角测定和表面张力测定,优选出最佳复配浓度的表面活性剂体系,并通过防膨实验、直剪实验、渗透率实验、离心分离实验和水锁伤害实验进行验证,探讨其防水敏、水锁和速敏增产的作用机理。由于不同地区的煤层气储层特性不同,或采用的压裂液基液不同,可能会在压裂液基液中加入不同类型的表面活性剂(并不局限于AS和NS),最佳浓度也会有所变化。但是无论在压裂液基液中加入的表面活性剂类型是什么,浓度多高,若想获得适合某一地区煤层压裂用表面活性剂最佳配方,建议按照本节提出的筛选方法综合分析确定。

5.4.1.1 静置沉降实验

1. 实验样品

选择有代表性的、不同煤阶的煤样,即大同煤田的气煤、河东煤田柳林地区的焦煤、太原西山煤田的瘦煤、新安煤田的贫煤和焦作煤田的无烟煤作为研究对象,煤质特征见表4-1。在采集上述煤样的同时,从其煤层顶板或底板中选择有代表性的不同岩性的岩石样品,如泥岩、灰岩、细砂岩、中砂岩作为研究对象。将上述煤、岩样粉碎筛取-60目粉样装袋密封备用。

2. 配制压裂液

以初步筛选得到的AN(AS和NS复配)的浓度、复配比例为研究因素,设置5个浓度值(0.01%、0.03%、0.05%、0.07%、0.09%),每个浓度值均设置7个复配比例(NS:AS为1:0、1:9、3:7、1:1、7:3、9:1、0:1);按照上述复配方案,以蒸馏水配制的1.5%氯化钾溶液为基液,复配形成35种压裂液。

3. 实验方法

静置沉降实验以煤、岩粉沉降率和沉降速度为考察标准。实验过程中,分别取出 20mL 复合溶液倒入 25mL 的玻璃试管中,加入煤粉 0.5g,用力振荡均匀,放置在试管架上,开始计时并观察煤、岩粉沉降情况。

4. 实验结果

通过对配制的 35 种压裂液进行煤粉静置沉降实验,分析沉降率和沉降速度可知:加入单一 AS 的浆液,浆液静置沉降所需时间短,沉降速度快,但是浆液中存在部分絮状物,浆液的浊度高,沉降率低;加入单一 NS 的溶液,浆液静置沉降所需时间长,沉降速度慢,但浆液的浊度低,沉降率高;加入不同浓度 AN 的浆液,0.05% 时的沉降率整体优于 0.01%、0.03%、0.07% 和 0.09%,复配比例 9∶1 的沉降速度整体优于 1∶9、3∶7、1∶1、7∶3。

以蒸馏水、1.5%KCl 溶液、0.05%AN 溶液、1.5%KCl+0.05%AN 溶液与屯兰、沙曲煤粉形成八种浆液为例,浆液静置沉降情况见图 5-50。

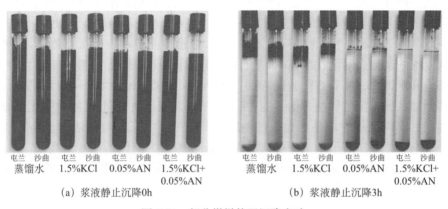

(a) 浆液静止沉降0h　　　　　　　　(b) 浆液静止沉降3h

图 5-50　部分煤样静置沉降实验

由图 5-50 可知,浆液静置沉降 3h 后,0.05%AN 和 1.5%KCl+0.05%AN 浆液内的煤粉均已沉淀于试管底部,蒸馏水和 1.5%KCl 浆液内的煤粉大部分聚集漂浮于试管上部。说明 0.05%AN 和 1.5%KCl+0.05%AN 溶液的煤粉沉降率高、沉降速度快。

通过煤粉静置沉降实验可以初步筛选出最佳表面活性剂体系为 0.05%AN 复配溶液,由此构成了 1.5%KCl+0.05%AN 的含 AN 的活性水压裂液(表面活性剂压裂液)。KCl 的作用是防水敏,是压裂液中必须加入的,表面活性剂要与之配伍。如果该压裂液在后续的接触角和表面张力测定实验中不能有效降低毛管压力,可适当调整 AN 的浓度,但其添加的表面活性剂种类不能改变。

5.4.1.2　接触角与表面张力测定

对蒸馏水、1.5%KCl 溶液、0.05%AN 溶液和 1.5%KCl+0.05%AN 溶液的表面张力和其分别与给定煤样之间形成的接触角进行测定,考察表面活性剂溶液对煤的润湿性。

1. 样品制备

称取适量煤粉,使用粉末压片机在 10MPa 压力下将其压制成直径 10mm、厚度 2mm 的煤片;将岩石样品切割,磨制成光片用于接触角测试。

2. 实验方法与结果

采用 JC2000D 型接触角测量仪(接触角测量值为 $0°\sim180°$,测量精度为 $\pm0.1°$,表面张力测量值为 $1\times10^{-2}\sim2\times10^{3}$ mN/m,分辨率(6±0.05)mN/m,测量各溶液体系的表面张力以及与煤的接触角(表 5-34、图 5-51)。

表 5-34　四种溶液与煤样的接触角

液体类型	表面张力/(mN/m)	接触角/(°)								
		大同	沙曲	东曲	新义	焦作	泥岩	灰岩	细砂	中砂
蒸馏水	73.55	48.25	66.5	88	57	56	33	39	35	43.5
1.5%KCl	79.23	46	71	78	41.75	58.75	36.5	25.25	45.25	68.5
0.05%KO	29.08	7	20	14.1	5.5	9	24.25	25.5	22	38
1.5%KCl+0.05%AN	26.33	13.25	28	20	12.25	13.5	31	17.75	32	40

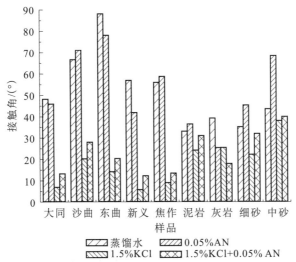

图 5-51　四种溶液对煤、岩样品的润湿效果对比

由表 5-34 和图 5-51 可见,0.05%AN 溶液和 1.5%KCl+0.05%AN 溶液均能大幅度降低煤、岩样的接触角,增加煤的润湿性;1.5%KCl 溶液对 9 种样品的接触角影响存在不一致性,大同、东曲、新义煤样的接触角减小,而剩余 6 种样品的接触角存在增大现象。对煤、岩样润湿效果:0.05%AN 溶液>1.5%KCl+0.05%AN 溶液>蒸馏水。

表 5-34 可以看出,0.05%AN 溶液和 1.5%KCl+0.05%AN 溶液均能大幅度

减小水的表面张力,且 1.5%KCl+0.05%AN 溶液最低;1.5%KCl 溶液最高,可见以往活性水造成的水锁伤害的严重程度。

5.4.1.3　毛管压力计算

结合接触角和表面张力测定结果见表 5-34,由式(5-13)可计算出蒸馏水、0.5%KCl 溶液、0.05%AN 溶液和 1.5%KCl+0.05%AN 溶液在孔径为 100nm 时孔隙的毛管压力,计算结果见表 5-35,毛管压力对比如图 5-52 所示。

$$p_c = \frac{2\sigma\cos\theta}{r} \tag{5-13}$$

式中,p_c 为毛管压力,MPa;σ 为表面活性剂溶液与空气的界面张力,mN/m;θ 为表面活性剂溶液与煤的接触角,(°);r 为毛管半径,μm。

表 5-35　毛管压力计算结果(孔径为 100nm 时)

样品名称	蒸馏水	1.5%KCl	0.05%AN	1.5%KCl+0.05%AN
大同	1.96	2.2	1.15	1.03
沙曲	1.17	1.03	1.09	0.93
东曲	0.1	0.66	1.13	0.99
新义	1.6	2.36	1.16	1.03
焦作	1.65	1.68	1.15	1.02
泥岩	2.47	2.55	1.06	0.9
灰岩	2.29	2.87	1.05	1
细砂	2.41	2.23	1.08	0.89
中砂	2.13	1.16	0.92	0.81

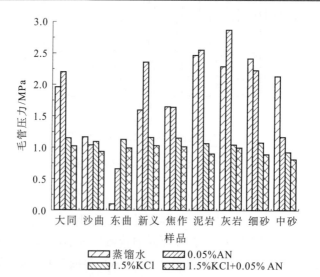

图 5-52　孔径为 100nm 时不同溶液毛管压力对比

由图 5-52 可知,0.05％AN 溶液和 1.5％KCl＋0.05％AN 溶液能大幅度降低煤样的毛管压力。从这个结果看,沙曲之所以采用普通的活性水就能够实现商业化开发,是因为活性水的毛管压力低于蒸馏水的毛管压力,即活性水压裂造成的水锁不严重;而大同、东曲、新义和焦作活性水的毛管压力接近或高于蒸馏水的毛管压力,活性水压裂将会造成水锁效应。不同岩石的差异性悬殊较大,砂岩的活性水毛管压力低于蒸馏水;其他接近或高于蒸馏水的毛管压力,但与 1.5％KCl＋0.05％AN 溶液相比要高得多。

5.4.1.4 优选结果

综上所述,由于 0.05％AN 溶液和 1.5％KCl＋0.05％AN 溶液能够改善储层的润湿性,降低压裂液的表面张力,降低储层的毛管压力,进而能够有效控制储层的水锁伤害,故经过静置沉降实验、接触角和表面张力测定、毛管压力计算分析后,最终确定储层压裂用最优表面活性剂体系为 0.05％AN 复配溶液,由此构成了 1.5％KCl ＋ 0.05％AN 的表面活性剂压裂液。

5.4.2 防水敏增产机理

水力压裂是一种有效提高储层渗透性的方法,但是由于外来液体的浸入,容易造成储层中黏土矿物的膨胀和崩解,即产生水敏伤害。为抑制这一伤害的发生,需要在压裂液中加入黏土稳定剂。下面将通过离心法,对压裂液用黏土稳定剂氯化钾的浓度进行优选,并对优选出的表面活性剂压裂液的防膨效果及其耐水洗性能进行评价。

5.4.2.1 实验仪器

离心机(具有自动平衡功能,转速精度为 1r/min)、离心管(最小刻度为 0.1mL,精度为 0.05mL,最大刻度为 10mL,表面光滑,抗震)、电子天平(感量 0.01g)、电热恒温干燥箱(温控范围为室温～300℃,精度±1℃)。

5.4.2.2 氯化钾浓度优选

1. 实验步骤

第一步,筛选出粒度介于 100～200 目的泥岩粉末,放入电热恒温干燥箱中,于 105℃条件下恒温 6h,冷却至室温,装袋密封备用。

第二步,取六根 10mL 离心管,向每根离心管内放入 0.5g 泥岩粉末,分别加入 10mL 煤油、10mL 蒸馏水、10mL 1％KCl＋0.05％AN、10mL 1.5％KCl＋0.05％AN、10mL 2％KCl＋ 0.05％AN 和 10mL 2.5％KCl＋0.05％AN,将六根离心管充分摇匀,在室温下存放置 2h,装入离心机内,在转速为 1500r/min 下离心分离 15min,分别读出泥岩粉末在煤油中的体积 V_0,在蒸馏水中的膨胀体积 V_1,在 1％KCl＋0.05％AN 溶液中的膨胀体积 V_2,在 1.5％KCl＋0.05％AN 溶液中的膨胀体积 V_3,在 2％KCl＋0.05％AN 溶液中的膨胀体积 V_4,在 2.5％KCl＋0.05％AN

溶液中的膨胀体积 V_5。

　　第三步,依据式(5-14)计算 1%KCl+0.05%AN 溶液的防膨率 B_1,依据式(5-15)计算 1.5%KCl+0.05%AN 溶液的防膨率 B_2,依据式(5-16)计算 2%KCl+0.05%AN 溶液的防膨率 B_3,依据式(5-17)计算 2.5%KCl+0.05%AN 溶液的防膨率 B_4

$$B_1 = \frac{V_1 - V_2}{V_1 - V_0} \times 100 \tag{5-14}$$

$$B_1 = \frac{V_1 - V_3}{V_1 - V_0} \times 100 \tag{5-15}$$

$$B_1 = \frac{V_1 - V_4}{V_1 - V_0} \times 100 \tag{5-16}$$

$$B_1 = \frac{V_1 - V_5}{V_1 - V_0} \times 100 \tag{5-17}$$

　　2. 实验结果与分析

　　离心实验结果见表 5-36,不同浓度氯化钾与 0.05%AN 配伍的防膨效果如图 5-53。

表 5-36　防膨率实验结果

实验液体	膨胀体积/mL	防膨率/%
蒸馏水	0.56	—
煤油	0.39	—
1.0%KCl+0.05%AN 溶液	0.44	70.59
1.5%KCl+0.05%AN 溶液	0.42	82.35
2.0%KCl+0.05%AN 溶液	0.44	70.59
2.5%KCl+0.05%AN 溶液	0.49	41.17

注:0.5g 泥岩粉末,10mL 液体。

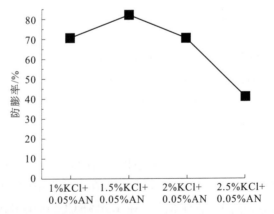

图 5-53　不同浓度氯化钾与 0.05%AN 配伍的防膨效果

由表 5-36 和图 5-53 可知,1.5%KCl+0.05%AN 溶液的防膨率优于其他浓度配伍溶液,因此,表面活性剂压裂液最佳黏土稳定剂浓度为 1.5%KCl。这是对一种泥岩的实验结果,任何一个区块,在压裂之前都要进行此实验确定黏土稳定剂的最佳浓度。另外,NH_4Cl 的防膨效果与 KCl 基本一致,从成本角度考虑,NH_4Cl 的性价比高。

5.4.2.3 表面活性剂压裂液的防膨效果评价

通过离心法测试蒙脱石粉在 1.5%KCl、1.5%KCl+0.05%AN 溶液中的线膨胀增量(防膨率)来对比评价优选出的表面活性剂压裂液(1.5%KCl+0.05%AN)的防膨效果及其耐水洗性能。

1. 实验步骤

第一步,筛选出粒度介于 100~200 目的蒙脱石粉,放入电热恒温干燥箱中,于 105℃条件下恒温 6h,冷却至室温,装袋密封备用。

第二步,取四根 10mL 离心管,向每根离心管内放入 0.50g 蒙脱石粉,分别加入 10mL 煤油、10mL 蒸馏水、10mL1.5%KCl 和 10mL1.5%KCl+0.05%AN,将四根离心管充分摇匀,在室温下存放 2h,观察四根离心管内溶液的浊度并记录后,装入离心机内,在转速为 1500r/min 下离心分离 15min,分别读出蒙脱石粉在煤油中的体积 V_0,在蒸馏水中的膨胀体积 V_1,在 1.5%KCl 溶液中的膨胀体积 V_2,在 1.5%KCl+0.05%AN 溶液中的膨胀体积 V_3。

第三步,依据式(5-14)计算 1.5%KCl 溶液的防膨率 B_1,依据式(5-15)计算 1.5%KCl+0.05%AN 溶液的防膨率 B_2。

第四步,进行耐水洗性能测试:分别将含 KCl 的离心管和含 KCl+AN 的离心管内的上层澄清液体抽取出 8mL,然后注入 8mL 蒸馏水,重复执行第二至第四步。如此重复清洗 4 次,实验结束。

2. 实验结果

离心管充分摇匀,在室温下静置 2h 后,含煤油的离心管内自始至终没有产生絮凝现象,含蒸馏水的离心管内一直保持严重絮凝状态,含氯化钾溶液和含氯化钾和 AN 溶液的离心管内出现轻微絮凝现象。随着清洗次数的增加,两根离心管内溶液的浊度显著增加,絮凝现象加重。防膨实验结果见表 5-37,1.5%KCl+0.05%AN 的防膨效果评价如图 5-54。

表 5-37 防膨率实验结果

实验液体	V_2/mL	B_1/%	实验液体	V_3/mL	B_2/%
1.5%KCl 溶液	0.63	44.74	1.5%KCl+0.05%AN 溶液	0.61	50
第一次清洗	0.63	44.74	第一次清洗	0.62	47.37
第二次清洗	0.64	42.11	第二次清洗	0.63	44.74
第三次清洗	0.67	34.21	第三次清洗	0.67	34.21
第四次清洗	0.69	28.95	第四次清洗	0.69	28.95

注:0.5g 蒙脱石粉,10mL 液体,V_0=0.42mL,V_1=0.80mL。

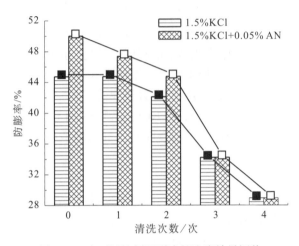

图 5-54　表面活性剂压裂液的防膨效果评价

3. 实验结果分析

1)表面活性剂压裂液的防膨效果

由表 5-37 可知,1.5％KCl 溶液和 1.5％KCl＋0.05％AN 溶液均具有较高的防膨率,溶液的浊度较低;且后者的防膨率高于前者,说明黏土稳定剂 KCl 与表面活性剂 AN 的配伍性较好,AN 的加入在一定程度上会提高 KCl 溶液的防膨效果。这是由于表面活性剂 AN 表面张力低,能够改善蒙脱石粉表面的润湿性,促使 K^+ 更容易进入蒙脱石颗粒层间,不仅进一步减少了蒙脱石颗粒的水化,又增加了蒙脱石粉颗粒层间的吸引力,从而提高了 KCl 溶液的防膨效果。

2)表面活性剂压裂液的耐水洗性能

对 1.5％KCl 溶液和 1.5％KCl＋0.05％AN 溶液进行的耐水洗性能测试,测试结果(图 5-54)表明:随着清洗次数的增加,两种溶液的防膨率均有不同程度的下降,前者的降幅大于后者;到第三次和第四次清洗后,两者防膨率一致;两种溶液的浊度显著增加,絮凝现象加重。这些现象说明,两种溶液均不耐水洗。对 1.5％KCl 溶液而言,每次清洗都会将部分 K^+ 携带走,造成其防膨率随着清洗次数的增多,逐渐下降,其耐水洗性较差。对于 1.5％KCl＋0.05％AN 溶液而言,第一次清洗后,溶液内 AN 浓度降为原来的 20％;第二次清洗后,AN 浓度降为原来的 4％,AN 浓度的显著降低是造成经过两次清洗后,其防膨效果与 KCl 一致的主要原因。随着清洗次数的增加,两种溶液浊度显著增加的原因是其自身防膨效果逐渐变差,不能有效地减少颗粒水化和增加颗粒层间的吸引力,造成离心管内不稳定的颗粒增多,悬浮于液体中。

综上所述,表面活性剂压裂液(1.5％KCl＋0.05％AN),可以抑制煤储层的水敏效应,实现增产;但是其耐水洗性较差,随着压裂液的返排,地层水的不断补给,其防膨增产作用会逐渐减弱。KCl 本身就是一种暂时性的黏土稳定剂,这并不影响其抗速敏作用:在压裂过程中有部分黏土颗粒产生,压裂液进入泥岩后不久就能够使黏土矿物不发生膨胀、崩解,破碎的黏土颗粒就地沉降。在排采过程中,压裂液的排出是一个缓慢的工程,可能持续几个月到几年,泥岩中的孔隙水将逐渐被原始地层水取代,从而恢复到原始状态下。煤系泥岩中的黏土矿物多为高岭石、伊利石或伊/蒙混层,真正膨胀强烈的蒙脱石十分罕见。1.5%KCl+0.05%AN 压裂液足以抑制煤系气储层的水敏发生。

5.4.3 防速敏增产机理

水力压裂施工中,压裂液与支撑剂的水力冲蚀和打磨作用以及煤岩的破裂,会产生大量的微粒,包括煤粉和矿物微粒,如果处理不当,很可能引起后期排采过程中的速敏伤害。防速敏增产的原理有两个:一是添加表面活性剂,改善了煤岩粉的润湿性、增大煤岩粉颗粒间的内聚力,使之迅速沉降聚集,进而抑制排采过程中煤粉随地层流体的迁移,实现增产;二是添加表面活性剂,降低压裂液的表面张力和黏度,破坏液塞的稳定性,抑制段塞流的形成,进而抑制速敏效应,实现增产。

5.4.3.1 增大内聚力抑制速敏增产

1. 煤的散体力学性质

散体是由彼此相联系的固体颗粒所共同组成的集合体,其主要特征是分散性、复杂性和易变性。散体力学是一门用于解决不连续体力学问题的一门学科,适用于研究节理裂隙系统或离散颗粒组合体在准静态或动态条件下的变形运动过程。软煤(碎粒煤和糜棱煤)是煤经历了漫长而复杂的地质构造运动,发生破碎,强度变低,黏聚力变小,最终转变成散体,采用常规连续介质力学很难对其变形和破坏进行准确表述,而散体力学理论则可对这类散体进行分析研究,一般从以下四个方面进行分析研究。

1)颗粒粒度

颗粒粒度反映着散体颗粒的大小,是其结构特征的重要指标,很大程度影响松散体的物理力学性质,即不同粒度组成的松散体在强度和变形特征等方面的性质存在着差异。

2)孔隙率及堆积密度

散粒物料由不同形状和大小的颗粒组成,颗粒与颗粒之间存有间隙,这种间隙称为孔隙。一定容积中孔隙体积与总体积(物料体积与孔隙体积之和)之比称为孔隙率,而孔隙体积与固体物料体积之比称为孔隙比。

堆积密度是指散体物料单位体积的质量,堆密度与粒径有直接关系,随着直径的减小而增大,当为粉煤时,密度随粒径减小而减小。

3)安息角

散体煤在堆放时能够保持自然稳定状态的最大角度(单边对水平面的角度),称为安息角,其与散体种类、粒径、形状和含水率等因素有关。同一种散体,粒径越小,安息角越大;表面越光滑或越接近球形的粒子,安息角越小;在一定的范围内,含水率越大,安息角越大。

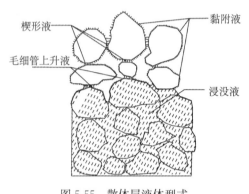

图 5-55　散体层液体型式

4)含水率

散体的孔隙中充满了空气和水分(图 5-55),水在散体中的存在形式主要有三种:结构水、吸附水和表面水。当散体中存在一定的静态液体时,表面水将以四种形态存在:摆动状态、索链状态、毛细管状态和浸渍状态。

2. 散体的抗剪强度

散体的强度是指材料抵抗外荷载的破坏能力,即破坏强度。作为松散结构的散体强度与连续性固体材料有所不同,散体几乎不能承受拉应力,而抗压强度也与它的抗剪强度有关,因此对于散体主要研究其抗剪强度。散体的抗剪强度主要是由两部分所组成,即摩擦强度和黏聚强度。

1)摩擦强度

摩擦强度取决于剪切面上的法向正应力和散体的内摩擦角。散体的内摩擦角涉及颗粒之间的相对移动,其物理过程包括:滑动摩擦力和咬合摩擦力。

滑动摩擦力是颗粒之间产生相互滑动时要克服由于颗粒表面粗糙不平而引起的滑动摩擦,是颗粒接触面粗糙不平所引起的,其大小与颗粒的形状、矿物组成、散体的级配等因素有关。咬合摩擦力是指相邻颗粒对于相对移动的约束作用,即颗粒之间存在相互镶嵌、咬合、连锁作用,当颗粒脱离咬合状态而移动时所产生的咬合摩擦。

图 5-56(a)表示相互咬合着的颗粒排列。当散体内沿着某一剪切面而产生剪切破坏时,相互咬合着的颗粒必须从原来的位置被抬起或者在尖角处将颗粒剪断后才能移动。总之,先要破坏原来的咬合状态(一般表现为散体体积的胀大,即所谓"剪胀"现象),才能达到剪切破坏。剪胀需要消耗部分能量,这部分能量需要由剪切力做功补偿,即表现为内摩擦角的增大。散体越密,磨圆度越小,咬合作用力越强,则内摩擦角越大。此外,在剪切过程中,散体中的颗粒重新排列,也要消耗或释放出一定的能量,这对其内摩擦角也有影响。

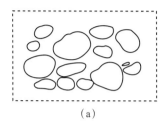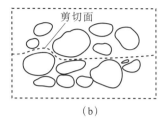

图 5-56 咬合排列颗粒体

综合以上分析,可以认为影响散体内摩擦角的主要因素是:①密度;②粒径级配;③颗粒形状;④矿物成分等。

2)黏聚强度

散体的内聚力 f 取决于散体颗粒间的各种物理化学作用力,包括库伦力(静电力)、范德华力、胶结作用等。对内聚力的微观研究是一个很复杂的问题,存在着各种不同的见解。苏联学者把内聚力 f 分成两部分,即原始内聚力和固化内聚力。原始内聚力来源于散体颗粒间的静电吸引力和范德华力。散体颗粒间的距离越近,单位面积上散体粒的接触点越多,则原始内聚力越大。因此,对同一种散体而言,其密度越大,原始内聚力就越大。当散体颗粒间相互离开一定距离以后,原始内聚力才完全丧失。固化内聚力决定于颗粒之间胶结物质的胶结作用。例如,散体颗粒中存在的游离氯化物、铁盐、碳酸盐、有机质和自由水等。固化内聚力除了与胶结物质的强度有关外,还随着时间的推移逐渐加强。密度相同的重塑土的抗剪强度与原状土的抗剪强度有较大的区别。而且,沉积年代愈老的土,其抗剪强度愈高。在这里,固化黏结力所起的作用是很重要的原因。

3. 液态水对散体内聚力的影响

如果散体颗粒表面亲水,散体颗粒在接触点及其附近会形成液桥,使颗粒发生连接;如果散体颗粒表面疏水,液体在散体颗粒间会形成楔形液,如图 5-57 所示。

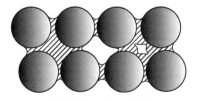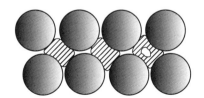

亲水煤粉颗粒间液体桥　　　　　疏水煤粉颗粒间液体桥

图 5-57 煤粉层中液体的存在形式

液桥力主要由液桥曲面产生的毛管压力及表面张力引起的附着力组成,其表达式为

$$F_k = 2\pi r \sigma \sin\alpha \left[\sin(\alpha+\theta) + \frac{r}{2}\sin\alpha \left(\frac{1}{R_1} - \frac{1}{R_2} \right) \right] \tag{5-18}$$

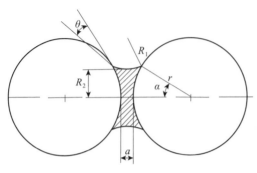

图 5-58　颗粒间液桥力示意图

式中,F_k 为液桥力,N;σ 为液体表面张力,mN/m。其他参数含义如图 5-58 所示。

由式(5-18)可知,液桥所引起的颗粒间的附着力远大于颗粒所受的重力,亲水性颗粒间的液桥力大于疏水性颗粒间的液桥力。

液桥的形成改变了散体颗粒间的作用力,相互靠近接触的两颗粒,由于偶极作用,颗粒间产生范德华力;当颗粒间形成液桥时,颗粒间的液桥力大于范德华力,颗粒的行为由液桥力主导。散体颗粒间液体的表面张力具有收缩作用,产生和增强了颗粒之间的液桥力,促使颗粒孔隙形成一定的负压将煤粉的距离拉近而团聚,使颗粒具有极强的黏聚性。

4. 表面活性剂对煤粉内聚力的影响

煤粉的静置沉降实验发现,添加亲水性、小分子量的表面活性剂可以增加煤粉的润湿性,使煤粉迅速就地彻底沉降聚集,起到固定煤粉的作用。表面活性剂可以增加储层的润湿性,将颗粒较小的煤粉从液面"拉入"水中,由于颗粒的密度大于水的密度,重力作用下颗粒克服颗粒之间的静电斥力和表面活性剂分子的空间位阻就地自行沉降聚集。沉降聚集后的煤粉由于受到颗粒接触点上的内聚力、摩擦力作用,彼此间不容易发生相对移动,从而实现了固煤粉的固定。

煤粉从静止状态到开始变形、流动有一个过程,这是因为煤粉具有一定的强度。而煤粉的强度是由颗粒间接触点上存在内聚力和摩擦力所形成的,即内聚力和摩擦力与促使煤粉变形、流动的力相对抗。煤粉的流动性取决于自身的粒度和形态,当颗粒较大时,其流动性取决于形貌,因体积力远大于颗粒间的内聚力,加之煤粉颗粒表面粗糙且形态不均匀,因此颗粒较大的煤粉流动性较差;当煤粉颗粒很小时,其稳定性主要取决于颗粒间的内聚力,此时体积力远小于颗粒间的内聚力,因此,若要固定颗粒较小的煤粉,就要增大其内聚力。

为了研究表面活性剂对煤粉内聚力的影响,进行由不同溶液作用的不同含水率的煤样直剪实验,共设计 3 组 21 个试样,依次为蒸馏水、0.05% AN 溶液和 1.5% KCl+0.05% AN 溶液。

1)煤样的制备

将沙曲矿煤样粉碎后,分别用 60 目的筛子筛取—60 目煤粉,烘干、缩分为 21 份。按不同含液率(3%、6%、9%、12%、15%、18%、21%)的配比向各组试样中分别加入蒸馏水、0.05%AN 溶液和 1.5%KCl+0.05%AN 溶液,搅拌均匀,装袋密封保存 24h。

2)实验与结果

采用 ZJ 型应变控制式直剪仪进行直剪试验。试样使用常规钢制环刀(直径为 6.18cm,高度为 2cm,环刀系数为 1.86kPa/0.01mm)制备,体积约为 60cm³。实验时,在不同的竖向荷载作用下,对试样施加等速剪应变,通过量测系统测定出相应的剪应力和水平位移,得到不同的竖向荷载作用下破坏时的剪应力,然后根据库仑定律确定试样的内聚力和内摩擦角(表 5-38)。

表 5-38 直剪实验结果

样品名称	含水率 /%	蒸馏水		0.05%AN		1.5%KCl+0.05%AN	
		内聚力 /kPa	内摩擦角 /(°)	内聚力 /kPa	内摩擦角 /(°)	内聚力 /kPa	内摩擦角 /(°)
沙曲 −60 目煤粉	3	3.41	27.93	22.01	25.38	25.41	16.9
	6	7.75	27.09	22.94	24.94	30.89	17.36
	9	7.44	26.24	22.63	25.38	30.5	17.01
	12	8.06	27.93	24.75	25.38	33.91	18.42
	15	8.99	27.93	32.28	23.16	42.23	17.33
	18	9.92	27.51	24.56	25.81	33.47	18.26
	21	5.89	27.09	21.39	26.24	27.27	17.83

3)实验结果分析

由表 5-37 和图 5-59 可知,所有溶液内聚力随含水率增加均呈现先增后降的趋势,内摩擦角随含水率的增加变化不大。其中 1.5%KCl+0.05%AN 溶液作用的煤粉内聚力最强,0.05%AN 溶液次之,蒸馏水最弱,干燥煤粉几乎没有内聚力(接

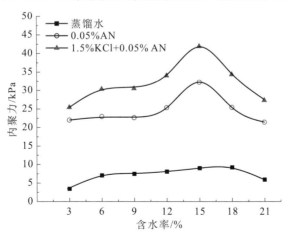

图 5-59 三种溶液处理后煤粉内聚力的变化

近于标准粉体,无法测得内聚力)。

这是由于表面活性剂分子由非极性的、亲油(疏水)的碳氢链部分和极性的、亲水(疏油)的基团共同构成,且二者分处两端形成不对称结构;煤是由许多有机高分子组成的化合物,其结构单元的主体部分由若干个芳环及个别脂环和杂环缩合而成,边缘部分主要是烷基侧链和各种官能团,而表面活性剂的非极性基团(碳氢链)部分是亲煤的,可以增大煤粉颗粒间的内聚力以及沉降煤粉与煤壁之间的吸引力,从而起到固定煤粉的作用。

KCl的作用仍然是稳定黏土,增加其内聚力,进一步增加煤粉(含黏土矿物)的内聚力。因此,三种溶液中 1.5%KCl + 0.05%AN 溶液作用后的煤样的内聚力最强,固定煤粉效果更好。

综述所述,表面活性剂压裂液(1.5%KCl+0.05%AN)增大了煤粉颗粒间的内聚力,使煤粉具有极强的黏聚性,改变了煤粉的流动性,致使煤粉体颗粒间不容易发生相对移动,减少了溶液中不稳定颗粒的数量,抑制了排采过程中煤粉对储层造成的速敏伤害,实现增产(图 5-60)。

图 5-60　亲水性表面活性剂抑制速敏示意图

5.4.3.2　抑制段塞流防速敏增产

段塞流的存在必定引起裂缝内流体压力和流速的波动,直接导致储层发生速敏增产。因此,段塞流的存在严重影响了储层内流体的运移,必须研究段塞流的防控技术,抑制段塞流的发生。

1. 流场中煤粉颗粒受力分析与运动微分方程

假设煤粉颗粒在 xoy 平面内作二维运动,流体压裂液速度与 x 轴的正方向一致,y 表示煤粉颗粒离床面的高度(图 5-61)。

设煤粉颗粒在运动过程中受重力 F_g、拖曳力 F_d、Magnus 力 F_m、Saffman 升力 F_s 和电场力 F_e 的作用,分别表示为

$$F_g = \frac{1}{6}\pi d^3(\rho_p - \rho)g \tag{5-19}$$

$$F_d = \frac{1}{8}C_d\rho\pi d^2 V_r^2 \tag{5-20}$$

$$F_d = \frac{1}{8}\pi d^2\rho C_1(u_{top}^2 - u_{bot}^2) \tag{5-21}$$

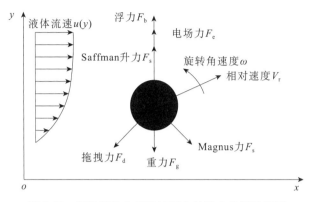

图 5-61　煤粉颗粒在运动过程中的受力分析示意图

$$F_{\mathrm{m}} = \frac{1}{8}\pi\rho d^{3}V_{\mathrm{r}}\left(\omega - \frac{du}{2dy}\right) \tag{5-22}$$

$$M = \pi u d^{3}\left(\omega - \frac{du}{2dy}\right) \tag{5-23}$$

$$I_{\mathrm{p}}\dot{\omega} = M \tag{5-24}$$

$$F_{\mathrm{e}} = mqE \tag{5-25}$$

式中，d 为煤粉颗粒粒径，m；ρ_{p} 为煤粉颗粒密度，$\mathrm{kg/m^3}$；V_{r} 为煤粉颗粒与压裂液之间的相对速度，$V_{\mathrm{r}} = [(x-u)^2 + y^2]^{1/2}$，这里 x，y 为煤粉颗粒位置坐标，u 为 x 方向压裂液速度，m/s；C_{d} 为阻力系数，$C_{\mathrm{d}} = 24/R_{\mathrm{e}} + 6/(1 + R_{\mathrm{e}}^{1/2}) + 0.4$；$R_{\mathrm{e}}$ 为雷诺数，$R_{\mathrm{e}} = V_{\mathrm{r}}d/\nu$；$u_{\mathrm{top}}$、$u_{\mathrm{bot}}$ 分别为煤粉颗粒在运动过程中上、下表面的压裂液速度，m/s；C_{l} 为升力系数，$0.85C_{\mathrm{d}}$；ω 为表示煤粉颗粒旋转的角速度，rad/s；$\dot{\omega}$ 为煤粉颗粒的角加速度，$\mathrm{rad/s^2}$，I_{p} 为煤粉颗粒的转动惯量，$\mathrm{kg/m^2}$，当考虑煤粉颗粒为球形时，$I_{\mathrm{p}} = md^2/10$，煤粉颗粒质量 $m = \pi d^3\rho_{\mathrm{p}}/6$；$q$ 为荷质比，C/kg；E_y 为高度 y 处的电场，仅是 y 的函数。拟合公式如下：

$$E_y = 51000(100y)^{-0.6} \tag{5-26}$$

根据牛顿第二定律可得到煤粉颗粒运动微分方程：

$$\ddot{x} = 0.75\frac{\rho}{\rho_{\mathrm{p}}}\left[\left(\omega - \frac{du}{2dy}\right)\dot{y} - \frac{C_{\mathrm{d}}}{d}V_{\mathrm{r}}(\dot{x} - u)\right] \tag{5-27}$$

$$\ddot{y} = 0.75\frac{\rho}{\rho_{\mathrm{p}}}\left[-\left(\omega - \frac{du}{2dy}\right)(\dot{x} - u) - \frac{C_{\mathrm{d}}}{d}V_{\mathrm{r}}\dot{y} + 0.85\frac{C_{\mathrm{d}}}{d}(u_{\mathrm{top}}^2 - u_{\mathrm{bot}}^2)\right] - \frac{\rho_{\mathrm{p}} - \rho}{\rho_{\mathrm{p}}}g$$
$$+ 51000(100y)^{-0.6}q \tag{5-28}$$

$$\dot{\omega} = \frac{60u}{\rho_{\mathrm{p}}d^2}\left(\omega - \frac{du}{2dy}\right) \tag{5-29}$$

对应煤粉颗粒运动方程(5-24)～式(5-26)的初始条件为

$$t=0; x=0, y=y_0, \dot{x}=0, \dot{y}=0, \omega=\omega_0 \tag{5-30}$$

式中，$\dot{x}$、$\dot{y}$ 为分别为煤粉颗粒在 x、y 方向的速度分量，m/s；y_0 为煤粉颗粒的垂直起跳速度，m/s；ω_0 为煤粉颗粒初始旋转角速度，rad/s。

2. 段塞流极易引发速敏

发生段塞流时，气水流速变化剧烈，由煤粉颗粒运动微分方程可知，煤粉颗粒受段塞流影响，其运移速度忽快忽慢，当煤粉颗粒与压裂液之间的相对速度 V_r 超过速敏临界速度时，引发速敏。综上所述，段塞流极易引发速敏，排采过程中必须对其进行控制。

3. 抑制段塞流增产

在对含不同溶液的沙曲煤样进行渗透率测试过程中，发现蒸馏水煤样渗透率测试过程存在段塞流和速敏现象。随着气体的注入，煤样中的水逐渐被驱出，气、水的流动波动性很大，水的流速严重影响着气体的流速，这时已经形成段塞流；而在 1.5%KCl+0.05%AN 煤样渗透率测试过程中，气、水的流速曲线没有较大的波动，比较平稳，没有出现明显的段塞流和速敏现象，煤样中的溶液得以缓慢平稳的排出。实验中都有一定量煤粉随水的排出，段塞流先出煤粉后出气，且煤粉量较大；速敏现象在出气 10min 后才有少量煤粉产出，说明段塞流因为产生段塞流引起了严重的速敏效应。因此，必须有效控制段塞流的产生才能更好地防止速敏效应的发生。

由液相物性参数对段塞流特性影响研究（详见 4.4 节）可知，在气液两相流动中，液体黏性和表面张力对液塞的稳定性有一定影响：液相黏度越大、表面张力越高，液塞越稳定，越容易形成段塞流。因此，在活性水压裂液中加入表面活性剂 AN，降低压裂液的黏度和表面张力，破坏了液塞的稳定性，抑制了段塞流的形成，有效抑制了速敏效应对储层的伤害，实现增产。

5.4.4　防水锁增产机理

与常规天然气储层相比，煤储层是一种双孔隙岩层，由基质孔隙和裂隙组成。基质孔隙的孔径从纳米级到微米级不等，且 100nm 以下的孔隙的比表面积占据了整个比表面积的 80% 以上。压裂过程中，外来液体的侵入使这些微孔极易产生很大的毛管压力，这为水锁伤害的发生提供了重要条件。外来液体侵入储层后，煤层气的运移产出需要克服由毛细管效应与贾敏效应产生的毛细管阻力；一旦地层驱动压力无法克服这一阻力，流体将无法继续运移，水锁伤害发生。毛细管效应是指当外来液体侵入储层，储层毛细管中弯曲液面两侧润湿相和非润湿相之间产生压力差，即毛管压力，由式（4-1）表达，这种现象称毛细管效应。贾敏效应则是发生在气体产出阶段，尤其是早期气泡产出阶段。气泡在通过吼道受力变形时，气泡两端弧面毛管力对煤层气运移表现为阻力(图 4-10),这种毛细管阻力可由式(4-21)求得。由式(4-1)、式(4-21)可以看出,两种效应产生的毛细管阻力与液体的表面张力成正比,与孔径和孔喉差成反比。储层的孔喉特征是不可改变的,降低外来液体的水锁伤害最有效的途径是降低其表面张力。此外,式(4-1)还表明在自然状态下,接触角越大越有利于降低毛管压力。但是对于煤层气开发而言,压裂是在高压条件下进行的,高压驱使液体进入微孔,而由于压力损失,产出时必定有一部分液体残留在微孔中。因此在选择表面活性剂时,既要起到降低液体表面张力、降低毛细管阻力的作用,又要具有良好的润湿性,降低煤与液体间的接触角,实现液体的易进易出。同时,润湿性的增强有利于储层速敏伤害的防治。表面活性剂压裂液(1.5%KCl+0.05%AN)降低了煤孔隙中流体的毛管压力,使得压裂液在煤储层中易进易出,进而显著降低了水锁伤害,实现增产。同时,从控制速敏效应的角度,必须增加煤的润湿性,降低液体与煤的接触角。

5.4.4.1 渗透率伤害实验

储层水锁伤害最直接的评价方法是测试含不同流体介质的煤样达到束缚水状态后的气相渗透率,根据煤样束缚水饱和度和渗透率降低值评价水锁伤害程度。实验在渗透率测试仪上完成。由于煤心渗透率测试的方法无法获取性质完全相同的平行样品,故本实验采用煤粉进行实验,通过向该装置煤样罐中装入相同性质的煤粉样来制取平行样。

1)煤样制备

将沙曲、东曲和焦作的煤样破碎至−60 目煤粉,再将煤粉置于 105℃下恒温干燥箱干燥至恒重,然后缩分为 5 份,分别做干燥样、饱和蒸馏水、1.5%KCl 溶液、0.05%AN 溶液和 1.5%KCl+0.05%AN 溶液的渗透率伤害实验。

2)装样

取待测样品,以每次取一勺的量(约 6g)向样品罐中装填,每装填一次用力学锤(锤重 134.86g、落距 48cm)锤击 20 次,直至样品罐中样品高度达到 10cm,得到性质相同的平行样。

3)煤样强制饱和

煤样装填完毕后,除干燥样不进行强制饱和外,其余样品依次进行强制饱和:在样品罐两端放入透气板,安装法兰盘,随后将整个样品罐浸没在盛有相应液体的水槽中,再将整个水槽放置到 DZF 6020 型真空干燥箱内进行强制饱和,直至水槽中无气泡冒出为止。

4)渗透率测试

将样品罐连入渗透率测试装置中,通过减压阀控制输入氮气的驱替压力,并保证样品罐出口端压力恒定(一个大气压)。为了更加接近于煤层气井的排采过程,实验开始后,首先以 0.1MPa 的压差进行驱替,当该压差状态下气相渗透率与出液量稳定后,再以 0.025MPa/次的梯度增大压差,直至增大压差到不再有液体产出,即煤样达到束缚水状态。计算此时的气相渗透率,并根据饱和液体的量和总的出液量计算煤样束缚水饱和度,最后由干燥煤样的气相渗透率和饱和液体煤样束缚水状态下的气相渗透率计算水锁伤害率的大小。

$$a = \frac{K_g(S) - K_g'(S)}{K_g(S)} \times 100\% \qquad (5\text{-}31)$$

式中,α 为储层水锁伤害率,%;$K_g(S)$ 为干燥煤样渗透率,$10^{-3}\mu m^2$;$K_g'(S)$ 为煤样束缚水状态下气相渗透率,$10^{-3}\mu m^2$。

5)实验结果

煤样束缚水饱和度、束缚水状态下气相渗透率以及水锁伤害率的计算结果见表 5-39。

表 5-39　煤样束缚水饱和度及渗透率测试

样品	饱和流体介质	束缚水饱和度/%	渗透率/($10^{-3}\mu m^2$)	水锁伤害率/%
沙曲	干燥样	0	3.114	0
	蒸馏水	49.59	1.682	45.99
	1.5%KCl 溶液	47.81	1.18	62.11
	0.05%AN 溶液	44.91	1.725	44.61
	1.5%KCl+0.05%AN 溶液	44.45	1.933	37.92
东曲	干燥样	—	4.796	—
	蒸馏水	49.75	3.226	32.74
	1.5%KCl 溶液	48.53	3.016	37.11
	0.05%AN 溶液	47.43	3.497	27.09
	1.5%KCl+0.05%AN 溶液	46.22	3.594	25.06
焦作	干燥样	—	3.263	—
	蒸馏水	50.03	1.644	49.62
	1.5%KCl 溶液	49.96	1.575	51.73
	0.05%AN 溶液	46.31	1.941	40.51
	1.5%KCl+0.05%AN 溶液	45.19	2.112	35.29

由表 5-39 可以看出,含不同流体介质煤样的束缚水饱和度不同:蒸馏水 > 1.5%KCl 溶液 > 0.05%AN 溶液 > 1.5%KCl+0.05%AN 溶液。各煤样束缚水状态下气相渗透率差别较大:干燥样 > 1.5%KCl+0.05%AN 溶液 > 0.05%AN 溶液 > 蒸馏水 > 1.5%KCl 溶液。煤样水锁伤害率:1.5%KCl 溶液 > 蒸馏水 > 0.05%AN 溶液 > 1.5%KCl+0.05%AN 溶液。

5.4.4.2　吸附/解吸实验

通过测试干燥煤样,注入或拌入蒸馏水、煤样注入或拌入 1.5%KCl+0.05% AN 溶液煤样的氮气吸附量和变压解吸量,对比不同液体造成煤样的水锁伤害程度。采用氮气作为吸附质是为了实验安全,其实验结果与甲烷是一致的。

1)实验装置

吸附/解吸实验装置主要由高压供气系统、注液系统、测试系统和计量系统等几部分组成(图 5-62)。

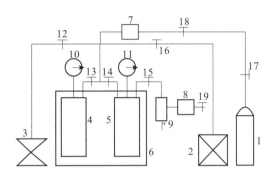

图 5-62 吸附/解吸实验装置示意图

1-高压气瓶;2-柱塞式液压泵;3-抽真空泵;4-参考缸;5-样品缸;6-恒温水浴箱;7、8-气体流量计;9-气水分离器;10、11-压力表;12～17-控制阀;18-减压阀;19-背压阀

2)煤样制备

将东曲、沙曲和焦作煤样破碎至 40～60 目的煤粉,在干燥箱中以 105℃恒温干燥至恒重,并缩分为 5 份,取其中两份分别拌入蒸馏水和 1.5％KCl＋0.05％AN 溶液,配制成含液率为 15％的煤样,另外 3 份煤样装袋密封保存。

3)实验与结果

(1)取一份干燥煤样装入样品缸中,检查装置气密性,调节恒温水浴箱温度使样品缸和参考缸温度稳定在 25℃,采用氦气,参照国家标准 GB/T19560—2008[112]测试并计算样品罐内自由空间体积。

(2)设定恒温水浴箱温度为 25℃,打开样品缸进气端阀门,向样品缸内充入氮气,使样品缸内压力达到 4.5MPa 左右,记录注入氮气量;当样品缸内压力值不再变化时记录平衡压力。

(3)为了更加接近煤层气井的排采过程,采用压力由高到低的变压解吸。调整背压阀压力到指定值,打开样品缸出气端阀门,在 25℃恒温下进行每一个压力点的解吸,记录各解吸量。以每阶段下降 1MPa 左右为原则,当某一个压力阶段的解吸量低于 10mL/d 时,进入下一阶段。进入常压解吸后,解吸停止参照国家标准GB/T19559—2008[113]。最终记录总解吸量。

(4)由样品缸内的自由空间体积和气体吸附平衡后的压力值,计算得到样品缸内的游离气量,根据该游离气量和注入、产出气量,以及装入样品缸中煤干燥状态下的质量计算得到单位质量的煤样吸附气量、解吸气量。

(5)先液后气实验:将拌有 15% 蒸馏水和 1.5% KCl＋0.05% AN 溶液的煤样依次放入样品缸内,重复步骤(1)~(4),计算单位质量煤样的吸附、解吸气量。

(6)先气后液实验:重复步骤(1)、(2),待装有干燥煤样的样品缸中压力稳定后,用柱塞式液压泵分别向样品缸中注入蒸馏水和 1.5% KCl＋0.05% AN 溶液,使样品缸内压力稳定在 7.1MPa,随后进行步骤(3)、(4),计算单位质量煤样的吸附、解吸气量。实验过程中,在后期注液期间会有一部分游离气转化为吸附气,但此时已经没有办法测定自由空间的体积,无法获取注水压力下的吸附量,因此仍采用干燥状态的吸附量来考察注液后因水锁封闭了多少气体。

(7)实验结果:煤样吸附气量和解吸气量的测试结果见表 5-40,根据吸附气量与解吸气量的差值计算煤样残余气百分比。

表 5-40　吸附解吸实验记录

	样品类型	注气平衡压力/MPa	注液平衡压力/MPa	吸附气量/(cm³/g)	解吸气量/(cm³/g)	煤中残余气量/(cm³/g)	残余气百分比/%
沙曲	干燥样	4.23	—	6.54	5.92	0.62	9.45
	拌蒸馏水样	4.36	—	5.38	4.45	0.94	17.39
	拌 1.5% KCl＋0.05% AN 样	4.4	—	5.81	5.19	0.62	10.67
	注蒸馏水样	4.19	7.16	6.92	5.66	1.26	18.22
	注 1.5% KCl＋0.05% AN 样	4.25	7.15	6.34	5.74	0.6	9.47
东曲	干燥样	4.25	—	12.82	12.21	0.6	4.84
	拌蒸馏水样	4.1	—	8.86	6.81	2.05	23.18
	拌 1.5% KCl＋0.05% AN 样	4.15	—	9.37	8.57	0.8	8.54
	注蒸馏水样	4.25	7.14	12.72	10.46	2.26	18.2
	注 1.5% KCl＋0.05% AN 样	4.26	7.13	11.52	10.75	0.77	6.24
焦作	干燥样	4.09	—	14.27	13.46	0.81	5.67
	拌蒸馏水样	4.29	—	7.61	5.94	1.67	21.94
	拌 1.5% KCl＋0.05% AN 样	4.27	—	7.98	7.31	0.67	8.4
	注蒸馏水样	4.02	7.42	14.97	12.71	2.26	15.1
	注 1.5% KCl＋0.05% AN 样	4.15	7.42	13.67	12.34	1.33	9.72

由表 5-40 可知,干燥煤样和先气后液的注液煤样的吸附量相当,而先液后气的拌水煤样吸附能力显著降低;拌、注蒸馏水煤样的残余气百分比最大,拌、注 1.5% KCl＋0.05% AN 溶液的煤样显著减小,干燥样最低。值得注意的是,在先液后气实验中,焦作拌蒸馏水煤样及拌 1.5% KCl＋0.05% AN 煤样的吸附气量相较干燥煤样减少了约 50%,而东曲煤样间的吸附气量差别较小,沙曲煤样间的吸附气量则更为接近。这一现象可能与煤的孔隙组成和结构有关,焦作的无烟煤具有更多的微孔隙[114]。

5.4.4.3　水锁伤害控制

由上述分析可知,增强液体对储层润湿性、降低液体表面张力是降低储层毛细管阻力的有效途径,可从根本上减缓水锁伤害程度。下边从含不同流体介质的孔隙毛管压力、渗透率、吸附/解吸特征三个方面探讨水锁伤害的控制方法。

由液体表面张力和接触角测试结果计算的孔隙毛管压力见表 5-41、图 5-63。对于沙曲和焦作煤样,0.05%AN 溶液和 1.5%KCl+0.05%AN 溶液均能减小其煤孔隙毛管压力,且 1.5%KCl+0.05%AN 效果最好,可见以往在两地区使用活性水压裂对储层造成了水锁伤害。由此可见,表面活性剂的加入对抑制水锁伤害有着显著的效果。

表 5-41　毛管压力计算结果(孔径为 100nm)

煤样	蒸馏水	1.5%KCl 溶液	0.05%AN 溶液	1.5%KCl+0.05%AN 溶液
沙曲	1.17	1.03	1.09	0.93
东曲	0.1	0.66	1.13	0.99
焦作	1.65	1.68	1.15	1.02

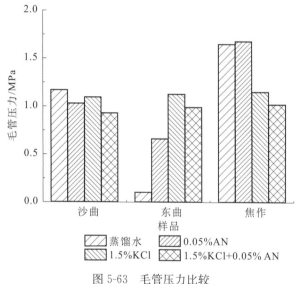

图 5-63　毛管压力比较

由渗透率伤害实验可知(表 5-39、图 5-64、图 5-65),由蒸馏水和 1.5%KCl 溶液处理后的煤样束缚水饱和度和水锁伤害率高,加入表面活性剂的低。同时还可以看出,不同地区的煤样水锁伤害程度不同,东曲煤样的最低,焦作煤样的 1.5%KCl 溶液伤害最严重。说明表面活性剂 AN 的加入可有效降低束缚水饱和度,提高渗透率,进一步证明了表面活性剂的防水锁功能。

变压解吸先液后气实验测试结果表明,当在干燥煤样中拌入液体后,会在孔隙当中先期形成毛管压力,后期注气过程中需要克服这一毛管压力才能进入微孔隙。以东曲煤样为例,拌 1.5%KCl+0.05%AN 溶液样和拌蒸馏水样,在 4.5MPa 的驱

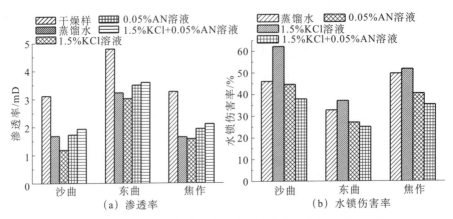

图 5-64　煤样束缚水状态下气相渗透率大小及水锁伤害率对比

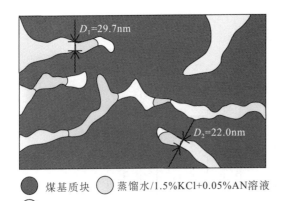

图 5-65　水锁伤害对气体吸附的影响

动压力下气体能够进入的最小孔径分别为 22nm、29.7nm，此孔径以下的孔隙，气体将无法进入，因此干燥煤样的吸附量远高于拌入液体煤样，而拌 1.5% KCl + 0.05%AN 溶液样吸附量高于拌蒸馏水样的原因（图 5-65）。在解吸阶段，气体的产出同样需要克服这一毛管压力，由于气体注入和产出阶段存在一定的压力损失，造成产气阶段孔隙内的气体压力低于注入阶段的毛管压力，部分气体被"圈闭"在孔隙内无法产出。拌蒸馏水煤样的孔隙毛管压力较高，导致大量气体残余；而拌 1.5%KCl + 0.05%AN 溶液样残余气量较少，残余气百分比也接近于干燥煤样的值[图 5-67]。

变压解吸先气后液实验中，液体在高压下注入含气煤样后同样造成了不同程度的水锁伤害。与干燥煤样相比，注 1.5%KCl + 0.05%AN 溶液样的残留气量最少，与干燥样基本相当；注蒸馏水样的残留气明显增加[图 5-68]。同样的原理：液体在高压注入含气煤样后，会在孔隙中形成毛管压力并与孔隙内的气体压力形成平衡。进入气体产出阶段后，由于毛管压力的存在，气体的产出将受到阻碍，此时气体压力若无法克服孔隙毛管压力，将被"锁"在孔隙中，发生水锁伤害。如图5-66所示，7MPa 的毛管压力下，注 1.5%KCl + 0.05%AN 溶液样与注蒸馏水样气体产出的临界孔径分别为 14.1nm 和 19.1nm，小于临界孔径的孔，气体无法克服毛管压力的阻碍,被"锁"在孔隙内。这一实验说明无论是先液后气,还是先气后液,在加入表面活性剂 AN 后,水锁伤害都可得到有效控制。

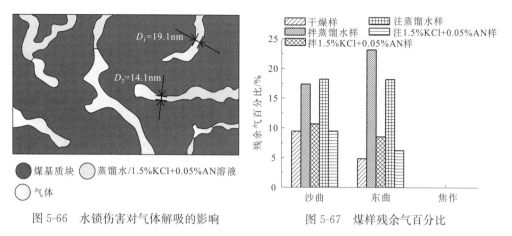

图 5-66 水锁伤害对气体解吸的影响   图 5-67 煤样残余气百分比

外来液体侵入储层后引起的毛细管效应和贾敏效应是造成煤储层水锁伤害发生的根本原因。通过实验发现,煤储层水锁伤害不仅对气体的吸附/解吸有影响,而且导致储层束缚水饱和度增加、渗透率下降。在压裂液中添加表面活性剂 AN 后,显著降低了液体的表面张力,增强液体对煤的润湿性,由此大幅度降低了孔隙毛管压力,对水锁伤害起到了明显的抑制作用。另外,实验采用的压裂液配方为 $1.5\%KCl+0.05\%AN$ 溶液,该压裂液中的 KCl 对水敏有明显抑制作用;AN 不仅有抑制水锁伤害的作用,更可以使煤粉亲水快速沉降凝聚,起到了防速敏作用。因此,这种具有"三防"作用的压裂液将克服以往单一防水敏压裂液的不足,为煤系气储层压裂改造提供了一种低伤害压裂液。

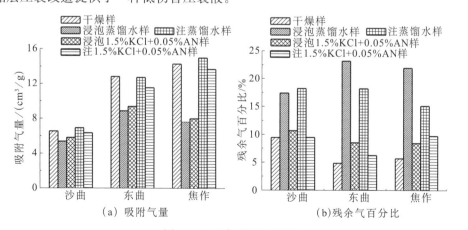

图 5-68 吸附/解吸特征图

5.5　不同压裂液的配伍性

在表面活性剂优选的基础上,分别将自生氮压裂液、二氧化氯压裂液和微生物压裂液与表面活性剂压裂液配伍形成混合压裂液,并对混合压裂液的表面张力与煤、岩的接触角进行了测定,并以实验数据为基础进行了混合压裂液的毛管压力计算,最终阐述不同压裂液与 AN 配伍的可行性。

5.5.1　自生氮压裂液与 AN 的配伍性

对蒸馏水、自生氮压裂液、自生氮压裂液＋0.05％AN 溶液、自生氮压裂液＋0.10％AN 溶液进行了表面张力测定(表 5-42),并分别与给定煤样进行接触角测定(表 5-43)。

表 5-42　四种溶液的表面张力(27℃)

溶液体系	表面张力/(mN/m)
蒸馏水	73.55
自生氮压裂液	92.78
自生氮＋0.05％AN	87.59
自生氮＋0.10％AN	83.58

表 5-43　四种溶液与煤样的接触角

样品名称	接触角/(°)			
	蒸馏水	自生氮压裂液	自生氮＋0.05％AN	自生氮＋0.10％AN
马兰	90	79	78.5	77
屯兰	67.5	71	68	63.5
东曲	88	85	86	85
沙曲	66.5	88	77.5	76
大平	82.5	70.5	60	57.5
告成	60	82.5	73	71
大同	48.25	87	76.5	63

自生氮压裂液的表面张力较大,加入 AN 后其表面张力有所降低,但仍大于蒸馏水(表 5-42);自生氮压裂液与煤的接触角较大,与 AN 溶液混合后接触角没有明显减小(表 5-43、图 5-69)。因此,自生氮压裂液以及其与 AN 混合后的压裂液对煤的润湿效果不佳,不利于对速敏的控制。

由图 5-70 和表 5-44 可知,马兰、屯兰、东曲和大平煤样经自生氮压裂液以及其与 AN 混合后的压裂液作用后的毛管压力相对于蒸馏水均有不同程度提高。除东曲、马兰煤样外,其他 5 个煤样经三种压裂液作用后的毛管压力变化均符合如下规律:自生氮压裂液＜自生氮压裂液＋0.05％AN＜自生氮压裂液＋0.10％AN。由

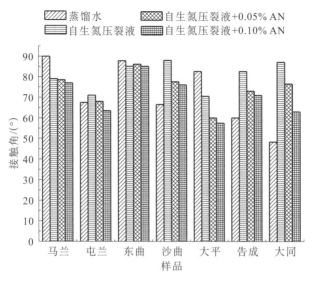

图 5-69　四种溶液对煤样的润湿效果对比

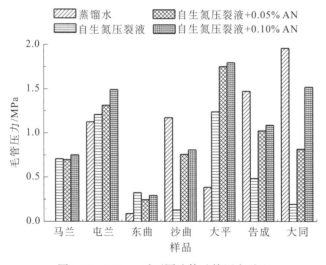

图 5-70　100nm 时不同液体毛管压力对比

此可知,在自生氮压裂液内加入表面活性剂反而会提高储层毛管压力,加重水锁效应,因此两者不能混合作业。也就是说自生氮压裂液适用于那些水锁和速敏不严重的储层改造。造成二者不配伍的原因有二:一是自生氮压裂液为酸性液体,AN不耐酸,遇到酸性介质后活性丧失;二是自生氮压裂液在生成氮气的同时会产生大量的热,而 AN 在高温下易分解。

表 5-44　毛管压力计算结果(孔径为 100nm 时)

样品名称	蒸馏水	自生氮压裂液	自生氮+0.05%AN	自生氮+0.10%AN
马兰	0	0.71	0.7	0.75
屯兰	1.13	1.21	1.31	1.49
东曲	0.1	0.32	0.24	0.29
沙曲	1.17	0.13	0.76	0.81
大平	0.38	1.24	1.75	1.8
告成	1.47	0.48	1.02	1.09
大同	1.96	0.19	0.82	1.52

5.5.2　二氧化氯与 AN 的配伍性

　　对蒸馏水、4000ppm 二氧化氯溶液、二氧化氯压裂液+0.05%AN 溶液、二氧化氯压裂液+0.05%AN 静置 2h 溶液进行表面张力测定(表 5-45),并分别与给定煤样进行接触角测定(表 5-46)。

表 5-45　四种溶液的表面张力(27℃)

溶液体系	表面张力/(mN/m)
蒸馏水	73.55
4000ppm 二氧化氯	59.28
二氧化氯+0.05%AN	31.11
二氧化氯+0.05%AN 静置 2h	37.34

表 5-46　四种溶液与煤样的接触角

样品名称	接触角/(°)			
	蒸馏水	4000ppm 二氧化氯	二氧化氯+0.05%AN	二氧化氯+0.05%AN 静置 3h
大同	48.25	55.5	23.5	33
沙曲	66.5	65.5	28.5	35.5
新义	57	62	20.5	36
焦作	56	61.75	29	38.5
泥岩	33	38	27	30.5
灰岩	39	26	15.25	24.45
细砂	35	34.51	25.25	33.25
中砂	43.5	55	48.5	53.5

　　二氧化氯压裂液本身的表面张力较大,加入表面活性剂 AN 后可有效降低其表面张力,然而静置 2h 后部分 AN 被二氧化氯氧化,表面张力升高(表 5-45)。二氧化氯压裂液与煤的接触角较大,与 AN 溶液混合后短时间内接触角明显减小,但随时间推移,接触角有升高的趋势(表 5-46、图 5-71)。

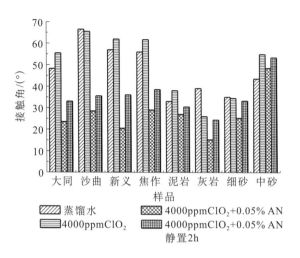

图 5-71 四种溶液对煤样的润湿效果对比

二氧化氯溶液中加入 1.5％KCl＋0.05％AN 溶液可以有效地降低其与各煤样的接触角及毛管压力,但是当混合溶液静置 3h 后,各接触角及毛管压力均发生了不同程度的增大,毛管压力增大幅度最大达到沙曲煤样的 11.9％(图 5-72,表 5-47),这是由于表面活性剂是一种有机物,易被强氧化剂氧化,表面活性剂在较短时间内失效。因此,二氧化氯与 AN 不适合配伍。

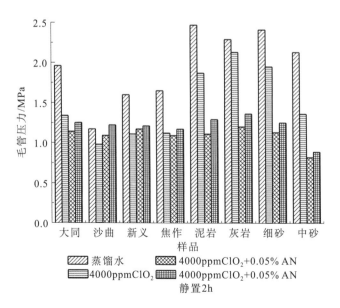

图 5-72 100nm 时不同液体毛管压力对比

表 5-47　毛管压力计算结果(孔径为 100nm 时)

样品名称	蒸馏水	4000ppm 二氧化氯	二氧化氯 +0.05％AN	二氧化氯+0.05％AN 静置 3h
大同	1.96	1.34	1.14	1.25
沙曲	1.17	0.98	1.09	1.22
新义	1.6	1.11	1.17	1.21
焦作	1.65	1.12	1.09	1.17
泥岩	2.47	1.87	1.11	1.29
灰岩	2.29	2.13	1.2	1.36
细砂	2.41	1.95	1.13	1.25
中砂	2.13	1.36	0.82	0.89

5.5.3　生物菌液与 AN 的配伍性

将微生物菌液作为一种压裂液注入煤层以提高煤储层的渗透性,同时增加煤层气的产量具有很好的应用前景,但其基液是矿井水,会产生较大的毛管压力,造成水敏、水锁和速敏等伤害,表面活性剂 AN 的加入可以有效降低这些储层伤害,但是 AN 本身是一种有机物,在微生物厌氧发酵过程中是否会被迅速分解而失效以及失效时间仍需要进行研究。本节旨在探究 1.5％KCl＋0.05％AN 与微生物菌液的配伍性,为产氢、产甲烷微生物菌液的工业应用提供实验室数据支撑和相关的参数指导。

1)煤样制备

煤样来源为义马千秋矿,样品信息及工业分析见表 5-25。煤样粉碎后过筛,选取 60～80 目的煤粉 18g(用于产气实验)以及－200 目的煤粉 6g(用于沉降实验)。

2)实验步骤

取矿井水进行富集,富集时不添加 AN,富集 5 天后添加 60～80 目煤粉进行厌氧发酵产气实验,产气实验共设置 12 组平行样,其中两组不添加 AN,其余 10 组添加 0.05％AN。

测试不添加 AN 发酵菌液的接触角及表面张力,产气过程中跟踪测试 10 组添加 AN 的发酵菌液的接触角(接触角测定时,使用载玻片代替煤薄片进行测试)及表面张力,同时,进行煤粉沉降实验,时间间隔为 3 天。

3)实验结果与分析

不添加 AN 表面活性剂的菌液接触角为 31.5°,表面张力为 77.76(mN/m),毛管力为 1.33MPa。厌氧发酵产气过程中菌液接触角、表面张力和毛管压力(100nm)的变化见表 5-48,产气过程中菌液中煤粉沉降实验结果见图 5-73。

表 5-48　添加 AN 菌液相关参数变化

时间/天	0	3	6	9	12	15	18	21	24	27	30
接触角/(°)	20.5	21	23.3	26.5	31.5	33	34	34.3	36.5	36.3	36.5
表面张力/(mN/m)	28	28.7	30.4	33.7	44.7	54.5	61.4	67	72.2	73	73.1
毛管压力/MPa	0.52	0.54	0.56	0.6	0.76	0.91	1.02	1.11	1.16	1.18	1.18
沉降澄清时间/h	3	3	6	10	24	—	—	—	—	—	—

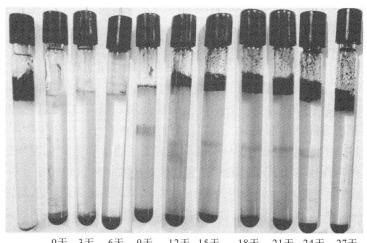

图 5-73　菌液中煤粉沉降实验

由表 5-48 可知,在厌氧发酵菌液中加入 0.05%AN 可以有效地降低菌液的表面张力、增加煤样的润湿性,表面张力由原来的 77.76mN/m 降低为 28.0mN/m,接触角由原来的 31.5°变为 20.5°。随着发酵时间的推移,菌液接触角与表面张力均逐渐增大,在发酵第 9~12 天菌液接触角和表面张力出现了最大增幅,增幅分别达到了18.9%和 32.6%,之后接触角和表面张力继续增大,在发酵 30 天时基本稳定。毛管压力的变化趋势与接触角和表面张力大致相同,在第 12 天时出现了大幅的增加,最终毛管力接近不加 AN 表面活性剂的菌液,但仍相对低些,表明表面活性剂虽大部分失效但未被完全分解。

沉降实验结果显示(图 5-73),不添加 AN 的菌液无法使−200 目的煤粉沉降,添加后初期菌液可以使煤粉沉降,但是随着厌氧发酵实验的进行,沉降速度越来越慢(表 5-47),发酵第 9 天的菌液已经不能够使煤样完全的沉降,第 12 天沉降率进一步降低,之后沉降率持续降低。发酵 15 天后添加 AN 的菌液中,大部分煤粉已不能沉降,且与发酵初期的菌液相比,煤粉-菌液混合后,煤粉并非迅速上浮至液面,而是经历较长的时间才能够浮至液面,一般在 80~100h,且菌液中仍有细小煤粉漂浮。添加 AN 与不加 AN 的发酵菌液均在第 21 天见气,至实验结束产气量分别为 10.3mL/g 和 9.8mL/g,差别不大。

上述结果表明,向菌液里加入 0.05%AN,可以有效降低菌液的表面张力、增加煤的润湿性,同时降低其在煤储层中的毛管压力,达到抑制水锁和速敏伤害的目的,且不会对厌氧发酵产气产生不利影响。虽然随着厌氧发酵的进行,AN 会被逐步降解,失效时间约在 12 天后,但这对于作为压裂液的应用影响并不大。因此,1.5%KCl+0.05%AN 与微生物菌液仍可以在现场混合使用,具有较好的应用前景。

气相压裂液、强氧化性压裂液和微生物压裂液具有增解、增扩、增透的增产作用;而表面活性剂压裂液则以其防水敏、水锁和速敏作用实现增产。通过上述分析可知,1.5%KCl+0.05%AN 为首选压裂液,其成本低廉,施工简单,适用范围广泛,可以作为煤系气储层改造的普适性压裂液使用。但需注意该压裂液易受温度影响,在高温下表面活性剂失效。同时,这种压裂液还可以与微生物压裂液并用,二者配伍性好,但与其他压裂液不配伍。自生氮压裂液和强氧化性压裂液的应用要慎重,其增产作用和由其引起的水锁和速敏效应孰轻孰重要仔细分析,对于水锁和速敏伤害不严重的地区可采用这种压裂液。本章系统介绍了压裂液的优选方法、原则和一般性配比,对于某一地区的煤系气储层而言,要通过压裂液伤害实验确定最佳的黏土稳定剂浓度以及表面活性剂类型和浓度。

第6章 缝网改造技术原理

煤系气储层均为低渗、特低渗储层,传统的在最大主应力方向通过压裂建立的有限的裂缝通道难以实现地层流体的顺利产出,必须把储层打碎,人工制造一个相对高渗的储层才能实现商业化开发,近些年来逐渐形成的缝网改造技术使得这一人工储层的实现成为可能。缝网改造技术是指采用分段(层)多簇(均匀、不均匀)射孔压裂、水力喷射分段压裂和四变压裂(变排量、变支撑剂、变压裂液和变砂比),以及一些辅助措施(限流、端部脱砂、投球暂堵等技术),最大限度地扰动原始地应力场,从而使裂缝的起裂与扩展不单是储层的张性破坏,还存在剪切、滑移、错断等复杂的力学行为,进而形成径向引张、周缘引张和剪切裂缝。由于应力场不断被扰动,这三类裂缝不断转向,在主干裂缝外还可形成次级和更次一级裂缝。同时强化过程中储层自身形成的脆性颗粒可起到自我支撑作用,壁面位移也可实现裂缝增容。这样就在储层内形成了一个由天然裂缝与人工改造的多级、多类裂缝相互交错的裂缝网络体系,整体上改变了储层三维空间渗透性,而不单单是几条裂缝的导流能力。从而造成裂缝壁面与储层基质块的接触面积最大化,使得流体从任意方向的基质块向裂缝的运移距离最短,为储层流体运移产出提供了最佳、最畅通道。缝网改造是在以往体积改造基础上演化来的不仅适用于水平井,也适用于垂直井的一种压裂技术,是一种将低渗储层人工改造为高渗储层的有效途径,是类似于非常规天然气一类致密储层实现商业化开发的最佳路径。

6.1 缝网改造历史与现状

6.1.1 水力压裂

1947 年,在美国堪萨斯州 Hugoton 气田,世界第一口压裂井 Kelp per 1 井施工成功[300],标志着水力压裂作为一种储层增透技术开始运用。20 世纪 60 年代以前,以研究适应浅层的水平裂缝为主。60 年代,随着产层加深,以研究垂直裂缝为主,提出了裂缝扩展的 KGD 模型和 PKN 模型[301,302]。70 年代,进入改造致密气层的大型水力压裂时期,KGD 模型和 PKN 模型得到完善[303-307],并提出了拟三维模型和全三维模型。80 年代,进入对低渗油藏改造时期[308-310],拟三维模型和全三维模型得到全面发展。90 年代以新材料、新技术发展为主,高砂比压裂技术、缝高控制技术(人工隔层控制缝高,非支撑剂液体段塞控制缝高,调整压裂液密度控制缝高,冷水水力压裂控制缝高)、多层压裂技术、分层排液技术、多级压裂技术等相继出现并成熟[311,312]。21 世纪后,随着低孔、低渗及作业环境复杂的油气藏的增加,水平井、大斜度井、大位移井数量也不断增多,促使复杂井的压裂技术发展[313]。

6.1.2　缝网改造

6.1.2.1　国外缝网改造研究现状

2002 年,Maxwell、Fisher 等通过微地震裂缝测试技术对水力压裂过程中的裂缝扩展形态及动态变化进行了研究,发现裂缝的扩展并不是单一的对称缝,而是在空间上的复杂网状形态[314-316]。2006 年,油藏体积改造(stimulated reservoir volume,SRV)被提出[316]。2008 年,随着水平井分段压裂技术的突破,北美超过80％的水平井采用套管完井技术,推动了页岩气体积改造技术的发展[317-319]。2009年美国天然气生产量达到 $5.934 \times 10^{11} \mathrm{m}^3$,首次超过俄罗斯,成为世界第一大产气大国,其页岩气产量剧增,2013 年达到 $3.025 \times 10^{11} \mathrm{m}^3$。

美国页岩气藏体积改造的成功经验[320,321]表明储层岩性具有显著的脆性特征是实现体积改造的物质基础,储层改造的主体技术是水平井套管完井＋分段多簇射孔＋快速可钻式桥塞＋滑溜水多段压裂,"分段多簇"射孔引起的段与段、簇与簇之间的应力干扰是实现体积改造的技术关键,体积改造的基本特点为大液量、大排量、大砂量、小粒径、低砂比。体积改造的重点是形成多级多类裂缝,制造出人工高渗储层,其技术思路与常规压裂有所不同,见表 6-1。

表 6-1　传统压裂与体积改造对比

项目	常规压裂	体积改造(SRV)
压裂液	高黏度压裂液,降滤失,造主缝	滑溜水压裂/复合压裂,沟通天然裂缝
射孔方式	减小射孔段,单段射孔,避免多裂缝	多段分簇射孔,创造多裂缝
缝间干扰	单段压裂,增大段间距,减少缝间干扰	多段压裂、同步压裂,缩短段间距,利用干扰
粉陶段塞	降低孔眼摩阻,封堵微裂缝,降低滤失	沿次生裂缝运移,随机封堵,促使裂缝转向
支撑剂	小粒径、高砂比-高导流	小粒径、低砂比-低导流
排量	适度排量泵注	高排量泵注

6.1.2.2　国内缝网改造研究现状

2008 年,雷群在国内提出了缝网改造的概念,指出缝网改造的途径有三条[322]:一是基于对重复压裂的研究,主要是以低黏度压裂液和一定静压力为核心要求的压裂技术;二是水平井分段压裂技术;三是"层内液体爆炸"压裂技术。2011年,吴奇等将美国页岩气储层"体积改造"理念引入中国,主要是以水平井分段多簇射孔、快速可钻式桥塞工具和大型滑溜水压裂技术等构成的缝网改造技术[311,323]。之后缝网改造技术的研究得以进一步发展[324,325]。但缝网改造是针对具有一定脆性的油气岩层,在煤系气储层中从未被问津,要将缝网改造技术引入,就必须与我国煤系特性相结合,才能得到与我国具体地质条件相适应的缝网改造理论与改造技术。

目前采用的垂直井缝网改造工艺是通过重复压裂,诱发应力场改变,使裂缝转向,使原始裂缝与诱导裂缝共同形成复杂裂缝网络,达到较好的增产效果。在缝网改造中,多次端部脱砂压裂技术也是裂缝转向的有效途径。多次端部脱砂压裂技术是多次压裂注入模式的延伸,施工时通过人工干预使得缝内净压力高于储集层弱胶结面或天然裂缝发生张性和剪切断裂的最大应力值,甚至高于岩石本体破裂所需的压力,从而形成多条裂缝。

6.1.3 煤岩体弹脆性损伤模型研究现状

岩石损伤本构关系是进行岩体工程数值分析的基础,是岩石力学领域的热点问题之一。损伤力学从细观和宏观两个层次描述材料损伤演化,从而形成互相补充的细观损伤模型和宏观损伤模型[326]。一个好的损伤模型既要反映材料损伤断裂的机理,还要简单实用,即模型参数是否容易取得、运算是否稳定可靠。当材料细观微损伤结构(如微裂纹等)无法实时获得时,宏观损伤模型是合理的选择。应力-应变曲线是材料内部损伤和塑性的综合反映,损伤力学据此建立宏观损伤模型。其中的关键问题是,一维损伤模型拟合单轴应力-应变曲线和一维模型向三维损伤模型的推广。RFPA 软件定义了分段式弹脆性损伤本构模型[327-330],即弹性-脆性跌落-恒定残余强度。通过拟合单轴应力-应变曲线,把损伤模型向三维应力状态推广。具体方法是在张拉应力条件下,采用 Marzars 等效应变[331]代替单轴拉应变作为损伤控制变量;而在剪切条件下,采用最大主压应变 ε_1 代替单轴压缩应变。RFPA 软件在岩石和混凝土的损伤、断裂全过程数值模拟中获得成功应用。采用最大张应变作为损伤控制变量[332,333],利用上述简单的单轴损伤本构方程,在ANSYS 平台上也实现了准脆性材料的损伤和断裂全过程的数值模拟。此类损伤模型代表了理想的弹脆性损伤本构关系,适用于小尺度(极近岩石颗粒)的细观单元的破坏行为,在数值模拟中要求网格细密,实际上是通过占用大量计算机资源来弥补了材料单元的简单行为,因此对于大体积的岩石、混凝土工程的数值模拟,采用常规 PC 机或是小型计算机几乎是不可能的。实际上,岩石类材料在实验室尺度上,就表现出非常复杂的应力-应变曲线特征,所以采用小尺度的简单力学行为代替宏观试件复杂的集体行为显然是不合适的。

从宏观上看,统计损伤模型也属于宏观损伤模型,它是由一系列平行杆模型和格构模型(LATTICES)组成,其中最为简单的是脆性松散纤维束模型[330,333]。该模型假定岩石承载区由无穷多离散的强度单元组成,强度数值服从某种概率分布。损伤控制变量为承载区应力、应变或位移,它们在概率函数曲线下的积分面积,定义了损伤变量。国内学者将摩尔-库伦、德鲁克-普拉格等效应力作为损伤控制变量发展了三维统计损伤模型[334-337]。

　　为了更加准确地反映岩石在单轴应力条件的损伤演化,本章提出了一种简单实用的单轴应力-应变曲线拟合方法,据此建立一维损伤模型。采用俞茂宏统一强度理论[338],构造复杂应力状态下的等效应变,从而建立三维损伤模型的统一框架。中间主应力效应早在 20 世纪 80 年代就已经被发现[339,340],其优点是能够反映材料强度,且在统一强度理论中可以充分的得到考虑。此前,统一强度理论也曾被引入损伤模型[341-344],但是模型参数较多,没有充分验证其适用性。

6.1.4　损伤力学在压裂中的应用现状

　　固体材料的破坏一般是累积损伤过程,在物理上是微结构变化的累积过程,在力学上是宏观缺陷的产生与扩展的过程,这个过程伴随着能量的耗散或熵的增加,造成材料的功能劣化,包括刚度、强度、韧度、稳定性以及寿命的降低。在一定载荷与环境下,引起材料性能劣化的微结构变化,即所谓的损伤。

　　目前理论研究最完善的是简单应力下的平直单一裂缝模型,裂缝扩展形态近似于一对平行板,裂缝面垂直于最小主压应力,这是所有理论模型的前提条件。

　　最早的 PKN[302,305]、KGD[345-348] 和 Penny-shap(径向)[349] 模型,反映了无限大各向同性介质中裂缝的扩展与流体压力的对应关系,称为 2D 模型。该类模型的提出,得益于 1946 年断裂力学先驱 Sneddon 和 Green 提出的内压条件下 Griffith 裂纹的张开位移解[350],以及扁平圆形或椭圆裂纹端部的应力解[350,351]。20 世纪 80 年代 Pseudo-3D(简称 P3D)模型[352,353] 在改进 PKN 模型基础上应运而生。P3D 与 2D 模型的区别是流体可以沿裂缝高度方向流动,它不仅可以反映裂缝长度增长过程中宽度的增加,而且可以模拟裂缝高度的变化。

　　上述模型的共同特点是,将水压裂缝视为单一裂缝,裂缝面似一对平行平板,其数学模型是一个边界不断移动的边初值问题,是求解断裂前缘、裂缝宽度、流体压力等关于时间和空间的函数。这类问题求解的难度在于裂缝弹性响应与流体压力的多尺度耦合以及裂缝前缘的动力学问题,涉及流体黏性、裂尖韧性、介质渗透性等材料属性,以及流体前缘相对裂尖前缘的滞后和合并所带来的多种裂尖传播机制。

　　近些年一些大型通用数值计算程序被用来计算水压裂缝的扩展。Cohesive-FEM 用于水力压裂模型,它是根据 Barenblatt 和 Dugdale 提出的断裂前缘黏聚区模型,通过定义预设界面单元张开位移与张拉力的关系,并逐步迭代,实现裂缝扩展,计算在大型有限元软件 ABAQUS 平台上完成。值得注意,所计算的裂缝扩展方向需要提前预设,这与前已述及的 2D,P3D 及 PL3D 模型一样,属于单一预设裂缝。因此,它的使用范围受到限制,只适用简单的应力水平岩层[354-365]。

扩展有限元 X-FEM 也获得应用,伊朗谢里夫工业大学的 Mohammad Nejad[361] 将 Cohesive element 模型与 X-FEM 相结合,使流体在裂缝和围岩流动分别满足 Poiseuille's law 和 Darcy's law,并进行耦合求解,这在物理上是合理的。但是,在数值求解中,该方法需要预设裂缝扩展路径,并对路径节点加密,从而限制它的应用。另一种方案依然是由 Peirce 研究组提出[362-365],他们将 PL3D 中的裂缝边界定位方法 ILSA 以及裂尖渐近耦合方法与 X-FEM 结合,并进一步完善了 XFEM 裂缝增强技术和数值收敛方案。但是,从目前来看,仅限于在平面模型应用,这也是 XFEM 的重要缺点之一。

基于连续介质思想的流-固-损伤耦合有限元方案在水力压裂中的应用,该方法在连续介质的框架内,运用了多孔介质 Darcy 渗流理论、Biot 流固耦合理论和脆性材料损伤模型,通过材料刚度不断地迭代退化,压裂单元的张开位移持续增大。由于全部计算都在连续介质的框架内,只需定义单元流-固耦合-损伤的本构关系,而裂缝路径完全根据基于耦合程序和损伤准则得以自动识别,这是超越其他数值模拟程序的最大优点,将极大地扩大其应用范围。基于这种框架,有 RFPA 的 2D 裂缝扩展的计算[366]、水平岩层垂直井三维裂缝形态的计算[367]。但是此类程序在定量描述地质裂隙系统引起的各向异性以及孔隙压力引起的裂缝张开描述方面,有待于进一步的完善和改进。

6.2　缝网改造增透机理

缝网改造技术是指把煤系气储层作为一个整体考虑的,不仅包括煤层,更重要的还包括泥页岩和致密砂岩。因为在岩石储层中更容易形成相互贯通的多级、多类裂缝网络,这样不仅可以开发泥页岩和砂岩中的天然气,而且赋存在煤层中的天然气也可经过短距离的运移到达岩石储层的高速通道而被抽出。缝网改造裂缝类型与传统压裂对比见图 6-1。

6.2.1　径向引张裂缝

在水力压裂过程中,当流体压力超过最小水平应力与岩石抗拉强度时,薄弱面将被拉裂,形成沿最大主应力方向延伸、沿最小主应力方向张开的裂缝,称径向引张裂缝(图 6-2)。假设裂缝内流体压力各方向相等,裂缝端部的应力强度因子则为

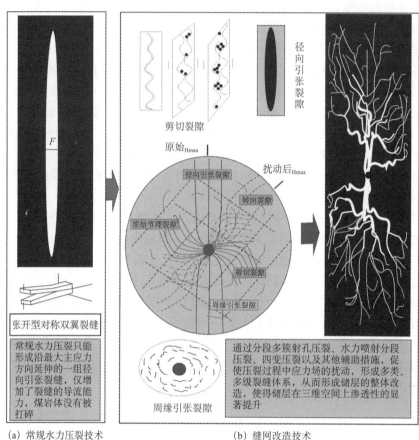

图 6-1　缝网改造技术及与常规水力压裂技术对比

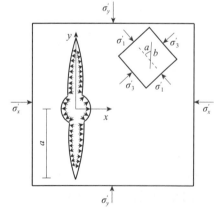

图 6-2　径向引张与剪切裂缝形成机制

$$K_{\mathrm{I}} = \frac{10}{\sqrt{\pi a}\mathrm{GSI}} \int_{-a}^{a} p(y) \sqrt{\frac{a+y}{a-y}} \mathrm{d}y \quad (6\text{-}1)$$

式中，K_{I} 为煤岩体张性裂缝强度因子，$\mathrm{MPa \cdot m^{1/2}}$；$p(y)$ 为作用于裂缝面上的净压力；a 为裂缝的半长，m；y 为裂缝上任一点到井筒中心的距离，m；GSI 为煤岩体地质强度指标。

当 $K_{\mathrm{I}} > K_{\mathrm{IC}}$（$K_{\mathrm{IC}}$ 为煤岩体的张性裂缝断裂韧度）时，裂缝开始向前扩展，且沿着最大主应力方向延伸、最小主应力方向张开。

6.2.2　剪切裂缝

从力学角度,压裂过程中与最大主应力一定夹角的方向必定存在一个剪切力,这一切向力作用的结果就形成了剪切裂缝。如图 6-2 所示,假定在井筒周围存在长度为 b 的微裂缝,裂缝周围的有效主应力大小分别为 σ_1' 和 σ_3',裂缝与主应力 σ_1' 的夹角为 α,剪切应力强度因子为

$$K_{\text{II}} = \frac{10\tau\sqrt{\pi b}}{\sqrt{\text{GSI}}} = \frac{(\sigma_1' - \sigma_3')\sqrt{\pi b}\sin 2\alpha}{2\sqrt{\text{GSI}}} \tag{6-2}$$

式中,K_{II} 为剪性裂缝强度因子,MPa · m$^{1/2}$;α 为裂缝与主应力 σ_1' 的夹角,(°);b 为微裂缝长度,m;τ 为裂缝面上切应力,MPa;σ_1',σ_3' 为最大和最小有效应力,MPa。

当 $K_{\text{II}} > K_{\text{IIc}}$($K_{\text{IIc}}$ 为材料的剪性裂缝断裂韧度)时,剪切裂缝将向前扩展。

6.2.3　周缘引张裂缝

在压裂时停泵,井筒内流体压力迅速减小,井筒周围一定范围内的储层沿径向的应力平衡遭到破坏,造成井筒周围的储层向井筒方向产生一个合力,此合力将使储层向井筒方向产生位移,离井筒越近的储层产生的径向位移越大,由于储层结构弱面发育,不同基质块之间存在位移差,这种位移的差异性将使储层环绕井筒分离,产生周缘引张裂缝;沿指向井筒的径向方向的位移差形成剪切裂缝,为径向剪切裂缝。

如图 6-3 所示,假设裂缝面与最小有效主应力 σ_3'(卸荷方向)夹角为 α,则裂缝面的剪应力 τ 和法向应力 σ_n' 可写为

$$\left.\begin{aligned}\sigma_n' &= \frac{1}{2}\left[(\sigma_1' + \sigma_2') + (\sigma_1' - \sigma_2')\cos 2\alpha\right] \\ \tau &= \frac{1}{2}(\sigma_1' - \sigma_2')\sin 2\alpha\end{aligned}\right\} \tag{6-3}$$

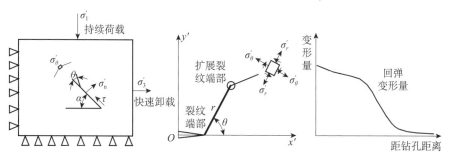

图 6-3　裂缝岩体卸荷拉张变形破坏机制

假设拉应力 $|\sigma_3'| < \sigma_1'$，由式(6-3)可知，正应力 $\sigma_n' < 0$ 时，裂缝面法向转变为拉应力状态，此时的裂缝面的倾角 α 满足

$$\frac{1}{2}\left[(\sigma_1' + \sigma_2') - (\sigma_1' - \sigma_2')\cos 2\alpha\right] = \sigma_n' < 0 \tag{6-4}$$

拉剪应力的同时存在，将产生复合裂纹，裂纹端部 (r, θ) 处的 σ_θ' 可表示为

$$\sigma_\theta' = \frac{1}{\sqrt{2\pi r}}\cos\frac{\theta}{2}\left(\sigma_n'\sqrt{\pi a}\cos^2\frac{\theta}{2} - \frac{3\tau\sqrt{\pi a}}{2}\sin\theta\right) \tag{6-5}$$

对于较短的裂纹，可看做是无限体平面问题，在无限远处有一对压拉组合作用力，则张性裂纹端部的应力强度因子为

$$K_1 = \frac{10}{\sqrt{GSI}}\lim_{r \to 0}\left[\sigma_\theta'(2\pi r)^{1/2}\right] \tag{6-6}$$

由式(6-5)和式(6-6)，可得出扩展裂缝 (r, θ) 处的应力强度因子为

$$K_1 = \frac{10\sqrt{\pi\alpha}}{\sqrt{GSI}}\cos\frac{\theta}{2}\left(\sigma_n'\cos^2\frac{\theta}{2} - \frac{3}{2}\tau\sin\theta\right) \tag{6-7}$$

对式(6-7)求偏导，并令其为 0，则

$$2\tau\tan^2\frac{\theta_o}{2} - \sigma_n'\tan\frac{\theta_o}{2} - \tau = 0 \tag{6-8}$$

将式(6-8)确定的开裂角 θ_o 代入式(6-7)，得到拉剪作用下的裂纹起裂应力强度因子如下：

$$K_1 = \frac{10\sqrt{\pi\alpha}}{\sqrt{GSI}}\cos\frac{\theta_0}{2}\left(\sigma_n'\cos^2\frac{\theta_0}{2} - \frac{3}{2}\tau\sin\theta_0\right) \geqslant K_{IC} \tag{6-9}$$

式中，K_{IC} 为拉剪应力强度因子临界值，$MPa \cdot m^{1/2}$。

在卸压过程中形成的此类裂缝是单纯的注入式压裂难以实现的(图 6-4)。

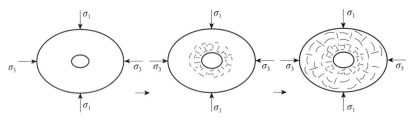

图 6-4　周缘引张与径向剪切裂缝形成过程示意图

6.2.4　裂缝转向与多级裂缝的形成

水平井分段多簇射孔压裂、垂直井分层压裂、重复压裂和泵注过程中的四变压裂等都会引起地应力重新分布，后期压裂裂缝将与前期压裂裂缝呈 θ 角度的方位

延伸,从而引起裂缝转向[345,346]。

压裂形成的每条裂缝都将产生诱导应力场,造成应力重新分布[347],裂缝在 A 点形成的诱导应力见图 6-5 和式(6-10)~式(6-13)。

$$\sigma'_{x诱导} = p\, \frac{r}{a} \left(\frac{a^2}{r_1 r_2}\right)^{\frac{3}{2}} \sin\theta \sin\frac{3}{2}(\theta_1+\theta_2) + p\left[\frac{r}{(r_1 r_2)^{\frac{1}{2}}}\cos\left(\theta-\frac{1}{2}\theta_1-\frac{1}{2}\theta_2\right)-1\right]$$

(6-10)

$$\sigma'_{y诱导} = -p\, \frac{r}{a} \left(\frac{a^2}{r_1 r_2}\right)^{\frac{3}{2}} \sin\theta \sin\frac{3}{2}(\theta_1+\theta_2) + p\left[\frac{r}{(r_1 r_2)^{\frac{1}{2}}}\cos\left(\theta-\frac{1}{2}\theta_1-\frac{1}{2}\theta_2\right)-1\right]$$

(6-11)

$$\sigma'_{z诱导} = \nu(\sigma'_{x诱导}+\sigma'_{y诱导}) \tag{6-12}$$

$$\tau_{x诱导} = p\, \frac{r}{a} \left(\frac{a^2}{r_1 r_2}\right)^{\frac{3}{2}} \sin\theta \cos\frac{3}{2}(\theta_1+\theta_2) \tag{6-13}$$

式中,$\sigma'_{x诱导}$ 为 x 方向诱导有效应力,MPa;$\sigma'_{y诱导}$ 为 y 方向诱导有效应力,MPa;p 为缝内流体压力,MPa;r 为 A 点到坐标原点的距离,m;r_1、r_2 为 A 点到裂缝两个端点的距离,m;θ_1、θ_2 为 A 点和裂缝两个端点连线与 y 轴的夹角,(°);ν 为泊松比,无量纲。

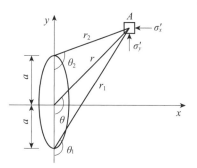

图 6-5　压裂裂缝诱导应力场

由式(6-10)~式(6-13),以诱导应力与裂缝中的净压力 p 的比值为纵坐标,以与初始裂缝的距离 x 和半缝高 a 的比值为纵轴作图(图 6-6),由图 6-6 可以看出诱导应力的大小随

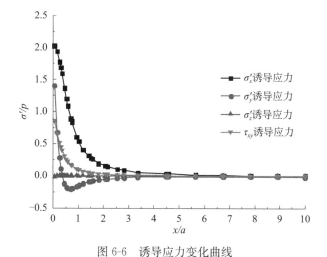

图 6-6　诱导应力变化曲线

着与初始裂缝距离的变化而改变,在缝壁面上最大,在 3 倍的半缝高距离以后,诱导应力变得很小,可以忽略不计[347]。

诱导应力场和原应力场相互叠加形成复合应力场,裂缝的复杂性决定了诱导应力场的非均一性,从而造成了复合应力场的复杂性。正是由于应力场的不断变化,才使得多级、多类裂缝的形成成为可能。因此,缝网改造的核心是通过改变压裂工艺,最大限度地扰动原始应力场,人工再造高渗储层。

6.3　基于损伤力学的缝网改造数理模型

损伤是指在外载荷环境的作用下,由于细观结构的缺陷(如微裂纹、微孔洞等)引起的材料或结构的劣化过程。岩石弹塑性损伤模型是研究缝网改造的基础,适于描述高-中-低多种围压下岩石的弹塑性演化特征。为了将损伤模型与实际观测数据有机结合,可建立基于微缺陷成核数序列的煤岩体断裂尺度增长和微损伤演化模型。通过开发不可逆演化的迭代计算方法和基于 ANSYS 的数值模拟程序,可对缝网改造进行数值模拟,避免了必须假定压裂层的均匀介质属性和无法反映多裂缝情形,从而使裂缝扩展形态的模拟更加准确。

6.3.1　煤岩体损伤模型

6.3.1.1　一维损伤演化模型

煤岩体在二向等围压状态下的应力-应变曲线可用统一模式(图 6-7)表示,反映了煤岩体损伤-断裂演化的一般性特征[344]。

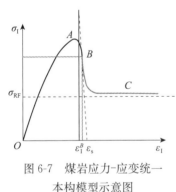

图 6-7　煤岩应力-应变统一本构模型示意图

在 O-A-B 段煤岩体从分布性微损伤向局部化发展,是一个损伤连续增大过程,依次经历无损伤阶段、微裂纹演化阶段和宏观裂纹成核阶段。在 B-C 段是宏观裂纹扩展和摩擦滑移。曲线 O-A-B 段,损伤变量定义为

$$D=\left(\frac{\varepsilon_1}{\varepsilon_s}\right)^n \qquad (6\text{-}14)$$

式中,ε_1 为第一主压应变,且 $0<\varepsilon_1<\varepsilon_1^B$,无量纲;$n$ 为脆性指数,无量纲;ε_s 为脆性断裂终点值(称其为脆性极限应变,过 B 点切线与横轴交点为 ε_s),无量纲;ε_1^B 为 B 点应力对应的主压应变,称为临界扩展应变,无量纲。

假设损伤各向同性,则 O-A-B 段主压应力 σ_1 写为

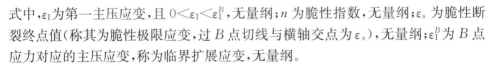

$$\sigma_{\mathrm{I}} = \frac{\sqrt{\mathrm{GSI}}}{10} E_0 \left[1 - \left(\frac{\varepsilon_{\mathrm{I}}}{\varepsilon_{\mathrm{s}}} \right)^n \right] \varepsilon_{\mathrm{I}} \tag{6-15}$$

B-C 段曲线代表了岩石裂纹扩展、贯通以及摩擦滑动的阶段,由反比例函数拟合

$$\sigma_{\mathrm{I}} - \sigma_{\mathrm{RF}} = \frac{\sqrt{\mathrm{GSI}}}{10} \frac{H}{\varepsilon_{\mathrm{I}} - M} \tag{6-16}$$

式中,σ_{RF} 为岩石单轴压缩剩余强度,由岩石应力-应变曲线取得,MPa;H、M 为待定参数,无量纲。

根据两条曲线光滑连接条件,即曲线 O-A-B 段与 B-C 段在 B 点光滑连续,即两曲线在 B 点的斜率相等,得

$$M = \varepsilon_{\mathrm{I}}^B - \frac{\sqrt{\mathrm{GSI}} E_0 \left[1 - \left(\frac{\varepsilon_{\mathrm{I}}^B}{\varepsilon_{\mathrm{s}}} \right)^n \right] \varepsilon_{\mathrm{I}}^B - 10\sigma_{\mathrm{RF}}}{\sqrt{\mathrm{GSI}} E_0 \left[\left(\frac{\varepsilon_{\mathrm{I}}^B}{\varepsilon_{\mathrm{s}}} \right)^n (n+1) - 1 \right]} \tag{6-17}$$

$$H = \frac{\left[\sqrt{\mathrm{GSI}} E_0 \left[1 - \left(\frac{\varepsilon_{\mathrm{I}}^B}{\varepsilon_{\mathrm{s}}} \right)^n \right] \varepsilon_{\mathrm{I}}^B - 10\sigma_{\mathrm{RF}} \right]^2}{\mathrm{GSI} E_0 \left[\left(\frac{\varepsilon_{\mathrm{I}}^B}{\varepsilon_{\mathrm{s}}} \right)^n (n+1) - 1 \right]} \tag{6-18}$$

式中,$\varepsilon_{\mathrm{r}}^B$ 为 B 点应力对应的主压应变,称为临界扩展应变,无量纲。

引入断裂贯通应力降

$$\Delta\sigma_{BC} = \frac{\sqrt{\mathrm{GSI}}}{10} E_0 \left[1 - \left(\frac{\varepsilon_{\mathrm{I}}^B}{\varepsilon_{\mathrm{s}}} \right)^n \right] \varepsilon_{\mathrm{I}}^B - 10\sigma_{\mathrm{RF}} \tag{6-19}$$

B 点应力下降率(绝对值)

$$k_B = \frac{\sqrt{\mathrm{GSI}}}{10} \left[\left(\frac{\varepsilon_{\mathrm{I}}^B}{\varepsilon_{\mathrm{s}}} \right)^n (n+1) - 1 \right] \tag{6-20}$$

B-C 段应力-应变曲线

$$\sigma_{\mathrm{I}} = \frac{\sqrt{\mathrm{GSI}}}{10} \left[\frac{(\Delta\sigma_{BC})^2}{(\varepsilon_{\mathrm{I}} - \varepsilon_{\mathrm{I}}^B) k_B + \Delta\sigma_{BC}} + \sigma_{\mathrm{RF}} \right] \tag{6-21}$$

设单元在主压应力方向损伤为 D_{I},则有

$$\sigma_{\mathrm{I}} = \frac{\sqrt{\mathrm{GSI}}}{10} E_0 (1 - D_{\mathrm{I}}) \varepsilon_{\mathrm{I}} = \frac{\sqrt{\mathrm{GSI}}}{10} \left[\frac{(\Delta\sigma_{BC})^2}{(\varepsilon_{\mathrm{I}} - \varepsilon_{\mathrm{I}}^B) k_B + \Delta\sigma_{BC}} + \sigma_{\mathrm{RF}} \right] \tag{6-22}$$

得损伤方程

$$D_{\mathrm{I}} = 1 - \frac{10}{\sqrt{\mathrm{GSI}} E_0 \varepsilon_{\mathrm{I}}} \left[\frac{(\Delta\sigma_{BC})^2}{(\varepsilon_{\mathrm{I}} - \varepsilon_{\mathrm{I}}^B) k_B + \Delta\sigma_{BC}} + \sigma_{\mathrm{RF}} \right] \tag{6-23}$$

综合式(6-14)和式(6-23),得主压应力方向损伤演化方程的基本模式:

$$D_{\mathrm{I}} = \begin{cases} \left(\dfrac{\varepsilon_{\mathrm{I}}}{\varepsilon_{\mathrm{s}}}\right)^{n}, & \varepsilon_{\mathrm{I}} \leqslant \varepsilon_{\mathrm{I}}^{B} \\[2ex] 1 - \dfrac{10}{\sqrt{\mathrm{GSI}}\,E_{0}\varepsilon_{\mathrm{I}}}\left[\dfrac{(\Delta\sigma_{BC})^{2}}{(\varepsilon_{\mathrm{I}} - \varepsilon_{\mathrm{I}}^{B})k_{B} + \Delta\sigma_{BC}} + \sigma_{RF}\right], & \varepsilon_{\mathrm{I}} > \varepsilon_{\mathrm{I}}^{B} \end{cases} \tag{6-24}$$

从而主压应力-应变基本方程：

$$\sigma_{\mathrm{I}} = \begin{cases} \dfrac{\sqrt{\mathrm{GSI}}\,E_{0}}{10}\left[1 - \left(\dfrac{\varepsilon_{\mathrm{I}}}{\varepsilon_{\mathrm{s}}}\right)^{n}\right]\varepsilon_{\mathrm{I}}, & \varepsilon_{\mathrm{I}} \leqslant \varepsilon_{\mathrm{I}}^{B} \\[2ex] \dfrac{10E_{0}}{\sqrt{\mathrm{GSI}}}\left\{\dfrac{(\Delta\sigma_{BC})^{2}}{\left[(\varepsilon_{\mathrm{I}} - \varepsilon_{\mathrm{I}}^{B})k_{B} + \Delta\sigma_{BC}\right]\varepsilon_{\mathrm{I}}} + \dfrac{\sigma_{RF}}{\varepsilon_{\mathrm{I}}}\right\}\varepsilon_{\mathrm{I}}, & \varepsilon_{\mathrm{I}} > \varepsilon_{\mathrm{I}}^{B} \end{cases} \tag{6-25}$$

6.3.1.2　三维损伤演化模型

利用统一强度理论[338]三维等效应力表达式来反映等效拉伸和等效压缩。等效拉伸为

$$\sigma^{\mathrm{eq}} = \sigma_{1} - \frac{\kappa}{1+b}(b\sigma_{2} + \sigma_{3}) \quad \sigma_{2} \leqslant \frac{\sigma_{1} + \kappa\sigma_{3}}{1+\kappa} \tag{6-26a}$$

等效压缩为

$$\sigma^{\mathrm{eq}} = \frac{1}{1+b}(\sigma_{1} + b\sigma_{2}) - \kappa\sigma_{3} \quad \sigma_{2} \geqslant \frac{\sigma_{1} + \kappa\sigma_{3}}{1+\kappa} \tag{6-26b}$$

式中，$\kappa = \sigma_{t}/\sigma_{c}$ 为材料拉压强度比；b 为破坏准则选择参数，无量纲，也是反映中间主应力对材料破坏影响的参数。

统一强度理论中，式(6-26b)中的 σ^{eq} 相当于将实际的等效压缩应力折减 κ 系数，通过与抗拉强度 σ_{t} 的比较判断材料是否破坏，而本书的损伤模型需要真实的等效压缩应力表达式。因此从式(6-26b)中去掉 κ 折减的影响，得三维应力状态下的等效压缩应力：

$$\sigma^{\mathrm{r\text{-}eq}} = \frac{1}{\kappa(1+b)}(\sigma_{1} + b\sigma_{2}) - \sigma_{3} \quad \sigma_{2} \geqslant \frac{\sigma_{1} + \kappa\sigma_{3}}{1+\kappa} \tag{6-26c}$$

通过胡克定律，可将式(6-26a)和式(6-26c)写为等效应变形式：
等效拉伸

$$\varepsilon_{t}^{\mathrm{eq}} = (1-\kappa)\eta\theta + 2\zeta\left[\varepsilon_{1} - \frac{\kappa}{1+b}(b\varepsilon_{2} + \varepsilon_{3})\right] \quad \varepsilon_{2} \leqslant \frac{\varepsilon_{1} + \kappa\varepsilon_{3}}{1+\kappa} \tag{6-27a}$$

等效压缩

$$\varepsilon_{c}^{\mathrm{r\text{-}eq}} = \frac{(1-\kappa)}{\kappa}\eta\theta + 2\frac{\xi}{\kappa}\left(\frac{1}{1+b}\varepsilon_{1} + b\varepsilon_{2} - \kappa\varepsilon_{3}\right) \quad \varepsilon_{2} \geqslant \frac{\varepsilon_{1} + \kappa\varepsilon_{3}}{1+\kappa} \tag{6-27b}$$

式中，η、ξ 为材料的变形常数，无量纲量，与拉梅常数 λ 以及剪切常数 G 有关。

$$\eta = \frac{\lambda}{E}, \quad \xi = \frac{G}{E} \tag{6-28}$$

将 ε_c^{r-eq} 替换式(6-25)中单轴压缩主压应变 ε_1,可得三轴应力下等效压缩的损伤演化方程:

$$D=\begin{cases}\dfrac{\sqrt{GSI}}{10}\left(\dfrac{\varepsilon_c^{r-eq}}{\varepsilon_s}\right)', & \varepsilon_c^{r-eq}\leqslant\varepsilon_1^B \\ 1-\dfrac{10}{\sqrt{GSI}}\left\{\dfrac{(\Delta\sigma_{BC})^2}{[(\varepsilon_c^{r-eq}-\varepsilon_1^B)k_B+\Delta\sigma_{BC}]E_0\varepsilon_c^{r-eq}}+\dfrac{\sigma_{RF}}{E_0\varepsilon_c^{r-eq}}\right\}, & \varepsilon_c^{r-eq}>\varepsilon_1^B\end{cases} \quad (6-29)$$

6.3.1.3 渗透率与应力场的关系

多孔介质的渗透率不仅与其自身的结构有关,同时受到储层应力和孔隙压力的控制。显然,在储层中,煤岩体结构越完整,裂隙越少,渗透率越低;介质所受到的包围应力(即球应力)越大,介质愈加致密,孔隙变小,则其渗透率变低。孔隙压力作为介质内部膨胀压力,通过张开介质内部微结构,对孔隙率增大起到一定作用。

1. 裂缝闭合阶段

根据渗透率实验,在开始阶段在应力作用下裂隙逐渐闭合,承载能力增加,应力逐步达到峰值,渗透率下降,渗透率随有效压应力增加而减小,呈负指数规律变化。

$$K=K_0 e^{-\beta\sigma_{eff}/\sigma_{ref}} \quad (6-30)$$

式中,K_0 为初始渗透率,MPa;σ_{eff} 为有效球应力,压为正值,MPa;σ_{ref} 为用以去除应力量纲,MPa;β 为系数,无量纲。

2. 裂隙生长发育与压实阶段

应力达到峰值后煤岩体破裂,力学强度急剧下降,在应变持续增加过程中煤体破碎程度增大,渗透率急剧增加,在应力峰值处煤的渗透率并不是最大值,而是在应力峰值之后,裂隙充分扩展延伸,出现了渗透率最大值。在持续的应力作用下,煤的应变逐步增加,到最后出现煤岩体颗粒的压密阶段,煤岩体结构向 GSI=0 靠近,渗透率急剧下降。

在储层微元发生劈裂情况下,渗透率受损伤因子 $D(0\sim1)$ 的影响,采用表达式:

$$K=K_0 e^{-\beta\sigma_{eff}/\sigma_{ref}} e^{\xi D} \quad (6-31)$$

当微裂纹贯通,渗透率可有成百倍增加。有效球应力是地应力 σ 与孔隙压力 p 的叠加:

$$\sigma_{eff}=\sigma-\alpha p \quad (6-32)$$

上式(6-32)中 σ 以压应力为正,其中 α 是 Biot 系数,其定义为

$$\alpha=1-K_d/K_s \quad (6-33)$$

式中,α 的取值介于 $0\sim1$,实际反映流体的滤渗作用,无量纲;K_s 为固体基质的体积

弹性模量,MPa;K_d 为多孔介质骨架的体积模量,MPa。

$$K_d = \frac{E}{3(1-2\nu)} = \lambda + \frac{2}{3}G \tag{6-34}$$

式(6-32)～式(6-34)反映了渗流-应力-损伤的耦合关系,即有效应力导致劈裂损伤,引起渗透率变化,从而通过式(6-32)和式(6-33)改变孔隙压力分布,这又会使有效应力发生改变,损伤增加。

6.3.2　孔隙流体流动的微分方程

水流在压力梯度作用下向多孔介质中渗透,这是一个动态的水压扩展过程。在动态调整过程中,流入孔隙单元的水量大于流出孔隙单元的水量,冗余的水量在孔隙中积聚形成孔隙压力 p。随着孔隙压力增大,引起流入压力梯度逐渐减小而流出压力梯度逐渐增大,直至流入和流出压力梯度相等,流入水量与流出水量相等,孔隙介质渗流达到稳态流动。这个调整过程用方程表述为

$$-\frac{K_x}{\mu}\frac{\partial^2 p}{\partial x^2} - \frac{K_y}{\mu}\frac{\partial^2 p}{\partial y^2} - \frac{K_z}{\mu}\frac{\partial^2 (p+\rho g)}{\partial z^2} = \frac{\mathrm{d}\zeta}{\mathrm{d}t} \tag{6-35}$$

而孔隙中流体运动满足达西定律:

$$\begin{cases} V_x = -\dfrac{K}{\mu}\dfrac{\partial p}{\partial x} \\[2mm] V_y = -\dfrac{K}{\mu}\dfrac{\partial p}{\partial y} \\[2mm] V_z = -\dfrac{K}{\mu}\left(\dfrac{\partial p}{\partial z} + \rho g\right) \end{cases} \tag{6-36}$$

式中,K_x、K_y、K_z 为流体沿 x,y,z 方向的渗透率,MPa;$\mathrm{d}\zeta$ 为孔隙流体含量的增量,m^3,调整孔隙含水量的变化,它大小取决于由多孔介质弹性和流体压缩性。

$$\mathrm{d}\zeta = \frac{1}{V_b}\frac{\mathrm{d}m}{\rho_f} = \frac{\mathrm{d}V_p}{V_b} + \varphi C_f \mathrm{d}P_p$$

$$= (\varphi C_{pp}\mathrm{d}P_p - \varphi C_{pc}\mathrm{d}P_c) + \varphi C_f \mathrm{d}P_p \tag{6-37}$$

式中,V_b 为多孔介质单元的宏观体积,m^3;$(\mathrm{d}m/\rho_f)/V_b$ 为单位体积多孔介质中流体体积的增量,m^3,它是孔隙体积增量 $\mathrm{d}V_p/V_b$ 和孔隙流体的压缩量 $\phi C_f \mathrm{d}P_p$ 之和。

单位体积的孔隙体积增量 $\mathrm{d}V_p/V_b$ 是孔隙压力增量引起的孔隙体积增量 $\phi C_{pp}\mathrm{d}P_p$ 减去围压引起的孔隙体积压缩量 $\phi C_{pc}\mathrm{d}P_c$。式(6-37)中,V_p 为孔隙流体体积,m^3;ρ_f 为示流体密度,kg/m^3;$\mathrm{d}m$ 为流体质量增量,kg;ϕ 为孔隙度,无量纲。式中参数定义为

$$C_{pc} = -\frac{1}{V_p}\left(\frac{\partial V_b}{\partial P_c}\right)_{P_c} \qquad C_{pp} = \frac{1}{V_b}\left(\frac{\partial V_p}{\partial P_p}\right)_{P_c}$$

$$C_f = \frac{1}{\rho_f}\left(\frac{\partial \rho_f}{\partial P_p}\right)_{P_c} \quad V_b - V_p = V_m \quad \varphi = V_p/V_b \tag{6-38}$$

式(6-37)可简化为

$$d\zeta = \frac{\alpha}{B}\frac{dP_f}{K_d} - \alpha d\varepsilon_b \tag{6-39}$$

式中,B 为 Skempton 系数,无量纲;K_d 为多孔介质的宏观体积模量,$K_d = 1 - 1/C_{bc}$,无量纲;ε_b 为宏观体积应变,无量纲。

其中

$$C_{bc} = -\frac{1}{V_b}\left(\frac{\partial V_b}{\partial P_c}\right)_{P_f}$$

在 Biot 多孔介质流体流动理论中,孔隙流体含量变化可写为

$$d\zeta = \frac{dP_f}{K_m} - \alpha d\varepsilon_b \tag{6-40}$$

比较式(6-39)和式(6-40),Biot 模量 K_m 为

$$K_m = \frac{K_d B}{\alpha} \tag{6-41}$$

将式(6-40)和式(6-41)代入式(6-35)得孔隙压力动态调整的微分方程:

$$\frac{K_x}{\mu}\frac{\partial^2 p}{\partial x^2} + \frac{K_y}{\mu}\frac{\partial^2 p}{\partial y^2} + \frac{K_z}{\mu}\frac{\partial^2 (p+\rho g)}{\partial z^2} = \frac{1}{K_m}\frac{dP_f}{dt} - \alpha\frac{d\varepsilon_b}{dt} \tag{6-42}$$

其中

$$B = \left(\frac{dP_p}{dP_c}\right)_{d\zeta=0} = \frac{C_{pc}}{C_{pp}+C_f} \tag{6-43}$$

6.3.3　张拉劈裂准则

有效应力对应于储层介质的总应变,当单元总应变超过其抗拉极限时,将发生脆性张拉断裂,或称劈裂,微元的劈裂程度由总应变 ε^{eptt} 定义的损伤变量来表征。

如果有效应力 $\sigma_1' \geqslant \sigma_t$,说明材料处于受拉伸状态,此时损伤准则为

$$D = \begin{cases} 0, & \varepsilon_1^{eptt} < \varepsilon_{t0} \\ 1 - \lambda_{tr}\dfrac{\varepsilon_{t0}}{\varepsilon_1^{eptt}}, & \varepsilon_1^{eptt} \geqslant \varepsilon_{t0} \end{cases} \tag{6-44}$$

式中,ε_1^{eptt} 为张拉主应变,无量纲;ε_{t0} 为材料的极限抗拉应变,对应于峰值抗拉强度,无量纲;λ_{tr} 为残余强度与峰值强度之比,无量纲。

如果有效应力 $(-\sigma_3') - (-\sigma')\dfrac{1+\sin\varphi}{1-\sin\varphi} \geqslant \sigma_c$,说明材料处于压剪状态,此时损伤

准则为

$$D = \begin{cases} 0, & \varepsilon_3^{eptt} < \varepsilon_{c0} \\ 1 - \lambda_{cr} \dfrac{\varepsilon_{c0}}{\varepsilon_3^{eptt}}, & \varepsilon_3^{eptt} \geqslant \varepsilon_{c0} \end{cases} \tag{6-45}$$

式中，ε_3^{eptt} 为等效主压应变，无量纲；ε_{c0} 为材料极限抗压应变，对于峰值抗压强度，无量纲；λ_{cr} 为残余强度与峰值强度之比，无量纲。

以上应力压为负。上述参数通过常规岩石力学实验测得。

6.3.4　滑动劈裂准则

根据库伦-摩尔准则(图 6-8)，岩石抵抗平面滑动的阻力来自材料的黏聚力 τ，它的数值由下式决定

$$\tau_f = c + f(\sigma_n - p) \tag{6-46}$$

式中，c 为黏聚力，MPa；f 为摩擦系数，$f = \tan\varphi$，无量纲；φ 为内摩擦角；p 为流体压力，MPa。

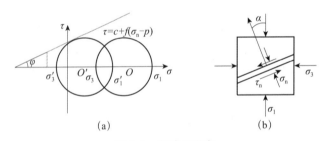

图 6-8　滑动面强度

滑动面正压力

$$\sigma_n = \frac{\sigma_1 + \sigma_3}{2} - \frac{\sigma_1 - \sigma_3}{2}\cos2\alpha \tag{6-47}$$

滑动面驱动力

$$\tau_n = \frac{\sigma_1 - \sigma_3}{2}\sin2\alpha \tag{6-48}$$

由式(6-46)可知，孔隙压力 p 将弱化剪切面抗剪强度，当其达到某一极限值时，将会有

$$\tau_n \geqslant \tau^f \tag{6-49}$$

这将导致剪切面蠕滑或失稳。前者可在高围压中发生，此时剪切滑动是剪切面内的自相似扩展。失稳是一种脆性的剪切破坏，发生在低围压中，沿最大主压应力方向传播。在地应力状态下，原岩达到应力平衡，材料处于紧密挤压状态，孔隙压力的

渗入将对滑动面接触状态起到支撑和润滑作用,力学上只是起到释放剪切阻力的作用。因此,材料不可能发生脆性的剪切失稳破坏,而应该是只发生剪切蠕滑。

根据损伤局部化原理,多孔介质剪切劈裂,这里赋予局部剪切带一个材料厚度δ_s,如果单元长度为L,根据应变等效原则,可以将滑动劈裂张开度(位错量)表示为

$$w^s = \varepsilon^s \frac{\delta_s}{D_s \dfrac{\delta_s}{L_s} + (1 - D_s)} \tag{6-50}$$

式中,$\varepsilon^s = \varepsilon_1 \sin\alpha$ 为单元滑动剪切应变,无量纲;ε_1 为主压应力方向的压应变,无量纲;$L_s = L/\cos\alpha$ 为垂直剪切面方向的单元长度,m;D_s 为剪切滑动损伤度,无量纲,其计算式为

$$D = \begin{cases} 0, & \varepsilon_1 < \varepsilon_{c0} \\ 1 - \lambda_{cr} \dfrac{\varepsilon_{c0}}{\varepsilon_1}, & \varepsilon_1 \geqslant \varepsilon_{c0} \end{cases} \tag{6-51}$$

6.3.5 损伤渗透率

在流体压力积聚阶段,孔隙渗透率是各向同性的。当裂缝成核和张开后,渗透各向异性发生。因此,总的渗透率K应该由初始渗透率和裂缝张开平行板流体通过率两部分构成。按照平行板张开裂缝体积流速公式为

$$q = -\frac{w^3}{12\mu} \frac{\partial p}{\partial x} \tag{6-52}$$

式中,q 为表示体积流速,m^3/s;μ 为流体黏度,$Pa \cdot s$。仿照达西定律,裂缝张开孔隙渗透率可以写为

$$K = \frac{w^3}{12} \tag{6-53}$$

式中,w 为劈裂破坏单元裂缝张开宽度(或剪切破坏单元裂缝滑动位移),m。孔隙渗透率K是各向异性的,而流体压力梯度$\partial p / \partial x$也是具有方向的,它们决定了裂缝中的流体速度。

采用渗流-损伤耦合的方法,计算模拟裂缝的扩展形态;在已知初始水压的情况下,通过孔隙流动微分方程的有限元求解,得到各个单元的孔隙压力、流速等物理参数;在孔隙压力的作用下,由平衡方程和本构方程得到每个单元的应力和应变;依据张拉劈裂准则及滑动劈裂准则,判断每个单元在应力-应变状态下是否损伤破坏;如果发生了损伤,根据损伤因子D,计算损伤单元的渗透率,渗透率的变化将影响到孔隙压力和应力应变状态;在新的孔隙压力和应力应变状态下各个单元将进一步被损伤破坏。如此迭代循环,损伤持续发展和累积,各个单元相互贯通,逐渐形成缝网。

6.4　缝网改造数值模拟

以水力压裂为手段的缝网改造过程是一个复杂的力学、物理、化学过程,很难直接观察,只能在种种假设和简化的基础上进行间接分析。数值模拟作为研究水力压裂机理的一种重要手段,可以通过模拟各种地质条件下裂缝的起裂和延伸过程,获得水力压裂裂缝扩展的基本规律。通过开发不可逆演化的迭代计算方法和基于 ANSYS 的数值模拟程序,对煤系气储层缝网演化进行计算模拟。

6.4.1　缝网演化计算流程

缝网改造过程中,注水压力是一种主动作用,驱动流体流向渗透率相对较高的区域,这将改变该区域的有效应力状态,从而增加微元受拉伸和剪切作用,从而使微元张拉(剪切)破坏,介质的损伤破坏会使渗透率呈百倍的增加,维持这个耦合过程进行下去,需要向钻孔不断增压注水,使损伤持续扩展,计算流程图如图 6-9 所示。

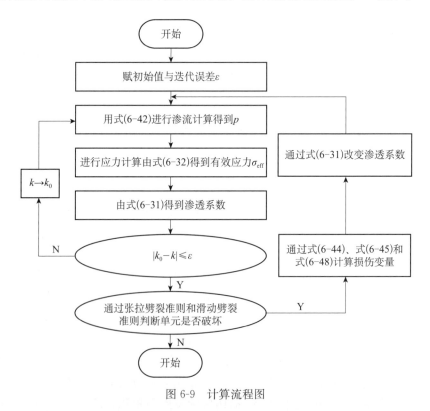

图 6-9　计算流程图

6.4.2　水力压裂基本参数

1）材料参数的 Weibull 分布

通过 Weibull 分布函数引入细观无序性,假设这种无序性只体现在细观单元弹性模量的不同,则弹性模量的两个参数的 Weibull 概率密度函数为

$$f(E) = \frac{m}{\hat{E}} \left[\frac{E}{\hat{E}} \right]^{m-1} \exp \left[-\frac{E}{\hat{E}} \right]^{m} \tag{6-54}$$

式中,$\hat{E}$ 为尺度参数,GPa;m 为 Weibull 模量或形状因子,无量纲,通过蒙特卡罗模拟技术产生弹性模量随机数,赋值各个单元即完成初始缺陷的无序分布。

2）模型参数

表 6-2 为完整煤岩体损伤–渗流耦合模型中的损伤、渗流参数,对于不同的非完整煤岩体,其参数可以通过 GSI 进行计算获得。

表 6-2　煤层物理力学参数

参数类别	参数名称		取值	
完整煤体密度	质量密度 ρ		2500kg/m^3	
完整煤体渗透性	渗透率 K_0		$0.055 \times 10^{-3} \mu\text{m}^2$	
	Biot 系数 α		0.8	
均质性	Weibull 尺度参数 $\hat{E}$		1GPa	
	Weibull 形状因子 m		3	
地质强度因子	GSI		90	
完整煤体弹性常数	弹性模量 E_0		12.92GPa	
	泊松比 μ		0.3	
埋深	—		400m	
完整煤体损伤参数	单轴抗压强度 σ_c	21.31MPa	单轴抗拉强度 σ_t	1.13MPa
	极限压应变 ε_{c0}	0.03	极限拉应变 ε_{t0}	0.0006
	压缩残余应力比 λ_{cr}	0.5	拉伸残余应力比 λ_{tr}	0.5
	内摩擦角 φ	20°	黏聚力	2.5MPa

3）几何模型和地应力场

如图 6-10 所示,地层走向东西(90°～270°),倾向南(180°),倾角为 α。以垂直井的中心轴线与煤层中间层平面的交点为坐标中心,坐标轴正轴的指向分别对应于空间方向:$X \rightarrow N$,$Y \rightarrow UP$,$Z \rightarrow E$。在空间坐标 X-Y-Z 中,垂直应力为 σ_V,水平主压应力为 σ_{T1} 和 σ_{T2}[图 6-10(b)],计算局部坐标系 LX—LY—LZ 中,单元体[图 6-10(a)]上的应力分量为 $\sigma_x^L, \sigma_y^L, \sigma_z^L, \tau_{xy}^L, \tau_{ye}^L, \tau_{zr}^L$。其中,水平主压应力 σ_{T1} 和 σ_{T2} 的方向如图 6-11(a)所示。由图 6-11(b)所示的应力关系,可知:

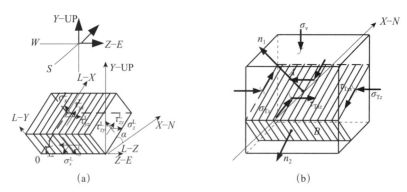

图 6-10　地层几何模型与地应力模型

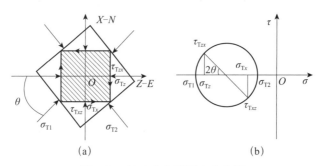

图 6-11　地应力与模型应力换算

$$
\begin{cases}
\sigma \Big|_{\mathrm{Tz}}^{\mathrm{Tx}} = \dfrac{\sigma_{\mathrm{T2}} + \sigma_{\mathrm{T1}}}{2} \pm \dfrac{\sigma_{\mathrm{T2}} - \sigma_{\mathrm{T1}}}{2} \cos 2\theta \\[2mm]
\tau \Big|_{\mathrm{Tzx}}^{\mathrm{Txz}} = \pm \dfrac{\sigma_{\mathrm{T1}} - \sigma_{\mathrm{T2}}}{2} \sin 2\theta
\end{cases}
\tag{6-55}
$$

式中，θ 为最大水平主压应力 σ_{T1} 与 Z 轴负方向（W）的水平夹角，无量纲。

根据图 6-10 中的投影关系，局部坐标系中应力分量表示为

$$
\begin{cases}
\sigma_x^{\mathrm{L}} = \sigma_{\mathrm{Tx}} \cos^2 \alpha \\[1mm]
\sigma_y^{\mathrm{L}} = -(\sigma_{\mathrm{V}} \cos^2 \alpha + \sigma_{\mathrm{Tx}} \sin^2 \alpha) \\[1mm]
\sigma_z^{\mathrm{L}} = -\sigma_{\mathrm{Tz}} \\[1mm]
\tau_{xy}^{\mathrm{L}} = (\sigma_{\mathrm{Tx}} - \sigma_{\mathrm{V}}) \sin\alpha \cos\alpha \\[1mm]
\tau_{yz}^{\mathrm{L}} = \tau_{\mathrm{Tyz}} \sin\alpha \\[1mm]
\tau_{zx}^{\mathrm{L}} = -\tau_{\mathrm{Tzx}} \cos\alpha
\end{cases}
\tag{6-56}
$$

其中各主压应力计算如下：

$$\begin{cases} \sigma_{T1} = \sigma_{T0} + \eta H_{dep} \\ \sigma_{T2} = \lambda \sigma_{T1} \\ \sigma_V = \rho g H_{dep} \end{cases} \tag{6-57}$$

式中，σ_{T0} 为水平方向常应力，MPa；η 为沿深度方向的水平应力梯度，MPa/m；H_{dep} 为单元埋深，m；$\lambda = \sigma_{T1}/\sigma_{T2}$ 为水平主压应力比，无量纲。

在 ANSYS 中，地应力(6-53)以 INISTATE 命令植入，所以在模型边界采用全固定约束。

4)注水条件

垂直井穿透煤层，沿压裂段全高度施加注水压力，压力可表示为

$$P = P_0 + n\Delta P \tag{6-58}$$

式中，P_0 为初始压力，MPa；ΔP 为递增压力，MPa。第 n 步施加 ΔP 的条件是计算域内不再有新的损伤产生，即现有水压不足以产生新裂隙，需要继续加压。

6.4.3　缝网演化规律及影响因素

裂缝损伤演化，是一个逐渐累积的过程，由于在井附近水压最大，首先在钻孔附近出现损伤，随着压力的逐渐增大，促使更多的单元出现损伤，逐渐的向前扩展演化，并形成裂缝。

6.4.3.1　主应力方向对缝网损伤演化的影响

缝网改造的过程中，主应力方向是影响裂缝扩展方位的主要因素。在水压力的作用下，单元将被拉伸，当最小主应力方向的应变达到极限应变，单元将损伤破坏。从图 6-12 可以看出，裂缝总是沿最大主应力方向扩展。

6.4.3.2　应力比对缝网损伤演化的影响

缝网改造过程中，如果两个主应力差值大，缝网损伤演化主要受主应力控制，只能形成沿最大主应力方向的裂缝；如果两个主应力差值小，或者两个主应力方向比较接近，受诱导应力或者材料不均匀性影响，裂缝的损伤演化并不一定沿最大主应力方向，而是有可能向各个方向演化，从而形成缝网。

图 6-13 表明，应力比对缝网演化有较大的影响，当 $\sigma_1/\sigma_2 = 5$ 时，裂缝沿最大主压应力方向演化扩展；当 $\sigma_1/\sigma_2 = 3$ 时，裂缝有沿最小主压应力方向的分支，沿最大主压应力方向的扩展受到影响；当应力比 $\sigma_1/\sigma_2 = 1$ 时，裂缝几乎丧失优势扩展方向，而是向各个方向均有扩展。表明应力比大，裂缝轨迹平直光滑，应力比小，裂缝曲折粗糙，因此通过四变等压裂方式，使主应力大小更加接近，有利于缝网的形成。

6.4.3.3　GSI 对裂缝扩展演化的影响

GSI 可以用来衡量煤岩体内部节理裂隙的发育程度，通过数值模拟可反映天然裂隙对缝网改造的影响。

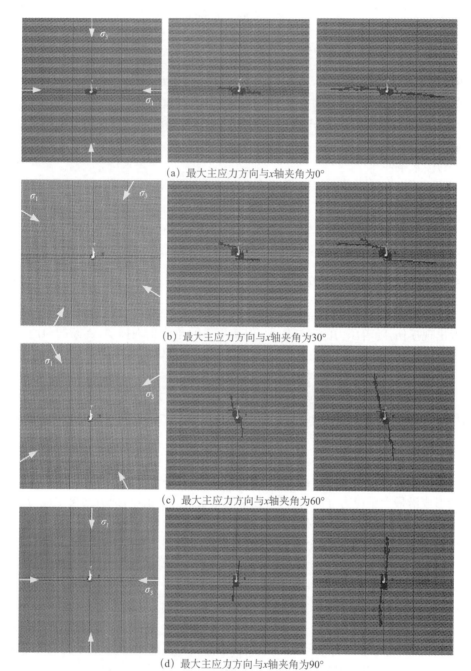

(a) 最大主应力方向与 x 轴夹角为0°

(b) 最大主应力方向与 x 轴夹角为30°

(c) 最大主应力方向与 x 轴夹角为60°

(d) 最大主应力方向与 x 轴夹角为90°

图 6-12　裂缝扩展演化与最大主应力方向的关系

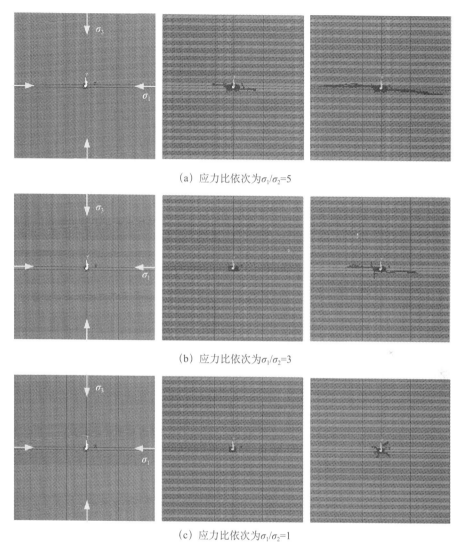

(a) 应力比依次为$\sigma_1/\sigma_2=5$

(b) 应力比依次为$\sigma_1/\sigma_2=3$

(c) 应力比依次为$\sigma_1/\sigma_2=1$

图 6-13　不同应力比裂缝损伤演化(计算步为 6－1、28－1、37－5、σ_1 与 x 轴夹角为 0°)

　　不同 GSI 的煤岩体,所包含的天然裂隙不同,在储层改造过程中显示出不同裂缝扩展演化规律。图 6-14(a)所示由于 GSI 比较大,煤岩体相对完整,天然裂隙少,材料性质比较均一,主要形成单一的沿最大主应力方向的裂缝;图 6-14(c)的 GSI 为 70,天然裂隙比较发育,在压裂过程中,形成沿最大主应力方向的主裂缝的同时,在最小主应力方向也有分支裂缝的形成,从而最终形成复杂的裂缝。图 6-14(b)的 GSI 为 80,裂缝的发育特征介于上述二者之间。可见煤岩体中天然裂隙的存在,更加有利于缝网的形成。

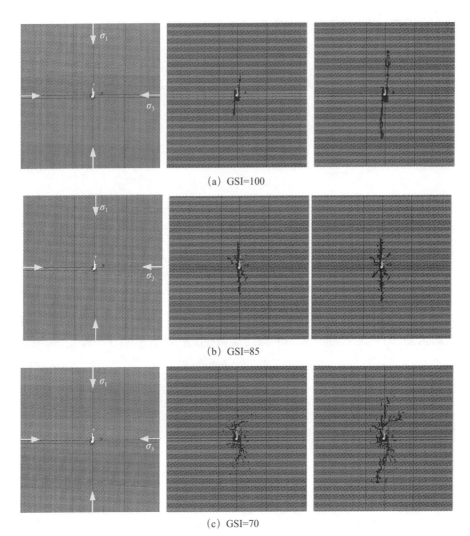

(a) GSI=100

(b) GSI=85

(c) GSI=70

图 6-14　不同 GSI 的裂缝扩展演化

6.4.3.4　应力场变化对缝网损伤演化的影响

前面模拟结果表明,压裂裂缝的扩展方向主要沿最大主应力方向,重复压裂和变排量压裂将使裂缝尖端产生诱导应力场,使应力场的主方向发生改变,后期的压裂裂缝方向也将随之改变。

在如图 6-15(a)所示的初始应力场作用下,第一次压裂形成了沿最大主应力方向的裂缝;应力场改变如图 6-15(b)所示,进行第二次压裂,首先在孔口附近出现破裂并延伸,同时第一次压裂形成的初始裂缝开始向前扩展并有转向最大主应力方向的趋势[图 6-15(b)和图 6-15(c)];随着注入量的增加,裂缝逐渐转向最大主应力方向、并向前扩展延伸[图 6-15(d)～(f)]。

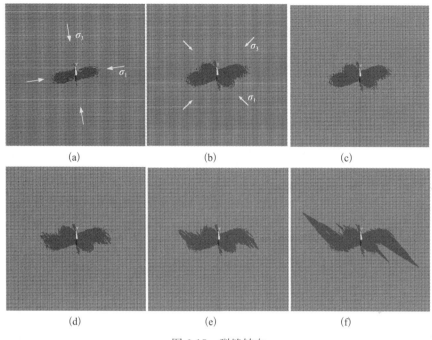

图 6-15 裂缝转向

6.4.3.5 弱面对缝网演化的影响

水力压裂过程中形成的裂缝遇到弱面时,弱面将对裂缝的扩展产生影响。下面分别对沿弱面扩展、贯穿弱面和同时扩展与贯穿进行模拟。

1. 沿弱面扩展

如果弱面强度抗剪强度比较低,裂缝遇到弱面后,将沿弱面扩展。从图 6-15可以看出,图 6-16(a)为裂缝还没有扩展,图 6-16(b)为裂缝扩已展到弱面,图 6-16(d)为弱面在剪切力作用下,损伤破坏,使裂缝沿弱面方向扩展。

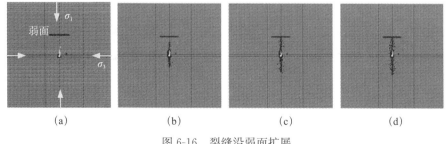

图 6-16 裂缝沿弱面扩展

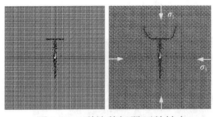

图 6-17   裂缝剪切弱面并转向

2. 剪切弱面后继续扩展

如果持续注水,水压能够提供足够的能量让裂缝继续演化延伸,裂缝扩展到弱面边缘后(图 6-17),裂缝将逐渐转向最大主应力方向。

6.4.3.6   煤系气储层倾角对缝网演化的影响

为了建模方便,将模型旋转相应的角度(煤层倾角的角度),煤层显示为水平。通过不同煤层倾角压裂模拟分析,可得结论如下(图 6-18 和图 6-19)。

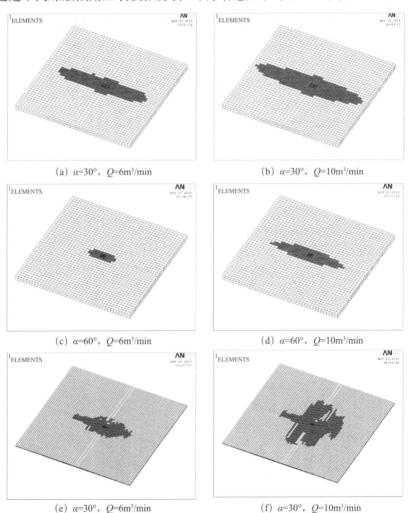

(a) $\alpha=30°$, $Q=6\text{m}^3/\text{min}$ (b) $\alpha=30°$, $Q=10\text{m}^3/\text{min}$

(c) $\alpha=60°$, $Q=6\text{m}^3/\text{min}$ (d) $\alpha=60°$, $Q=10\text{m}^3/\text{min}$

(e) $\alpha=30°$, $Q=6\text{m}^3/\text{min}$ (f) $\alpha=30°$, $Q=10\text{m}^3/\text{min}$

图 6-18   平行煤层层面剖面图

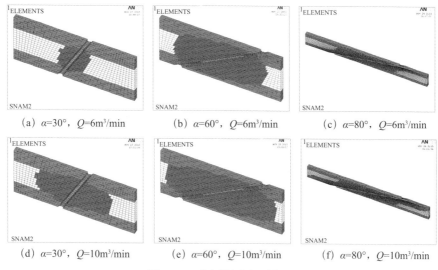

(a) $\alpha=30°$，$Q=6\text{m}^3/\text{min}$　　(b) $\alpha=60°$，$Q=6\text{m}^3/\text{min}$　　(c) $\alpha=80°$，$Q=6\text{m}^3/\text{min}$

(d) $\alpha=30°$，$Q=10\text{m}^3/\text{min}$　　(e) $\alpha=60°$，$Q=10\text{m}^3/\text{min}$　　(f) $\alpha=80°$，$Q=10\text{m}^3/\text{min}$

图 6-19　垂直煤层层面剖面图

（1）裂缝扩展形态在煤层水平横剖面呈现梭形，在注水孔位置较宽，在裂缝端部最窄，裂缝宽度随煤层倾角增大变窄，说明倾角变大，不利于压裂，特别是在倾角80°时，裂缝几乎停止沿煤层倾向扩展，而是沿走向向两翼扩展。

（2）裂缝高度形似一个长轴钝化的椭圆，随倾角增大越加钝化，特别是在倾角80°时，椭圆形状几乎为矩形，裂缝扩展受到顶、底板牵制，沿顶、底板裂缝扩展较远。

（3）破裂压力随煤层倾角的增大（0°增大至80°）而增大，在水平（0°时）煤层时为13MPa，80°时为15MPa，这也说明，大倾角煤层压裂较为困难。

6.5　煤系气储层缝网演化规律实验研究

缝网改造是一个十分复杂的物理过程。由于所产生的裂缝实际形态难以直接观察，除了前述的数值模拟间接分析外，实验室实验也是认识裂缝扩展机制的重要手段。通过模拟地层条件下的压裂实验，可以对裂缝扩展的实际物理过程进行监测，对形成的裂缝进行直接观察，并对缝网改造理论加以验证。

6.5.1　应力状态对缝网演化的影响

实验在重庆大学煤矿灾害动力学与控制国家重点实验室的"多场耦合煤层气开采物理模拟试验系统"下完成[368,369]。

6.5.1.1　实验过程

1. 试件制作

煤样采集后初加工至尺寸为 30.6cm×18cm×15.2cm 的试件[图 6-20(a)]，

试件中部有一条天然裂隙[图 6-20(b)]。在试件中部钻一个直径为 2.5cm 的钻孔,将注水管插入其中,用胶固定[图 6-20(c)]。将试件固定在 40cm×40cm×40cm 箱体正中,四周用相似材料浇筑成型[图 6-20(d)]。

(a) 试件采集与初加工

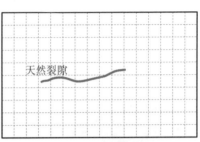

(b) 试件表面天然裂隙

(c) 注水管的注入

(d) 试件养护

图 6-20　试件加工过程

2. 应力加载

压裂实验分为两个阶段,第一阶段施加表面压力分别为 σ_1、σ_2 和 σ_3 的载荷,试件破裂后,停泵;调整表面载荷为 σ_1'、σ_2' 和 σ_3',再次注入,进行第二阶段压裂,直到第二次破裂发生。试件加载和应力参数见图 6-21 和表 6-3。

3. 水力压裂

水力压裂分为两个阶段进行。第一阶段注入流量 1.2L/min,水力压裂曲线如图 6-22 所示。第二阶段注入流量仍为 1.2L/min,压裂曲线如图 6-23 所示。

图 6-21　试件加载示意图

表 6-3　实验加载参数

第一阶段压裂边界加载应力/MPa		第二阶段压裂边界加载应力/MPa	
σ_1	4.0	σ_1'	4.0
σ_2	2.5	σ_2'	2.5
σ_3	1.0	σ_3'	1.0

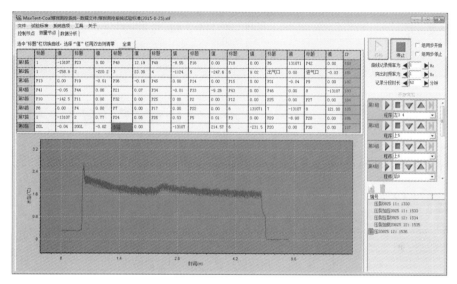

图 6-22　第一次水力压裂曲线

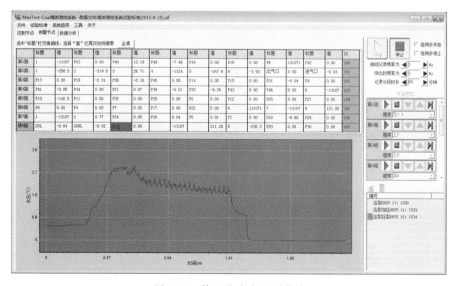

图 6-23　第二次水力压裂曲线

采用声发射监测两次压裂过程中试件破裂特征,监测内容有声发射的撞击计数和能量指标(图 6-24、图 6-25)。

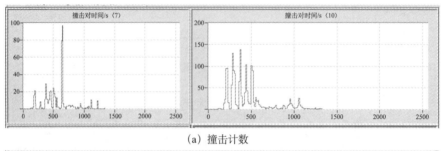

(a) 撞击计数

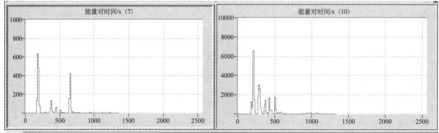

(b) 能量计数

图 6-24   第一次压裂过程中声发射监测结果

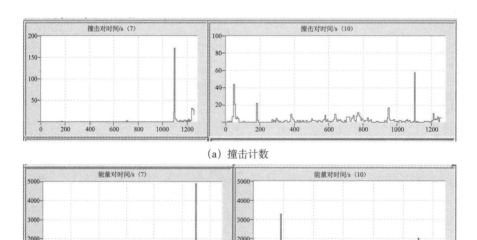

(a) 撞击计数

(b) 能量计数

图 6-25   第二次压裂过程中声发射监测结果

6.5.1.2　实验结果分析与模拟

1. 压裂曲线分析

(1)在水力压裂实验过程中,压裂曲线(图 6-22)整体上呈现锯齿状波动,第一阶段压裂出现了两个峰值,第一个峰值的破裂压力为 2.71MPa,第二个峰值为裂缝扩展到天然裂缝端部时的压力,从图 6-24(b)中的能量计数也可以看出,出现两次能量比较高的计数,表明有两次大的破裂产生。

(2)第二阶段压裂破裂压力为 2.93MPa;试件破裂更为明显,持续的时间较长,且在压裂过程中一直有微破裂发生(图 6-23)。从图 6-25(a)的 10 通道撞击计数也表明发生了连续的损伤破坏,即微破裂产生。

2. 裂缝形态分析

(1)如图 6-26 所示,第一阶段压裂,由于天然裂隙的影响,破裂压力没有第二阶段的低,裂缝首先沿天然裂缝扩展延伸,在天然裂缝端部逐渐转向最大主应力方向,形成了图 6-26(b)中标号为①的裂缝;第二阶段改变应力场进行压裂,裂缝起裂后沿最大主应力方向扩展,形成了图 6-26(b)中标号为②的裂缝。

(2)压裂裂缝模拟分析

为了使模型简单,只考虑对煤体的压裂,第一次压裂模拟分析结束后,记录损伤单元(图 6-26);同实验室方案,第二次压裂重新设定边界条件,并将第一次已损伤单元标记,进行第二次压裂,模型如图 6-27(a)所示,在模型中设定天然裂隙(强度极低的弱面代替)。

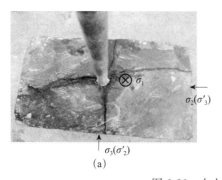
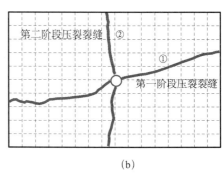

图 6-26　水力压裂后裂缝形态

从图 6-27(b)～(d)中可以看出,裂缝首先沿弱面延伸,延伸到弱面的端部后,首先在钻孔附近出现较多的损伤,然后裂缝继续沿裂缝尖端向前延伸,但有向最大主应力方向偏转的趋势,裂缝形态和图 6-26(b)中的①基本一致。

第二次压裂如图 6-28 所示,裂缝不仅在主应力方向有扩展,同时原有裂缝在近钻孔附近也发生了损伤,图 6-28(b)显示裂缝沿最大主应力方向继续延伸,裂缝形态与图 6-26(b)中的②基本一致,且在原有裂缝端部也出现了损伤扩展。

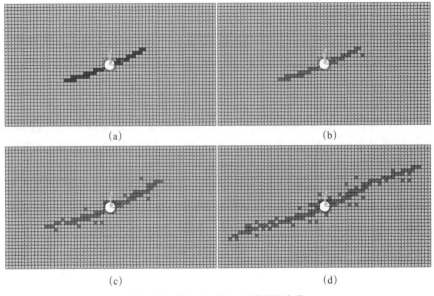

图 6-27　第一次水力压裂裂缝演化

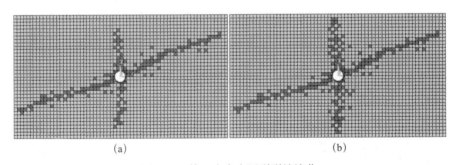

图 6-28　第二次水力压裂裂缝演化

由图 6-26 和图 6-27 可以看出,②裂缝主要是由张拉形成的张性裂缝,①裂缝首先沿弱面延伸,不仅受到拉力,同时受到剪切力,是由张拉剪切形成的复合型裂缝。

6.5.2　不同排量压裂实验研究

6.5.2.1　实验过程

1. 试件制作

为了研究不同排量下破裂压裂及裂缝扩展规律,将配制好的煤粉、水泥和石膏以 15∶1∶1 的比例混合均匀,加水搅拌,装进立方体型的模具,通过压力机用 2MPa(45kN)的压力将型煤压实,制成的煤块密度与实际煤层的密度相似(煤的密度为 1.5g/cm²),将型煤放置约 24h 进行凝固。在制作好的压裂试样的一侧,钻一个直径为 10mm,深为 80mm 的长孔,将预先制作好的钢管用 AB 胶进行黏结密封。在钢管的下端留有 5mm 左右的空隙,以便试样凝固后在其中部形成一裸眼井段。制作好的试样尺寸和结构如图 6-29 所示。

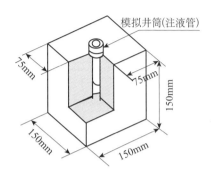

图 6-29 压裂试样及结构尺寸

2. 实验方案

共进行了 4 块煤样的压裂实验。所采用的实验参数和起裂压力如表 6-4 所示。

表 6-4 模拟压裂实验参数和起裂压力

试样编号	1#	2#	3#	4#
垂向应力/MPa	1.8	1.8	3.5	3.5
最小水平应力/MPa	0.0	0.0	1.71	1.71
泵注排量/(mL/s)	1.2	2.4	1.2	2.4

6.5.2.2 实验结果与分析

1. 压裂曲线

实验过程中记录的泵注压力与时间的关系曲线如图 6-30 和图 6-31 所示,其中 1# 和 3# 试样是排量 $Q=1.2\text{mL/s}$ 的压力曲线,2# 和 4# 试样是排量 $Q=2.4\text{mL/s}$ 的压力曲线。

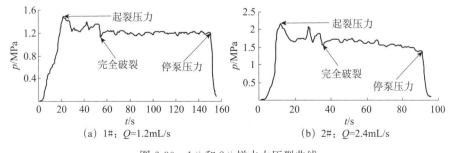

(a) 1#:$Q=1.2\text{mL/s}$ (b) 2#:$Q=2.4\text{mL/s}$

图 6-30 1# 和 2# 样水力压裂曲线

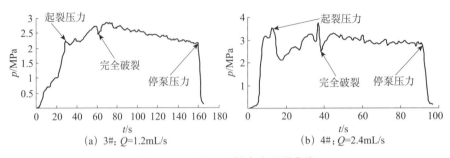

图 6-31　3♯和4♯样水力压裂曲线

从压力曲线可以看出,随着注入的液体不断增多,当压力达到一定值时,产生初始裂缝,井筒中的部分液体填充到所形成的裂缝中,压力突然降低。随着液体的不断注入,压力又逐渐升高,当压力再次达到延伸压力时,裂缝向前扩展;当压力达到破裂压裂时,造成二次起裂,裂缝在不断的循环中向前扩展。随着流体的继续注入,裂缝完全破裂,裂缝体积的增加和周围滤失量之和与注入排量达到平衡后,压力基本保持在一个恒定值,此时已经达到了这一排量和压力下的最大压裂范围。

起裂压力的大小除了与最小水平应力的大小有关外,还与注入排量有直接关系,从图 6-30 和图 6-31 中可看出,注入排量高,则起裂压力大;反之,起裂压力较小。这是流体在裂缝中运移阻力造成的,流速越高,阻力越大。

2. 裂缝形态分析

压裂形成的裂缝形态如图 6-32 和图 6-33 所示,其中,图 6-32 和图 6-33 分别为水平地应力为零和不为零时的典型裂缝形态,图 6-34 为水平地应力为零时,压裂实验所得裂缝形态和数值模拟所得裂缝形态的对比图。

图 6-32　试样的裂缝形态(水平地应力为零)

图 6-33　型煤试样中的裂缝形态(水平地应力不为零)

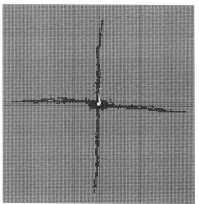

图 6-34　实验裂缝和模拟裂缝

从破裂后的裂缝形态可以看出,裂缝均发生在与最小地应力垂直的方向。由于在所有情况下最小地应力均施加在水平方向,因此裂缝均为垂缝。1♯和2♯试样的水平应力为零,由于水平方向没有应力差,裂缝的扩展方向具有随机性,主要由试样中的缺陷所决定(图 6-35)。在数值模拟中,水平地应力相等的情况下,裂缝的扩展也出现了随机性,与实验结果完全相符。实验结束后将试件在垂直裂缝扩展方向上切开,发现大排量比小排量压裂形成的裂缝分叉更多;同时裂缝并不是完全对称的扩展,一旦某一侧的裂缝贯穿试件表面,另一侧的裂缝将止

图 6-35　试件浇筑

裂,此时,注入的液体基本上从试件表面渗出,因无法形成较大的压力裂缝再次起裂。这说明水力压裂时大排量容易形成缝网。

6.5.3　分段压裂实验研究

分段压裂,由于段与段之间应力扰动,将更有利复杂裂缝的形成。压裂泵的注水排量为 2.5L/min,最高压力可达 25MPa,压裂管预埋在煤层中,通过高压胶管与压裂泵连接。

6.5.3.1　实验过程

1. 试件浇筑

如图 6-35 所示,该试件水泥、石膏、煤粉、清水的配比同上节,搅拌后倒入尺寸为 950mm×350mm×400mm 试件成型模具,养护两周。

将预成型的试件放入箱体内,调整好位置,用同样比例的相似材料填入到试件与箱体左右的空隙,保证试件与箱体完整接触(图 6-36),其中箱体尺寸为 1050mm×410mm×410mm,并在压裂试件内埋置 50 个压力传感器。

2. 实验方案

试件加载见图 6-37 和表 6-5,前后表面施加 0.7MPa 压力,上下表面施加 0.9MPa 的压力,左右施加 2.2MPa 的压力。

图 6-36　置于箱体

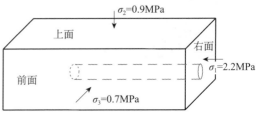
图 6-37　试件表面加载示意图

表 6-5　试件表面载荷

加载面	左右表面 σ_1/MPa	上下表面 σ_2/MPa	前后表面 σ_3/MPa
大小	2.2	0.9	0.7

由于本次实验分段多次压裂,每次压裂 100mm,压裂位置与压裂管如图 6-38 所示,分为导水管和压裂管。根据压裂区域的不同,调节导水管的长度及位置。为保证压裂效果,每次将压裂管放置入试件时,在压裂位置两端涂抹密封胶,确保对指定段进行压裂,后一次压裂都要将前一次压裂管拔出更换。

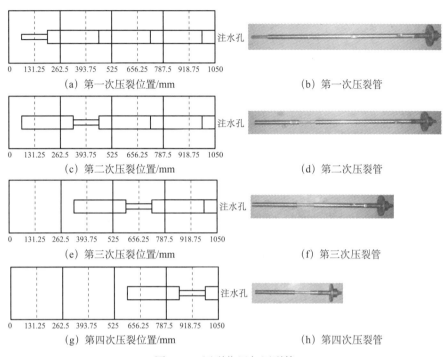

(a) 第一次压裂位置/mm

(b) 第一次压裂管

(c) 第二次压裂位置/mm

(d) 第二次压裂管

(e) 第三次压裂位置/mm

(f) 第三次压裂管

(g) 第四次压裂位置/mm

(h) 第四次压裂管

图 6-38 压裂位置与压裂管

6.5.3.2 实验结果分析

1. 压裂曲线

实验过程中第一次水力压裂曲线如图 6-39(a)所示。先将注水泵打开,待注水泵稳定后,向孔内注水(第 10s)。孔内压力迅速上升到 2.3MPa,若出现压力降低,表明试件已经起裂,起裂后水压稳定在 2MPa,裂缝逐渐向前演化扩展,在第 40s时,压力开始急剧下降,说明裂缝扩展到试件表面,当水通过裂缝到试件表面从箱体流出时停泵,结束第一段压裂。

从第二次水力压裂曲线图 6-39(c)可以看出,随着注入的水不断增多,压力逐渐升高到 1.9MPa 时突然降低,裂缝起裂,随着高压泵的持续注入,裂缝持续向前扩展。当裂缝扩展至试件表面时,水从裂缝流出,停止实验。

如图 6-39(c)所示,第三次压裂范围为第二主断面的中心位置 100mm,压裂过程同前两次,第三次压裂时的起裂压力为 1.7MPa。

如图 6-39(g)所示,第四次压裂范围是第一断面的中心位置 100mm,最高压力为 1.0MPa。

从第四压裂可以看出,由于前段压裂会对后段压裂有一定的扰动,因此起裂压力逐渐降低,第四次压裂已经没有破裂了。

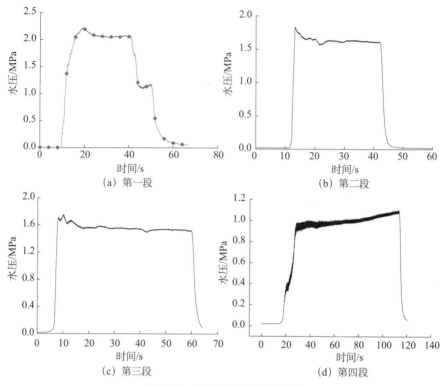

图 6-39　第二次压裂水压曲线

2. 裂缝形态

实验完成后将试件从箱体中取出(图 6-40)，从试件顶部开始逐层将试件材料剥离，观察内部压裂形成的裂缝，裂缝侧面如图 6-41 所示。第四断面压裂时，根据压力传感器监测数据可知，在第三断面和第四断面压裂孔中心开始产生裂缝，且该裂缝延伸到第二断面和第一断面，第二断面和第一断面传感器监测到数据，说明裂缝已经斜向上延伸。因此该条裂缝主要是在第一次压裂时所形成。该裂缝在最小主应力面上，而不是在中间主应力面上，也就是说并没有在最小主应力方向被拉裂，原因可能是一方面两个主应力分别为 0.7MPa 和 0.9MPa，两个主应力差别并不大，裂缝扩展具有一定的随机性；另一方面在试件中铺设连接传感器的管线，均为水平铺设，因此削弱了垂直方向的抗拉强度。

图 6-42(a)为压裂后的裂缝曲面，图 6-42(b)为表面应力状态，图 6-42(c)为裂缝曲面前后边线高度曲线对比，可以看出该面从前到后，从左到右高度变化比较剧烈，是一个倾斜的曲面。由于在曲面上，不仅有正应力存在，而且有切应力存在，因此该曲面是张拉破坏和剪切破坏共同作用下形成的缝面。

图 6-40 完整试件

(a) 前面压裂裂缝（压裂孔在右侧）　　　　　(b) 后面压裂裂缝（压裂孔在左侧）

图 6-41 第一缝面前后面裂缝形态

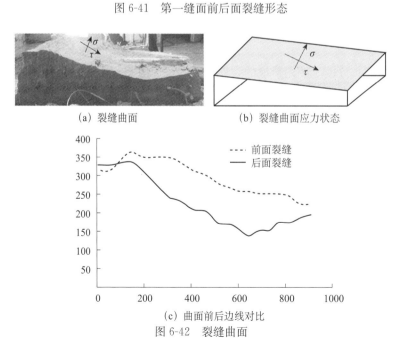

(a) 裂缝曲面　　　　　　　　(b) 裂缝曲面应力状态

(c) 曲面前后边线对比

图 6-42 裂缝曲面

图 6-43 为在第一、第二断面中心位置产生的第二个缝面,图 6-43(a)～(c)为不同方向曲面边线,其中端面的裂缝曲线是一条近似 45°斜线[图 6-43(c)]。在该面上切应力达到最大,因此该条裂缝主要是剪切破坏产生的。将第二层取出后,在试件中心留下一条向左右延伸,贯穿前后的缝面[图 6-43(d)],这条缝面的产生,对于改善储层的渗透性起主要作用。

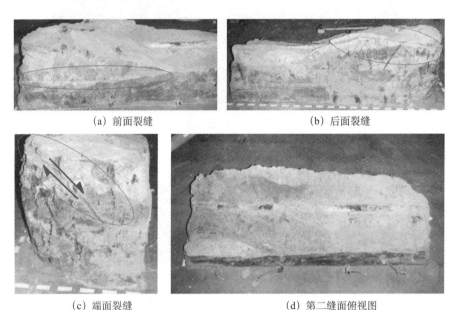

(a) 前面裂缝　　　　　　　　　　　　　　　(b) 后面裂缝

(c) 端面裂缝　　　　　　　　　　　　(d) 第二缝面俯视图

图 6-43　第二缝面

实验表明,分段压裂先形成的裂缝对其他段压裂将产生影响,从而形成复杂的缝面,分段压裂有利于缝网的形成。

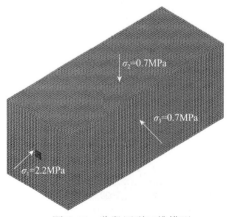

图 6-44　分段压裂三维模型

3. 模拟分析

图 6-44 为分段压裂三维模型,其中尺寸同实验室压裂试件尺寸(1050mm × 410mm × 410mm),图 6-45 为垂直方向(垂直于最小主应力 0.7MPa)过对称面的剖面图。

由图 6-45(a)可以看出,在第一段压裂时,缝网已经演化扩展到接近第二段压裂孔位置;在第二段进行压裂时[图 6-45(b)],由于受第一段压裂的扰动,在高度方向比第一段损伤演化的距离更远,且由于损伤区域的贯通,第二段压裂时,较第一段在高度方向和长度水平方向都有所延伸。同样,第三段[图 6-45(c)]和第四段[图 6-45(d)]压裂时也在高度上延伸的更远,且对第一段和第二段产生影响。

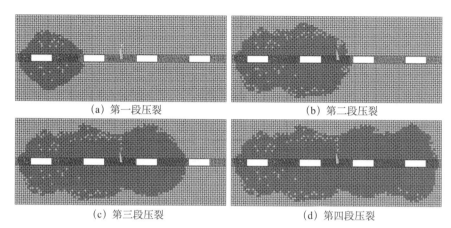

(a) 第一段压裂 (b) 第二段压裂

(c) 第三段压裂 (d) 第四段压裂

图 6-45 分段压裂缝网演化

数值模拟结果与实验室压裂有一定的差异,主要是因为在试件中增加了 50 根连接水压传感器的细管,这些细管形成了弱面,造成了材料在各个方向性能的不均一性,对压裂产生了较大的影响。但是,无论是实验还是数值模拟,都充分说明分段压裂是实现储层缝网改造、整体渗透率提升的有效途径。

实验室实验和数值模拟结果表明,在对煤系气储层进行改造时,要通过不同的途径改变应力场方向(分段压裂、重复压裂、变排量压裂、端部脱砂、投球等),尽可能提高施工排量,才能形成缝网,再造人工高渗储层。同时,不同的煤岩体结构会产生不同的缝网体系,因此,在进行缝网改造时要根据钻井、测井、测试资料,做到一井一法,一层一法,具体情况具体对待。这样才能更好地实现煤系气储层的整体改造,为单井的高产提供保障。

第7章 缝网改造技术

前述章节系统论述的缝网改造的基本原理是缝网改造技术体系建立的前提和基础,本章根据这些原理,以形成多级多类裂缝为目的,提出四种在现阶段装备能力下可以实施的技术,为我国煤层气的开发、煤层气向煤系气开发的转化提供支撑。

7.1 四变压裂技术

四变压裂指在水力压裂过程中采用变排量、变砂比、变支撑剂和变压裂液等"四变"措施。与其说四变压裂是一种技术,不如说是一种工艺,它贯穿以整个压裂过程,通过对入井材料和泵注程序进行调整,达到地应力转向、新裂缝形成的目的。

7.1.1 变排量压裂

变排量压裂是指压裂过程中排量高、低交互进行,对储层反复激动(低排量最好是停泵)。其特点是:随着排量的增加、压力增大,当压力超过储层破裂压力时,形成径向引张裂缝;煤体中存在原生裂纹,当微裂纹端部的剪切应力强度因子大于裂纹的断裂韧度时,将形成剪切裂缝;当降低排量或停泵时,形成卸压,储层相应发生卸载,形成指向井筒方向的位移,从而形成周缘引张裂缝和剪切裂缝;与此同时,先期形成的剪切裂缝和径向引张裂缝会发生壁面位移,从而实现裂缝的增容和自我支撑;反复变排量泵注过程中,应力场不断受到扰动,原来的应力场附加了诱导应力场使主应力方向发生改变,从而使裂缝方向发生转变,形成转向裂缝;形成了多级、多类裂缝网络。

变排量压裂实现裂缝自我支撑增容机理表现在三个方面:①壁面位移支撑。反复的加载与卸载(类似于裸眼洞穴完井)使得裂缝壁面产生位移,从而造成粗糙的裂缝壁面凸起部位相对,实现自位支撑(图 7-1)。②颗粒支撑。在地层破裂时,产生的部分脆

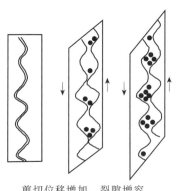

剪切位移增加、裂隙增容 →

图 7-1 变排量压裂裂缝自支撑增透机理

性颗粒滞积在裂缝内,可以实现自我支撑,即使没有支撑剂加入也能保持裂缝导流能力。③裂缝增容。由于壁面位移和脆性颗粒的支撑,裂缝必然增容,导流能力增加。

　　变排量压裂是整个四变压裂的核心,是多级、多类裂缝体系形成的有效手段,也使得垂直井缝网改造成为现实。

7.1.2　变砂比压裂

　　变砂比压裂是与变排量压裂相辅相成的一种压裂技术。在大排量时加入支撑剂,形成段塞;在低排量时不加支撑剂,形成隔离,这样形成了支撑剂的房柱式支撑,一些学者将此压裂称为通道压裂(图 7-2)[370,371]。常规支撑剂导流能力主要依赖于其分选、圆度、球度和抗压强度等,降低支撑剂破碎和凝胶吸附等,即使这些工作都做到最好,也还是失去了一些支撑剂的导流能力。而通道压裂则是由支撑剂建立支撑房柱,自身可以没有导流能力,房柱之间的通道则具有高导流能力,是流体运移产出的快速流道。因此,通道压裂对支撑剂质量要求不严格,只要能够建立房柱即可(图 7-3)。

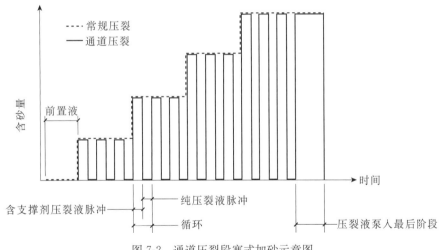

图 7-2　通道压裂段塞式加砂示意图

　　变排量压裂的关键是高排量与低排量相间进行,瞬间提高排量将破坏砂堤动平衡,将更多的支撑剂带入裂缝深处。随后低排量将把铺砂浓度低的支撑剂继续输送到较远处,重新形成砂堤并达到动平衡,如此反复既可提高裂缝内总的铺置浓度,又可在裂缝内实现不连续的砂堤,形成房柱式支撑。添加纤维可以提高房柱式支撑效果,它不仅可减小支撑剂的下沉速度,更重要的是能减少支撑剂段塞的分散,保持“支柱”在裂缝高度方向上的均匀、稳定分布,增大通道的体积,从而增加裂

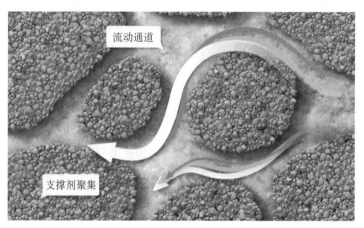

图 7-3   支撑剂在裂缝内房柱式支撑示意图

缝导流能力。变砂比压裂的关键是房柱不被压垮,一般要求岩体有一定的强度,弹性模量一般在闭合压力的 500 倍以上。即使在垂直井,变砂比压裂也与不均匀射孔对应,在垂直井压裂层段也要采用分段多簇射孔,便于房柱的形成。

7.1.3   变压裂液与支撑剂技术

变压裂液的目的是为充分发挥各种压裂液的性能,实现缝网改造、支撑长且宽的主裂缝和多级裂缝,达到经济效益最大化。一般采用廉价的活性水作为前置液,充分实现缝网改造;以昂贵的胍胶等高黏性、强携砂能力的压裂液为携砂液,实现裂缝的有效支撑。使用变压裂液时一定要充分考虑压裂液的储层伤害,不能为了携砂能力而采用水锁伤害、残渣伤害严重的胍胶。

变支撑剂包括粒径与支撑剂类型两层含义:①变粒径。在前置液中一般要加入一定量的粉砂,其作用主要有堵塞大裂缝降滤失、打磨裂缝壁面和支撑微裂缝;携砂液加入的中砂是形成导流通道的主体;加入粗砂可形成近井地带高渗通道。三种粒径相互配合,完成整个压裂过程。②变支撑剂类型。变支撑剂类型与变压裂液密切相关。前置液采用廉价的活性水造缝,加入粉砂;携砂液如果还采用活性水,则必须采用木质支撑剂(如核桃壳)或者超低密度陶粒;携砂液如果采用胍胶等高黏性压裂液,则可加入抗压能力强的支撑剂(如陶粒)。石英砂抗压强度低,当闭合压力为 27.6MPa 时,石英砂破碎率为 16.3%~19.81%。其中粒径为 0.8~0.9mm,破碎率为 31.56%;粒径为 0.45~0.8mm,破碎率为 13.49%,几乎颗颗带伤。因此,随着煤层深度增加,压裂施工压力必然增加,这时可采用高强度陶粒支撑剂,以缓解支撑剂破碎对改造效果的影响。考虑到低密度陶粒的成本和木质支撑剂的施工难度,建议支撑剂采用石英砂。在进行煤系岩层改造时,采用段塞式加砂可克服支撑剂破碎的不足;采用大排量、低砂比泵注,可弥补活性水携砂能力低的缺陷。

7.1.4　其他措施

为了促使压裂过程中应力场不断变化、裂缝持续转向,还可采取一些辅助措施。

7.1.4.1　投球限流

煤层非均质性强,不同分层的煤层与其他岩层的渗透率和破裂压力差别明显,投球分层次压裂可以实现单一煤层不同分层、多煤层、煤层与岩层等的均匀压裂。如图 7-4 所示,首先压开高渗煤层,然后将一定量尼龙球投入以封堵该层射孔炮眼,迫使压裂液进入未压开的其他煤层或岩层中。如此反复进行,直到射孔的煤层与围岩均被压开,实现煤层与围岩的缝网改造。考虑到炮眼毛刺,堵球有可能会卡在炮眼处,作业时没办法排出,建议采用可降解的堵球,但堵球失去强度时间不低于 1 天,降解时间不大于 3 天。

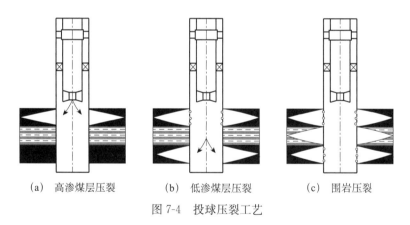

（a）　高渗煤层压裂　　　　（b）　低渗煤层压裂　　　　（c）　围岩压裂

图 7-4　投球压裂工艺

7.1.4.2　端部脱砂

端部脱砂压裂有两个明显不同的阶段:造缝至端部脱砂阶段(与常规压裂相同)、裂缝膨胀变宽和支撑剂充填阶段(裂缝膨胀,压力上升)[372](图 7-5)。当裂缝延伸到煤层或岩层时采用端部脱砂压裂工艺,在裂缝尖端形成桥塞,形成低渗透或不渗透的人工隔层,增加裂缝末端的阻抗值,降低裂缝尖

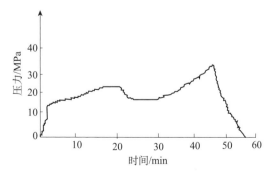

图 7-5　端部脱砂(TSO)压裂曲线[372]

端的扩展应力,进而实现裂缝转向,有利于缝网改造(图 7-6)。值得注意的是,此项技术的应用要慎重,一旦端部脱砂,施工压力会急剧增加,这时只要超过井口限压就要停泵;如果停泵后压力还不降,只能强制卸压。如此,会造成施工不便和安全隐患。但这一工艺的确是一种强迫裂缝转向的最有效的工艺之一。

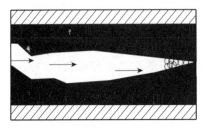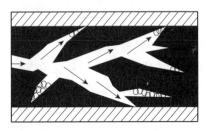

图 7-6　端部脱砂实现裂缝转向示意图

四变压裂中的"四变"是相辅相成的,每一区块、每一口井都要根据具体的储层条件进行压裂设计,真正实现一区一策、一井一法,达到缝网改造的目的。

7.2　水平井缝网改造技术

有一定厚度的煤系气储层,且资源丰度能够满足商业化开发的要求,可采用水平井井型,如"U"型或"L"型井。尽管水平井工艺相对复杂,投资风险高、钻井周期相对长,但因其产气量远远大于直井而备受青睐。本节首先阐述水平井井位选择、轨迹设计,在此基础上,优选水平井改造技术、入井材料(压裂液和支撑剂)和泵注程序,形成煤系气水平井缝网改造技术。

7.2.1　水平井井位选择及井身结构

7.2.1.1　井位选择
水平井井位的确定取决于多种因素,包括地质条件、地面条件、工程施工难易程度、煤矿井下采掘布置和瓦斯灾害治理需求等诸多方面。

(1)水平井控制范围内的资源量必须满足目前技术经济条件下商业化开发的最低要求。

(2)储层稳定。后期压裂的影响范围内没有断层、陷落柱和大的裂隙破碎带等。

(3)远离含水层。后期压裂不能沟通含水层。

(4)煤系气储层有一定厚度,且有可改造的脆性岩层;非煤储层改造后要能够与煤层沟通,且煤层要有一定的厚度,足以提供稳定的煤层气,始终把煤层作为"气源"。

(5)水平井走向选择尽量考虑主应力方向和主裂隙发育方向。从工程施工安全角度,当水平段走向平行于最大水平主应力方向施工最安全;从煤系气运移产出角度,水平段走向垂直于主裂缝方向最有利;从水力压裂角度,水平段走向垂直于最大水平主应力方向最利于裂缝的延伸和张开。因此,在进行水平井走向优化时应尽量考虑上述因素,但更要考虑构造等因素,要根据具体情况来优化。

(6)地层倾角。考虑到工程施工和后期排采,对于"U"型井,工程井应由地层上倾方向开口,向下倾方向钻进;用于排采的直井位于构造的低部位,即整个强化层段的最低点,这样利于后期整个储层的排采降压。"L"型井比较适合的条件是大倾角地层,由浅部开口沿倾向向下钻进,实际上是一个大斜井,曲率半径较大,可将排采设备下到孔底。

(7)地表条件。地面要有足够的井场面积以供钻井和压裂施工。

(8)压裂不影响煤矿井下采掘工程,同时要有足够的排采、回收投资年限,至少5年内采掘工程不会影响到此井。

7.2.1.2 水平井井眼轨迹

水平井井眼轨迹设计应遵循以下原则。

1)目前的装备和工艺条件下能够实施

水平井钻井的目的是揭露储层,形成煤系气运移产出的通道,在轨迹在能够满足安全施工和后期压裂改造需求的前提下,尽可能地使曲率小些,以降低成本。

2)应有利于安全施工

选择硬度适中,无坍塌、缩径、漏失等复杂情况的地层开始造斜,水平段尽量设计在脆性矿物含量高、弹性模量大、强度大的分层内。

3)满足后期工程要求

井眼轨迹要满足后期压裂、排采管柱下入的要求;如果是"L"型井,尽可能减少井眼曲率,以改善油管和抽油杆的工作条件。

7.2.1.3 井身结构

为满足水平井分段缝网改造和后期顺利排采,井身结构可以采用直井＋水平井连通的"U"型井,其中直井采用二开,水平井采用三开,全部套管完井,其中在直井段对接部位采用玻璃钢套管(表7-1)。

表7-1 "U"型井常见的井身结构组合 (单位:mm)

井型	组合类型Ⅰ		组合类型Ⅱ		组合类型Ⅲ		备注
	钻头	套管	钻头	套管	钻头	套管	
直井	347.6	273	311.1	244.5	269.9	219.1	一开
	241.3	177.8	215.9	139.7	200	168.3	二开
水平井	444.5	339.7	374.7	273.1	444.5	339.7	一开
	311.1	244.5	241.3	193.7	311.1	244.5	二开
	215.9	139.7	171.5	139.7	215.9	127	三开

7.2.2　分段(层)多簇射孔原则

分段(层)多簇射孔是实现缝网改造的技术关键。缝网改造时优化段间距,采用分段(层)多簇射孔压裂,段与段、簇与簇之间应力干扰,促使裂缝转向,形成多级多类裂缝体系,达到再造人工高渗储层的目的。

复杂裂缝在低地应力各向异性条件下容易形成,然而在高地应力各向异性条件下,形成复杂裂缝相对较困难。当原地应力场两个主应力差值很小时,水力裂缝会沿无规则的天然裂缝向各个方向延伸,从而形成缝网。如果裂缝相距较大,那么裂缝之间的相互影响会很小,众多小裂缝就会各自延伸而难以连接成一个大裂缝,反映在压裂时会要求有较高的泵压,增加了施工难度;如果裂纹之间的间距小,相邻的裂缝势必相互干扰、连接形成大裂缝,这对压裂施工是十分有利的。因此由图6-5、图 6-6 和图 7-7 及式(6-10)～式(6-13)可知,选择合适的裂缝间距时可以利用诱导应力适当减弱地应力的各向异性,或使应力反转,迫使裂缝转向,这有利于产生复杂裂缝网络;对于地应力比较接近的地层,采用均匀射孔,而对于地应力波动比较大的地层,则采用不均匀射孔。

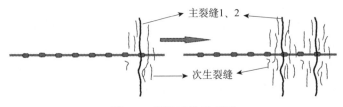

图 7-7　裂缝干扰示意图

分段(层)多簇射孔如图 7-8 所示,每个压裂段(层)长度为 100～150m,两簇间距为20～30m,每簇射孔跨度为 0.45～0.77m,孔密为 16～20 孔/m,相位角为 60°～180°。

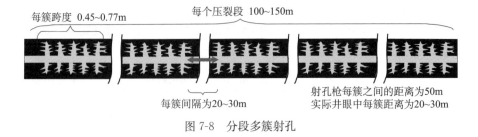

图 7-8　分段多簇射孔

7.2.3　分段压裂工艺

分段压裂技术是在优选水平井段的基础上,通过控制射孔参数,分段对储层进行改造。目前,现场应用成熟的技术主要有水平井双封单卡分段压裂技术、水平井套管内封隔器滑套分段压裂技术、水平井水力喷砂分段压裂技术、裸眼封隔器滑套分段压裂技术和化学暂堵胶塞分段压裂技术等,最为安全可靠的是水平井快钻桥塞分段压裂技术[373]。

7.2.3.1 水平井双封单卡分段压裂工艺

利用导压喷砂器中的节流嘴产生足够大的压差使封隔器坐封,压裂液由喷砂口进入地层,完成对目的层的压裂,停泵后封隔器胶筒自然回收,上提至第二个目的层进行压裂,最终完成多段的压裂。在施工中可根据套管出液情况判断封隔器是否密封,一趟管柱能完成多段压裂,显著降低了施工成本。工艺管柱结构简单、工具外径小、长度短,在造斜段的通过能力强,并设计有可靠的防卡、解卡机构,安全性高(图 7-9)。

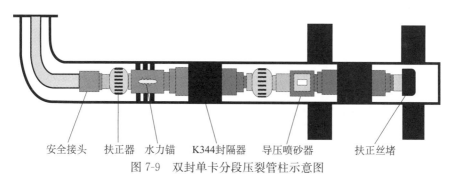

安全接头　扶正器　水力锚　K344封隔器　导压喷砂器　　扶正丝堵

图 7-9　双封单卡分段压裂管柱示意图

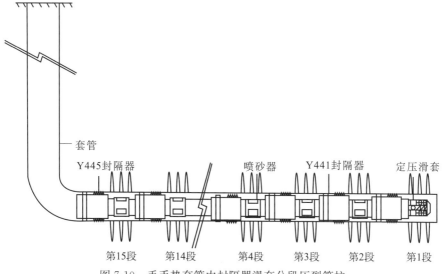

套管

Y445封隔器　　　　　　喷砂器　　Y441封隔器　　　定压滑套

第15段　　第14段　　　第4段　　　第3段　　　第2段　　　第1段

图 7-10　丢手势套管内封隔器滑套分段压裂管柱

7.2.3.2　水平井套管内封隔器滑套分段压裂工艺

如图 7-10 所示,首先用射孔枪打开第 1 段,下入管柱至预定位置,油管加压使多级封隔器坐封,然后提高压力打掉定滑套,打开压裂下部层段通道,进行第 1 段压裂。投球封堵底部通道,打开第 2 段通道,压裂第 2 段,以此类推完成全部压裂层段。

7.2.3.3　水平井水力喷砂分段压裂工艺

利用伯努利方程基本原理,把流体动能转化为压能,即射流出口周围流体速度最高,其压力最低,环空泵注液体在压差作用下被吸入地层,而在射流出口远端流速最低,压力最高,憋压液体促使地层破裂并驱使裂缝向前延伸(图 7-11)。该工艺不用封隔器与桥塞等隔离工具,实现自动封隔,同时通过设计喷嘴位置,依次压开水平井每个层段,井下工具简单,安全风险小,适用于多种储层类型和完井方式(图 7-12)。

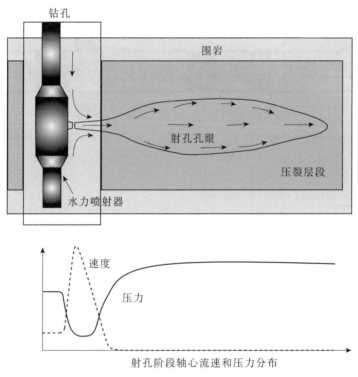

图 7-11　水力喷射压裂压力分布示意图

7.2.3.4　裸眼封隔器滑套分段压裂工艺

根据地质条件和工艺把水平井段划分为若干段,然后在水平井段下入水力坐封式封隔器,利用投球憋压依次打开相应位置的滑套,实现从远到近分段压裂作业(图 7-13)。

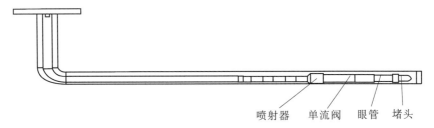

喷射器　单流阀　眼管　堵头

图 7-12　水力喷砂压裂管柱结构示意图[4]

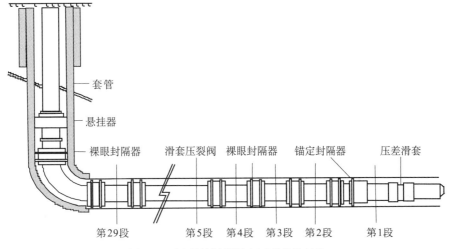

套管

悬挂器

裸眼封隔器　滑套压裂阀　裸眼封隔器　锚定封隔器　压差滑套

第29段　　第5段　第4段　第3段　第2段　第1段

图 7-13　裸眼封隔器滑套压裂管柱结构

7.2.3.5　水平井快钻桥塞分段压裂工艺

在水平井段把复合材质的易钻桥塞逐级下入,通过分级点火装置,实现坐封,完成射孔与多段压裂后,通过快速钻磨桥塞实现合层生产。该技术具有封隔可靠、改造层段精确、压后易钻磨的特点(图 7-14)。

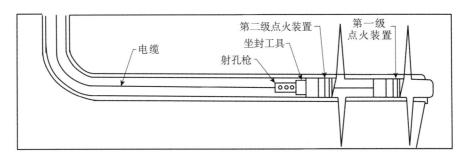

电缆　射孔枪　坐封工具　第二级点火装置　第一级点火装置

图 7-14　水力泵入式电缆快钻式桥塞分压工艺[4]

7.2.3.6   化学暂堵胶塞分段压裂工艺

与传统的机械封隔工艺不同,该技术利用一种特殊的化学暂堵胶液从远到近依次进行封隔,由于胶液具有成胶和破胶时间可调,伤害率低等特点,分段压裂施工结束后,在控制时间内胶塞破胶返排,起到分段压裂的效果(图 7-15)。

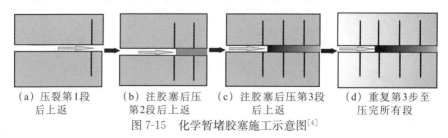

(a) 压裂第1段　　 (b) 注胶塞后压 　　(c) 注胶塞后压第3段　　 (d) 重复第3步至
　 后上返　　　　　 第2段后上返　　　　 后上返　　　　　　　　 压完所有段

图 7-15   化学暂堵胶塞施工示意图[4]

目前常见的分段压裂工艺类型及适用性见表 7-2。

表 7-2   水平井分段压裂工艺技术类型及适用性

工艺类型	技术适用性
双封单卡分段压裂技术	压裂井段固井质量合格,ϕ139mm、壁厚为 7.72mm 和 9.17mm 的套管,储层温度低于 120℃,施工压力低于 80MPa,全井身曲率不大于 12.84°/25m
套管内封隔器滑套分段压裂技术	固井完井,5.5in 和 7in 套管井,一趟管柱最高压裂段数为 15 段,满足长短射孔段和单段多簇射孔压裂的要求;新井投产改造和老井重复改造
水力喷砂分段压裂技术	实现不同井段间的动态封隔;不需要使用任何机械封隔或化学封隔,有效降低了在压裂过程中裸眼井滤失大的问题;实现了一趟管柱内完成分层、多段射孔和压裂;实现了裂缝位置可根据设计在不同井段上的精确定位;工具设计简单,操作方便;可以有效控制裂缝形成的初始方向,有效改善了近井筒摩阻和由此产生的砂堵问题;没有对压力和温度的限制
裸眼封隔器滑套分段压裂技术	5.5in 套管悬挂 3.5in 基管 16 段完井压裂,7in 套管悬挂 4.5in 基管 26 段完井压裂,以及 5.5in 套管二开完井 29 段完井压裂;工具和工艺管柱耐温 150℃,耐压差 70MPa
快钻桥塞分段压裂技术	封隔可靠性高;压裂部位精确;压后井筒完善程度高;施工规模不受限制;作业简单;分层压裂段数不受限制
化学暂堵胶塞分段压裂技术	精确控制注入量和封堵位置;大井段射孔,层间采用机械桥塞无法分隔的水平井;井筒结构变形特殊井

7.2.4   入井材料

本书通过大量的实验室实验,优选出了煤系气储层缝网改造的工作液为活性水＋表活剂,具体的浓度要通过对储层和压裂用水进行系统的水敏、水锁和速敏伤害实验确定;支撑剂首选石英砂,如果经济上允许可采用低密度支撑剂。入井材料的量根据强化层段的体积和孔渗性确定,具体见 5.5 节。

7.2.5   泵注程序

为了实现缝网改造效果,泵注程序采用"四变压裂",并进行投球限流。

7.3 垂直井缝网改造技术

垂直井井型(包括丛式井井型)是目前油气开发的主导井型,煤系气储层因埋藏浅、厚度小适宜采用此井型;尤其是对有多套层系(包括煤层、泥页岩和砂岩)旋回沉积的含煤岩系,垂直井和丛式井井型可贯穿多个含气层段,为首选井型。如果地面条件差,可采用丛式井井型,随着排采技术的完善,这种井型以钻前工程量小、后期管理方便正在成为主流井型。

煤系具有丰富的天然气资源,在煤储层及其围岩中"三气"共存,即煤层气、泥页岩气、致密砂岩气。分层多簇射孔压裂技术不仅是对煤储层进行缝网改造,更是对非煤储层的缝网改造,不仅突破了软煤层煤层气无法开采的瓶颈,也使深部高应力储层煤层气的开发成为可能,更为"三气"共采提供了有效的途径。

7.3.1 开发层系的选择

只有单井控制范围内的、拟开发的煤系气资源总量满足现有技术经济条件下的商业化开发要求,才能进行垂直井的施工。在此前提下选择开发层系时,需要考虑以下因素的影响。

7.3.1.1 力学特性

储层的力学性质决定其可改造性。缝网改造是广义的水力压裂的一种,其作用对象是弹性体,弹性模量越大,可改造性越强,越容易形成缝网体系。对于煤系气储层而言,致密砂岩的可改造性大于泥页岩,泥页岩大于煤层;严重水敏的泥岩和严重破碎的软煤是不可改造的。因此,尽可能选择那些脆性的、强度大的岩石储层以及煤体结构完整的硬煤储层作为改造层系。

7.3.1.2 埋深与地应力

埋深对地应力的影响分两个方面,一是随着深度的增加,地应力在不断增加,煤系气的含气量也在发生变化,相应改造对象也要有所侧重;二是一个层段内不同岩层的地应力大小的差别对射孔层位的确定有影响。

在浅部,由于地层压力较低,游离态气体含量有限,从资源的角度开发对象是以吸附态为主的气体,首选煤层气,其次是泥页岩气,附带开发致密砂岩气。如果煤层严重变形、不可改造,只有改造临近煤层的泥页岩或砂岩储层。即使煤体结构完整,煤储层可改造,但力学性质决定其可改造程度远远低于岩石储层,也就是说浅部也可把硬煤储层和泥页岩或致密砂岩一并改造。

随着深度增加,压力也在增高,游离气含量也在不断增加,资源贡献越来越大;煤层气含量在经过 1500m 埋深以后,理论含气量有所下降,但绝对量仍然是开发的主体(见 4.1 节)。可见,从资源的角度,深度增加意味着开发对象更加多元化,泥页岩和致密砂岩都可单独或联合作为对象开发。同时,随深度增加,地应力在持续增加,支撑剂的镶嵌越来越严重,这就要求储层具有更高的弹性模量和抗压强度。所以,深部改造的主要是岩石储层,首选致密砂岩,其次泥页岩储层,或将这些储层与硬煤储层联合改造。

7.3.1.3　储层组合类型

从资源角度,在浅部必须以煤层气为主,如果浅部没有足够资源丰度的煤层气,致密砂岩气资源丰度较低,要考虑泥页岩气的资源丰度。如果三者有一定的、能够进行商业化开发的资源丰度,或者作为深部层系开发的一些补充可考虑将其作为产层;但资源丰度太低,其贡献和投入差距太大,就要视情况而定了。深部以煤系三气的联合开发为首选,也可根据资源丰度,考虑泥页岩气或致密砂岩气的单独开发。因此,无论深部,还是浅部,从资源的角度,分段都要以煤层为核心。

从可改造性的角度看,把层段内所有不同类型的储层一次改造,也就是说在压裂的过程中,通过分层均匀、不均匀、多簇射孔和四变压裂、限流、投球等措施,能够把所有储层都压开,形成缝网。这就要求各类储层的破裂压力不能相差太大,且一定要避开强水敏性岩层。

在满足上述资源与开发条件下,如果是均匀射孔,一次改造层段的厚度一般要控制在 20m 以内;如果采用分层不均匀射孔,在破裂压力差别不悬殊的前提下,一次改造的厚度可达 50m 左右。这是由于目前的套管直径多为 139.7mm,而压裂液的排量要求在 $10m^3/min$ 左右,继续提高排量,管路摩阻也相应增加,工程施工难度增加。

7.3.1.4　水文地质/构造条件

所有储层改造最避讳的是压裂过程中的漏失和沟通含水层。压裂过程中压裂液通过断层、陷落柱或比较大的裂缝漏失,使得施工压力低,难以在储层内开启裂缝,同时这些构造往往是沟通含水层的通道。另外,含水层与储层之间必须有可靠的屏障,确保压裂过程中裂缝不延入含水层。这项工作在井位部署时就要充分考虑了,尽量避开,如果实在避不开,压裂设计时要合理考虑压裂规模和泵注程序。

7.3.2　射孔方式

为了能够对煤系气储层进行缝网改造,对每一段要采用分层多簇(均匀、非均匀)射孔。压裂层段内不同层位地应力的大小,或者是地应力、岩石力学性质和孔隙流体压力决定的破裂压力的大小直接决定了射孔打开层位位置。根据测井和测试资料获取地应力和破裂压力剖面后,选择破裂压力较低的、水敏性弱的层位作为射孔层位。这样就可以保证压裂过程中压裂液优先在所压裂的层位内运移,如果需要其扩展到上下破裂压力相对较高的层位,可通过改变泵注程序实现。当然,所有必须围绕沟通煤层为核心,煤层是气源。采用不均匀分层射孔,起到限流的作用,使强化层段内各层尽可能被均匀压裂,簇与簇、层与层之间在压裂过程中形成的应力场扰动,促使裂缝转向,利于多级多类裂缝的形成。可见射孔是缝网改造的又一关键环节。

射孔密度以满足压裂和生成需求即可,不可过密,否则套管强度严重下降,后期生产阶段容易发生变形。目前煤系气井射孔密度从 8 孔/m 到 32 孔/m,一般采取 16 孔/m,具体要结合地质条件和压裂层段厚度确定。借助于水平井缝网改造的分段多簇射孔工艺,煤系气垂直井射孔有三种方式:一是常规的均匀射孔,即整个改造层段以 16 孔/m(或其他孔密度)均匀射孔;二是不均匀射孔,高破裂压力层段采用相对密集的射孔(如 16 孔/m),低破裂压力层段采用相对稀疏的射孔(如 8 孔/m);三是分层多簇射孔,与水平井的类似,根据具体情况确定簇与簇、层与层之间的间距。这三类射孔密度取决于改造层段的厚度,如有时要避开一些水敏性或不可改造的地层,就要分层;为了实现缝网改造,需要不均匀射孔。

大量的理论研究及现场实践证明,当射孔枪与套管的间隙为 10~17mm 时,射孔弹不但能发挥出其最大穿深,而且孔眼呈均匀径向分布,因此在 Φ139.7mm 套管内射孔应采用 102 枪、127 枪系列。利用 89 弹、102 弹、127 弹和 1m 弹均能穿透水泥环,套降系数均小于 5%。考虑该煤系气储层是特低渗透储层,且孔径往往扩大,故最好采用穿透深度大的 127 弹或 1m 弹。

7.3.3　入井材料

入井材料包括支撑剂和压裂液,一般的支撑剂石英砂能够满足要求,关键是压裂液。压裂液首先要有满足防止水敏、速敏和水锁的要求,然后才是其携砂能力。以往的煤储层改造采用的压裂液有冻胶、线性胶、清洁压裂液和活性水等,以活性水为主,不仅是因为其廉价,更因为其对储层的伤害最小。尽管活性水携砂能力有限,但岩层的缝网改造形成的自我支撑可弥补这一不足。外来液体进入储层或多或少都会对储层造成不同程度的伤害,因此压裂液越简单对储层的伤害程度越低。以往的活性水没有充分考虑水锁伤害和速敏的控制,为此建议采用 1.5%KCl+0.05%AN 表面活性剂溶液(见 5.4 节)。该压裂液中的 KCl 具有稳定黏土防水敏作用;AN 表活剂具增加煤的润湿性,使煤粉迅速就地沉降,从而起到固定煤粉作用,降低排采过程中的速敏伤害;同时,表活剂的加入显著降低了压裂液的表面张力和储层毛管压力,从而降低了水锁的强度、降低了储层的启动压力梯度、提升了渗透率。这是一种性价比极高的煤系气储层缝网改造压裂液,且已经进行了成功的现场试验。其他胍胶类的高黏压裂液使用时要慎重,要在完成储层伤害实验后决定,最好采用比较昂贵的超低密度支撑剂和上述压裂液的组合,也不要轻易采用胍胶。

7.3.4　压裂工艺

垂直井或丛式井的压裂一般采用光套管压裂,首先施工下层,然后填砂依次压裂上部层段;为了确保大排量一般不采用封隔器和油管的组合压裂。把煤系气储层作为一个整体进行缝网改造,除了前述的射孔方式外,"四变压裂"也是实现这一目的的有效途径,大排量、多液量、大砂量、低砂比是基本指导思想。大排量是为了裂缝延伸长,改造范围大;多液量是满足大排量的同时,也要满足段塞式加砂的需求;大砂量对应于段塞式加砂,在储层中形成支撑房柱;低砂比是在采用活性水+表活剂压裂液时,确保压裂液的输送距离足够远。具体的入井材料和泵注程序要根据具体情况确定,要做到一井一法。

7.4　空气动力激荡缝网改造技术

空气动力激荡缝网改造技术是采用空压机将空气与含有抑爆剂的细水雾注入储层,然后快速卸压释放,使注入的流体、储层中的流体和煤粒瞬时通过井筒排到地面,这样就构成了一个注入卸压旋回。注入的时间取决于储层的性质,要求注入压力要高于岩石的破裂压力。如此反复,循环次数取决于具体的地质和工程条件。这一技术以往被称为裸眼洞穴法完井,目前不仅用于裸眼井,而且用于套管完井的煤层气井。

煤储层裸眼洞穴法完井技术早在40余年前就诞生了,但直到1977年Amoco公司用该方法完成了Cahn1井后,人们才真正认识到其潜在的优势。之后,许多公司相继在圣胡安盆地北部水果地组煤层采用了这一技术,并演化为更为完善的裸眼洞穴法完井技术,取得了水力压裂法无法比拟的效果。近些年来国内把此技术扩展到煤层气生产井的解堵中,取得了一定的效果[374]。

Logan系统地论述了裸眼洞穴法完井的具体目的[6]:①使井筒与储层连通性加强;②在储层内形成多方向自我支撑的诱导裂缝;③井筒及诱导裂缝切割自然裂缝系统。完井前要解决如下问题:①储层是否适用该技术;②采用何种完井程序;③如何在一个裸眼井段内使多煤层同时得到强化;④如何进行完井效率评价;⑤何时终止操作;⑥如何使完井技术最优化。

纯粹的裸眼洞穴法完井对储层有严格的要求:①渗透率在 $20×10^{-3}\mu m^2$ 以上; $10×10^{-3}\sim20×10^{-3}\mu m^2$ 的储层采用该技术也取得了一定的强化效果;对 $2×10^{-3}\sim10×10^{-3}\mu m^2$ 的储层还没有充分的证据说明能否采用该技术。②储层压力较高,最好为超压。③煤储层本身具备发育完好的天然裂缝系统,且煤体结构完整。正是这些特殊的要求,才使这一技术的适用范围有限。

7.4.1 技术原理

空气动力激荡缝网改造技术,使井筒有效地连通了割理、裂缝。在井下洞穴形成时,煤储层所受的应力场重新分布,垂直作用在洞穴上的应力发生了改变,它被部分转移到洞穴的壁面,在煤层中形成了指向洞穴的单向负荷,引起煤体因缺乏支撑而向洞穴中移动。这种影响向煤层内不断延续,可以扩展到洞穴周围数十米的半径范围内。在加压注入流体与快速卸压使储层物性改善的过程中,可在井筒周围形成四个变动带:洞穴、塑性带、引张破坏带和最外部扰动带(图7-16和图7-17)。

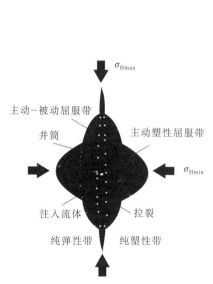

图 7-16 塑性带形成示意图[7]

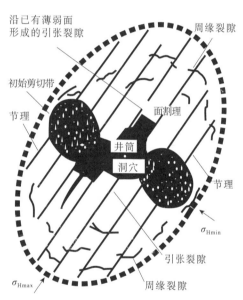

图 7-17 裸眼洞穴法完井强化机制示意图[6]

7.4.1.1 洞穴

空气动力激荡在裸眼井筒、套管井套管之外形成一个近柱状的洞穴,其直径为井筒直径的数倍。仅依靠这不足2m的洞穴,对储层的渗透性不会造成显著改善,它本身只能使储层传导能力提高5%[8]。因此空气动力激荡对储层的强化机制主要取决于洞穴周围的其他变动带。

7.4.1.2 塑性带

在加压注入过程中,径向应力大于周缘应力,从而形成被动塑性屈服带;在卸压过程中,塑性带可存在剪切破坏,剪切带方向与最小水平应力方向一致。剪切诱导裂缝可通过自身的煤粒自我支撑,保持较宽的张开度。

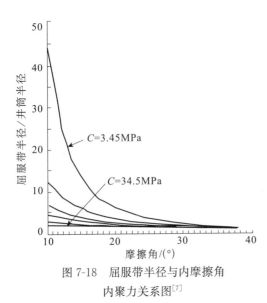

图 7-18   屈服带半径与内摩擦角
内聚力关系图[7]

塑性带的似渗透率可通过考虑流体与应力的相互作用,用库仑准则中面应变模型来计算

$$\frac{\mu q}{2\pi h k_{c}} = 2C\tan\alpha \qquad (7\text{-}1)$$

式中,μ 为流体黏度,Pa·s;q 为生产速率;h 为储层厚度,m;k_c 为塑性带似渗透率,μm^2;C 为内聚力(内抗剪强度),MPa;$\alpha = (\pi/4 + \varphi/2)$,$\varphi$ 为内摩擦角。

塑性带的大小受内摩擦角和内聚力的控制,内摩擦角越小,内聚力越大,塑性屈服带就越宽(图 7-18)。

7.4.1.3   引张破坏带

1. 径向引张破坏

随流体(空气＋细水雾)的注入,当压力超过屈服应力时,塑性带形成,并在流体压力作用下进一步被拉裂强化。当流体压力超过最小水平应力时,力学薄弱面将被拉裂、延伸、增宽。这种由流体压力诱导的张性裂缝即可与井筒连通。孔弹性计算、解析法计算和实验室研究充分证实了流体压裂裂缝的形成,并在井筒处达到最大宽度。这种径向拉张为流体提供了运移通道,同时使得塑性带内的应力达到新的平衡。径向裂缝是多方向的,但总体上有一个优势方向,其优势方向取决于注入速率和原应力场的各向异性。

2. 周缘引张破坏

由于卸载时流体向井筒集中,径向引张应力达到或超过煤体的抗拉强度,造成周缘引张破坏。如果储层渗透性好,原始储层压力高,孔隙度小,井筒直径小,这种应力状态可长时间维持。

7.4.1.4   最外部扰动带

Palmer 曾估计完井影响带的半径为 50m,也就是说在塑性屈服径向引张和周缘引张破坏带之外,还有一部分储层被强化。其机理是:①快速卸载诱导的剪切应力超过煤体抗剪强度,使裂缝被扰动;②瞬时的或稳定的流体流动、运移产生的压力梯度足够大,使煤体沿裂缝发生剪切移动。无论哪一种情况,都将在井筒以外较远的地带造成裂缝的扰动。这种扰动是由裂缝的性质决定的,如宽度、间距、粗糙度和膨胀性等。

1. 裂缝宽度

裂缝宽度对其进一步扩张影响很大,而其宽度是由有效正应力决定的。有效正应力是垂直于裂缝壁面上的总应力与裂缝内流体压力的差。储层压力越高,有效正应力越低,裂缝就越易张开,意味着渗透率和流速越高,沿裂缝的块体运移就更加容易。研究表明,裂缝中流体的流速正比于孔隙度的立方[8]。

2. 裂缝间距

基质块越小、裂缝间距越小,渗透率越高(图 7-19)。此外,渗透率随裂缝宽度的增大而增高。因此可以认为,对裂缝宽度较大、间距较小的超高压系统,煤层气的产出速率将会更高。

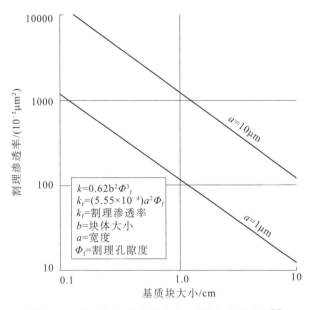

图 7-19 渗透率与基质块大小、裂缝宽度的关系[8]

3. 裂缝粗糙度和膨胀性

自然界中任何物体的表面都是粗糙的。煤中裂缝的粗糙度影响到完井或生产过程中煤体基质块的运动。裂缝面之间的相对运动会造成裂缝空间的膨胀扩容。这种变化分两种途径。图 7-20 左侧为理想化的粗糙裂缝,在完井或生产诱发的剪切应力作用下,裂缝面凸起部分或相互叠加,使裂缝扩容;或被剪切,使有效宽度减小。垂直于裂缝壁面的正应力是这两种情形的控制因素。当剪切发生时,低正应力使凸起部分相互叠加,形成高的正位移,裂缝扩容,渗透率增高;高正应力使凸起部分被剪切,裂缝缩小,渗透率降低。这种现象可用式(7-2)定量表达:

$$A_s = 1 - (1 - \sigma'_n / \sigma_c)^{1.5} \tag{7-2}$$

式中,A_s 为被剪切掉的凸起部分的面积,m^2;σ_c 为非围限抗压强度,MPa;σ'_n 为作用在裂缝壁面上的有效正应力,MPa。

可见储层原应力越小、压力越高裸眼洞穴法完井的效率就越高。

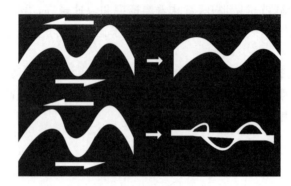

图 7-20　粗糙度与裂缝扩容关系示意图[7]

7.4.1.5　裂缝扰动的控制因素

1. 原应力

裂缝的宽度、连通性以及塑性带、引张破坏等均由原应力大小决定,尤其是最大水平应力。同时原应力的各向异性直接影响到强化效果。Nolt 给出了裂缝开启的定量准则:

$$p - \sigma_{Hmin} > \frac{\sigma_{Hmax} - \sigma_{Hmin}}{1 - 2\nu} \tag{7-3}$$

式中, σ_{Hmax} 、 σ_{Hmin} 为最大、最小水平应力,MPa; ν 为泊松比,无量纲; p 为流体压力,MPa。

式(7-3)成立时裂缝才可能被拉裂,可形成连通性更好的网络。

2. 储层厚度

储层厚度、注入速率、流体黏度等对于裂缝的改造作用目前还不明朗。McLennan 根据煤和非煤地层间的剪切阻力,试图用式(7-4)描述裸眼段厚度对塑性带宽度的影响[7]:

$$r_p < \frac{h}{2\tan(45 - \varphi/2)} \tag{7-4}$$

式中, r_p 为塑性带半径,m; h 为完井段厚度,m。

可见对于较薄的储层厚度,不易形成塑性带。

3. 块体平衡计算

如果从三维角度考虑最外部扰动带内的裂缝变动,则作用在基质块体上并使之运动的外力(体力、流体压力、剪切力)与块体自身的反作用力(内聚力、摩擦力)是平衡的。

$$\frac{\partial p(y,t)}{\partial y} > \frac{2S_x(\sigma'_n)}{C_x} + \frac{2S_z(\sigma'_n)}{C_z} \tag{7-5}$$

式中，p 为局部瞬时储层压力，MPa；x、y、z 为距离，位置，m；$S_{i=x,y,z}$ 为抗剪强度，MPa；$C_{i=x,y,z}$ 为裂缝间距，m。

式(7-5)成立时将发生块体运动。可见空气动力激荡与本书论述的通过分段(层)多簇射孔、四变压裂、限流压裂等技术一样，都可以在储层内形成一个裂缝网络系统，而且空气动力激荡形成的缝网系统更为完善，因为部分储层煤岩体被排出了。由于其适用的储层条件非常有限，大多数条件下无法采用此强化技术，但对于生产井的解堵是相对有效的一种技术途径。

7.4.2 空气动力激荡技术

如前所述，空气动力激荡是以空气为介质，用高压空气使煤储层反复受压和卸压的一种方法。空气动力对煤储层的改造，实质上是利用压缩空气所具有的势能，在能量聚集和释放的过程中，转化为动能，在井筒周围依次形成洞穴、塑性带(引张、剪切裂缝带)和扰动带，实现了储层缝网改造。

7.4.2.1 流体循环方式

空气动力激荡流体的注入和排出可分为两种方式：一是正循方式，即高压空气由油管进入，在与储层作用后，卸压期间井筒内的气液固混合物从油管和套管之间的环空排出[图 7-21(a)]；二是反循环方式，即高压空气由油管与套管之间的环空同时注入，卸压时从油管排出[图 7-21(b)]。反循环技术以其独有的优点被人们普遍接受：①安全保障。将油管的内壁进行特殊处理，包括地面管路，使得气液固排出过程中与管壁的碰撞、摩擦不至于起静电和爆炸。②油管的截面积小，在卸压阶段容易使气液固高速返排到地面。

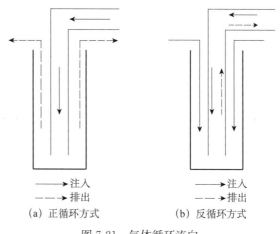

(a) 正循环方式　　　(b) 反循环方式

→ 注入
-→ 排出

图 7-21　气体循环流向

7.4.2.2 空气动力激荡装备

空气动力激荡装备有以下几个系统组成：井口装置系统、供气系统、卸压系统、观测控制系统和洗井系统。

1. 井口装置系统

井口装置系统要满足防喷和耐高压具体要求，并兼顾和其他系统的配套(图 7-22)。

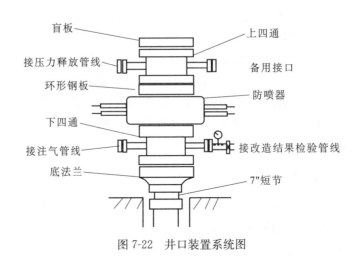

图 7-22 井口装置系统图

2. 供气系统

供气系统主要由空气压缩机、增压机、高压注浆泵和控制阀门组组成。空气压缩机主要是对空气进行一级压缩,向增压机供气,然后经增压机增压至所需要的压力,经控制阀门组控制输入井内。增压机应根据施工的目的、要求和储层特点来选择,空压机的选择应当根据增压机的特点和施工目的来选择。在供气系统中同时配备高压注浆泵,目的有三:一是制造细水雾,使空气雾化以降低空气与煤层气混合后的爆燃可能性;二是可以润湿干煤层,降低施工过程中井下煤尘爆燃可能性;三是根据井内塌落物情况,注入发泡剂,为提高下一步洗井效率创造条件。注水量要根据煤层的含水情况来确定,如果是干煤层,注入的水量要满足润湿煤粉的要求;如果煤层含水,要注入一定量的泡沫剂。供气系统见图 7-23。

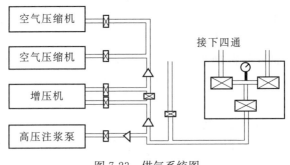

图 7-23 供气系统图

3. 卸压系统

由于注气结束后,井内被封闭的是高压气体,当释放时,会瞬间卸压,同时产生高流速气流,并携带大量的煤粉和岩块喷出。所以卸压系统要考虑高压阀门的开启速度、释放气体的卸能和防止岩块的飞溅问题(图7-24)。

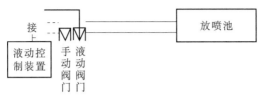

图 7-24 卸压系统图

4. 洗井系统

空气动力激荡结束后井筒内还滞留了一些煤岩粉、煤岩块,要通过空气反循环洗井将其排除。洗井主要采用的设备是钻机、潜空锤冲击器及锤头、空压机以及油管,油管直径尽可能大些,在油管底部加装洗井钻头。这样在注气结束后不用起下钻头即可进行洗井。

随着施工的进行,井内产气量不断增加,为防止井口煤层气溢流引起爆燃现象,洗井过程中在喷口安装大功率矿用抽风机,使井口形成进气口,保障洗井的安全。

5. 观测系统

观测系统有三部分组成:一是注气观测,主要是观测注气过程中井内压力的变化情况;二是闭压观测,主要是观测闭压阶段井内压力的变化;三是产气能力观测,主要观测洗井后井生产阶段煤层气产出量的变化。该系统由一系列的压力表和流量表组成。

7.4.2.3 空气动力激荡工艺

空气动力激荡施工具有明显的阶段性,每个阶段都有自身的目的和任务,可分为七个阶段。一是试注阶段,是在正式改造之前检查各装置的工作情况;二是初注阶段,主要是根据煤层的地层压力选择合理的注气压力,并掌握煤层气井初始条件;三是注气阶段,是向井内注入高压空气,并观测记录注气过程中井内气压变化;四是闭压阶段,是在注气结束之后关闭相关阀门使煤层气井形成封闭体系,并观测井内气体压力变化;五是压力释放阶段,主要是通过打开阀门,使气体快速释放;六是洗井阶段,利用空气(泡沫)产生负压,达到清洗井内煤(岩)粉的目的;七是改造结果检验阶段,是关闭相关阀门使煤层气井形成封闭系统,观测一段时间井内压力的变化后,开启相关阀门,测量产出气体的流量,并根据所获得的检验数据来改进施工参数。

第8章 缝网改造技术的应用

煤系气储层属性(岩性、厚度、结构构造、含气性、渗透性、力学性质、水文地质条件、埋藏深度、地应力、温度等)的差异性,影响着井型的选择、缝网改造层系的确定和具体的改造工艺。本章在系统分析煤系气各类储层的基本属性和组合类型后,形成了改造层系选择基本原则,详细论述了垂直井和水平井缝网改造技术,并对其应用效果进行系统评价,以期为煤系气的商业化开发提供支撑。

8.1 煤系气储层垂直井缝网改造技术的应用

垂直井井型(包括丛式井井型)是目前油气开发的主流井型。煤系气储层属性的差异,导致改造层系、射孔方式、压裂液、支撑剂和压裂泵注程序等不同,本节简要介绍缝网改造技术在山西沁水盆地某区块煤系气开发垂直井中的应用情况。

8.1.1 煤系气储层基本属性

山西省沁水盆地某区块赋存了石炭二叠系的太原组和山西组煤系气(图 8-1),以煤层气为主,泥页岩气和致密砂岩气有一定含量。

8.1.1.1 煤层气

1. 煤层埋深

$3^#$煤层埋深为 $336\sim580m$,平均 $478m$。$4^#$煤层埋深为 $341\sim586m$,平均 $486m$。$15^#$煤层埋深为 $481m\sim738m$,平均 $629m$。

2. 煤层厚度

$3^#$煤层厚度为 $0.51\sim1.62m$,平均 $1.03m$。$4^#$煤层厚度为 $0.87\sim1.69m$,平均 $1.23m$。$15^#$煤层厚度为 $4.61\sim9.72m$,平均 $5.92m$。

3. 煤体结构

$3^#$、$4^#$煤层主要以Ⅱ类煤和Ⅲ类煤为主,$15^#$煤层主要以Ⅲ类、Ⅳ类煤为主(图 8-2)。煤体总体上比较破碎,不适合改造。

4. 含气性

$3^#$煤层含气量为 $9.5\sim19.2m^3/t$,平均含气量为 $13.2m^3/t$,CH_4 浓度为

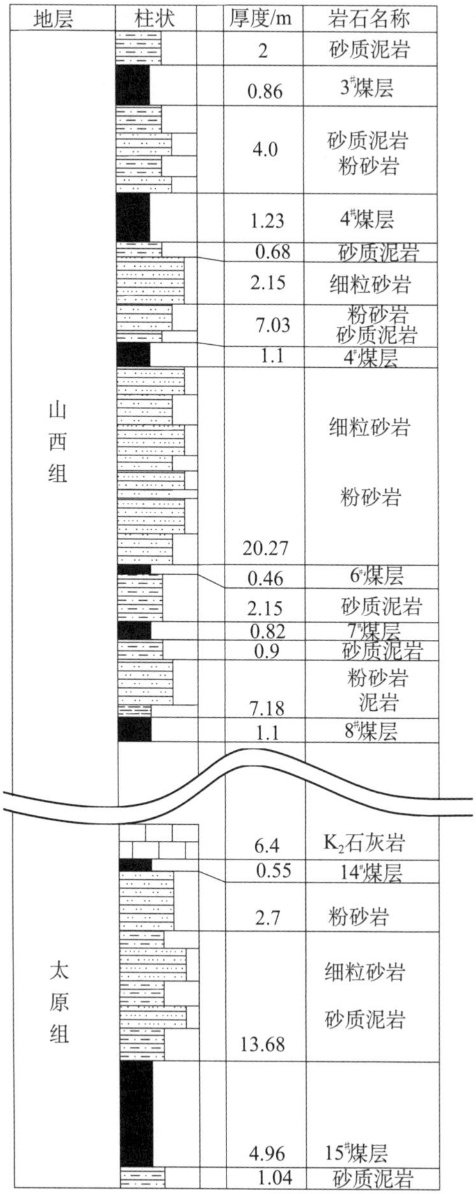

地层	柱状	厚度/m	岩石名称
		2	砂质泥岩
		0.86	3#煤层
		4.0	砂质泥岩 粉砂岩
		1.23	4#煤层
		0.68	砂质泥岩
		2.15	细粒砂岩
		7.03	粉砂岩 砂质泥岩
		1.1	4#煤层
山西组		20.27	细粒砂岩 粉砂岩
		0.46	6#煤层
		2.15	砂质泥岩
		0.82	7#煤层
		0.9	砂质泥岩
		7.18	粉砂岩 泥岩
		1.1	8#煤层
		6.4	K₂石灰岩
		0.55	14#煤层
		2.7	粉砂岩
太原组		13.68	细粒砂岩 砂质泥岩
		4.96	15#煤层
		1.04	砂质泥岩

图 8-1 试验区煤系综合柱状图

$96.8\% \sim 97.7\%$；4# 煤层含气量为 $7.0 \sim 17.5 m^3/t$，平均含气量为 $12.6 m^3/t$，CH_4 浓度为 $85.38\% \sim 96.92\%$；15# 煤层含气量为 $7.8 \sim 22.6 m^3/t$，平均含气量为 $11.8 m^3/t$，CH_4 浓度为 $84.11\% \sim 99.5\%$。

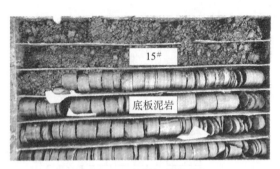

图 8-2　15 号煤与底板泥岩

　　为分析考虑微孔超压赋存对试验区煤层气含量估算的影响,对试验区抽采的 4.18km² 内的煤样进行等温吸附实验,测得各煤层煤样的空气干燥基等温吸附参数,依据基于微孔超压存在的煤层气资源量计算方法,可以计算考虑微孔超压后各煤层的含气量(表 8-1)。

表 8-1　试验区煤层气含量估算结果

煤层	储层压力/MPa	Langmuir体积/(cm³/g)	Langmuir压力/MPa	实测含气量	含气饱和度/%	未考虑超压(理论计算)				考虑超压(理论计算)			
						含气量/(cm³/g)	游离气/%	吸附气/%	溶解气/%	含气量/(cm³/g)	游离气/%	吸附气/%	溶解气/%
3#	4.77	19.18	0.94	17.99	97.7	18.41	7.8	92.16	0.04	22.72	13.2	86.69	0.11
4#	4.79	19.18	0.94	13.87	86.4	16.05	7.91	92.04	0.04	20	14.36	85.53	0.11
15#	6.05	14.74	0.67	11.95	84.6	14.13	9.56	90.38	0.05	18.68	25.8	74.09	0.1

　　根据目前试验区的地质资料和钻井资料,对试验区抽采的 4.18 km² 内的煤层气含量进行了估算,3# 煤层气资源量约为 1.21 亿 m³,4# 煤层气资源量约为 1.13 亿 m³,15# 煤层气资源量约为 4.56 亿 m³,合计煤层气资源储量约为 6.9 亿 m³。考虑微孔超压环境影响后,3# 煤层气资源量约为 1.49 亿 m³,4# 煤层气资源量约为 1.41 亿 m³,15# 煤层气资源量约为 6.03 亿 m³,合计煤层气资源储量约为 8.93 亿 m³。也即,在煤层气资源量评估过程中,约 29.4% 的总资源量被低估(表 8-2)。

表 8-2　试验区煤层气资源量估算成果表

煤层	抽采面积/km²	厚度/m	视密度/(t/m³)	资源/储量/t	含气量/(m³/t)	资源量/(10⁸ m³)	考虑超压后的资源量/(10⁸ m³)
3#	4.18	1.37	1.42	6 707 228	17.99	1.21	1.49
4#	4.18	1.25	1.42	8 131 772	13.87	1.13	1.41

续表

煤层	抽采面积 /km²	厚度/m	视密度 /(t/m³)	资源/储量/t	含气量 /(m³/t)	资源量 /(10⁸m³)	考虑超压后的 资源量/(10⁸m³)
15#	4.18	5.45	1.48	38 170 088	11.95	4.56	6.03
合计	—	—	—	—	—	6.90	8.93

5. 吸附/解吸特性

各煤层平衡水煤样等温吸附实验结果见表 8-3。

表 8-3 煤样等温吸附试验测定结果表

煤层		Langmuir 体积/(cm³.g)	Langmuir 压力/MPa
L—06	3#	19.18	0.94
	15#	14.74	0.67
L—05	15#	18.75	0.58
L—02	3#	25.69	0.79
	15#	25.59	0.70

6. 储层压力

采用测得的初始动液面(射孔后、压裂前)来计算储层压力(表 8-4)。

表 8-4 试验区储层压力测试结果

井号	煤层	储层压力/MPa	压力系数
L—04	3#+4#	3.52	0.8
	15#	4.62	
L—02	3#+4#	3.44	0.84
	15#	4.78	
L—03	3#+4#	4.77	0.96
	15#	6.05	
L—01	3#+4#	4.79	0.94
	15#	6.00	

7. 临界解吸压力

3# 和 4# 煤储层临界解吸压力为 2.2MPa,15# 煤储层的临界解吸压力为 2.3MPa。

8. 渗透率

3# 煤层和 4# 煤层是合层试井,15# 煤层是单层试井。套管注入/压降试井结果表明:3#+4# 煤层的渗透率为 $0.0521 \times 10^{-3} \sim 0.0581 \times 10^{-3} \mu m^2$,15# 煤层的渗透率为 $0.0172 \times 10^{-3} \sim 0.021 \times 10^{-3} \mu m^2$,煤层渗透率低。因为是它们为软煤,试井结果仅供参考。

9. 地应力

根据地应力测试结果,$3^{\#}+4^{\#}$ 煤层破裂压力为 $11.21\sim13.93$MPa,破裂梯度为 $2.74\sim3.53$MPa/100m,最小水平应力为 $8.47\sim10.04$MPa,最小水平应力梯度为 $1.98\sim2.90$ MPa/100m;$15^{\#}$ 煤层破裂压力为 $14.12\sim15.30$MPa,破裂梯度为 $2.51\sim3.29$ MPa/100m,最小水平应力为 $12.28\sim13.79$MPa,最小水平应力梯度为 $2.19\sim2.96$ MPa/100m。属于正常地应力。

8.1.1.2　泥页岩气

含煤岩系中泥页岩主要是指泥岩、砂质泥岩和粉砂岩,均含有数量不等的有机质,是重要的生烃母质,同时具有一定的吸附能力。通过 X 射线衍射分析,试验区泥页岩含伊利石 $26\%\sim80\%$,平均 60.7%;石英 $5.1\%\sim63.4\%$,平均 20.1%;高岭石 $6\%\sim30\%$,平均 19.2%。没有检出水敏性强的蒙脱石成分,采用 KCl 黏土稳定剂可保证泥岩遇水不发生膨胀。从图 8-1 试验区地层综合柱状图看出,泥岩或砂质泥岩主要发育在煤层顶底板,粉砂岩发育在整个含煤岩系。

岩石力学测试结果,细砂岩抗压强度均值为 113.13MPa,弹性模量均值为 25.74GPa,变形模量均值为 13.53GPa,泊松比均值为 0.19;粉砂岩抗压强度均值为 64.64MPa,弹性模量均值为 14.38GPa,变形模量均值为 12.8GPa,泊松比均值为 0.3;泥岩抗压强度为 20.96MPa,弹性模量均值为 7.68GPa,弹性模量均值为 5.52GPa,泊松比均值为 0.19。

试验区岩屑录井显示,在 $3^{\#}+4^{\#}$ 煤层附近的灰质泥岩段有冒泡现象。将煤储层围岩中的灰质泥岩、泥岩和粉砂岩作为页岩气赋存范畴,对 $3^{\#}$、$4^{\#}$、$15^{\#}$ 煤储层围岩中煤系气进行估算。

1. 未考虑微孔超压环境的泥页岩含气量估算

可采用分解法对(总)含气量进行估算,煤系页岩气以游离态和吸附态为主赋存于围岩的泥页岩、粉砂泥岩和粉砂岩中,极少量以溶解态存在(在估算资源量时可忽略不计)。

$$q_{t} = q_{a} + q_{f} + q_{d} \qquad (8-1)$$

式中,q_{t} 为页岩气含气量,m^3/t;q_{a} 为吸附气含气量,m^3/t;q_{f} 为游离气含气量,m^3/t;q_{d} 为溶解气含气量,m^3/t。

获取吸附气含气量的方法目前主要是等温吸附实验法,即将待实验样品置于近似地下温度环境中,模拟并计量不同压力条件下的最大吸附气量:

$$q_{a} = V_{L}P/(P + P_{L}) \qquad (8-2)$$

式中,q_a 为吸附气含气量,m^3/t;V_L 为 Langmuir 体积,m^3/t;P_L 为 Langmuir 压力,MPa;P 为地层压力,MPa。

泥页岩气吸附气计算:

$$q_{a} = \omega V_{L}P/(P + P_{L}) \qquad (8-3)$$

式中,q_a 为页岩气吸附含气量,m^3/t;ω 为泥页岩中有机质的含量,%;V_L 为 Langmuir 体积,m^3/t;P_L 为 Langmuir 压力,MPa;P 为储层压力,MPa。

采用等温吸附法计算所得的吸附气含量数值通常为最大值,具体地质条件的变化可能会不同程度地降低最大含气量,故实验所得的含气量数据在计算使用时通常需要根据地质条件变化进行校正。

游离含气量的计算,可通过孔隙度(包括孔隙和裂隙体积)和含气饱和度实现:

$$q_f = \Phi_g S_g / B_g \qquad (8\text{-}4)$$

式中,q_f 为游离含气量,m^3/t;Φ_g 为孔隙度,%;S_g 为含气饱和度,%;B_g 为体积系数(地下天然气体积转换为标准条件下体积的换算系数)。

在地质条件下溶解气在干酪根中溶解量极少,加之地层水也不是含气泥页岩中流体的主要构成,所以溶解含气量很小,通常在含气量分析计算中可忽略不计。

则得到煤系页岩气含气量:

$$q_t = q_a + q_f \qquad (8\text{-}5)$$

式中,q_t 为页岩气含气量,m^3/t;q_a 为吸附气含气量,m^3/t;q_f 为游离气含气量,m^3/t。

根据试验区某工作面顶底板泥岩岩质分析,对页岩气的含气量进行了估算(表 8-5)。

表 8-5　试验区泥页岩气含量估算结果

层段	孔隙度/%	饱和度/%	储层压力/MPa	有机质含量/%	温度/℃	密度/(kg/m³)	体积系数	未考虑超压			考虑超压		
								游离气/(m³/t)	吸附气/(m³/t)	总含气量/(m³/t)	游离气/(m³/t)	吸附气/(m³/t)	总含气量/(m³/t)
3#+4#之间	0.46~5.98	98~100	3.52~4.79	1.05~6.43	13	2556~2800	0.021~0.0287	0.056~1.1	0.2~1.23	0.26~2.33	0.17~1.23	0.21~1.28	0.38~2.51
15#顶板	0.32~5.1	98~100	4.62~6.05	0.88~7.2	15	2700~2880	0.017~0.022	0.05~1.13	0.2~1.63	0.25~2.76	0.13~1.28	0.21~1.68	0.34~2.96

2. 考虑微孔超压环境的泥页岩含气量估算

考虑微孔超压环境的泥页岩含气量估算方法首先根据式(4-4)、式(4-10)和式(4-14)计算出围岩中游离气、吸附气和溶解气的含气量,然后再根据式(8-1)估算泥页岩含气量。

采用考虑微孔超压环境的泥页岩含气量估算方法对表 8-5 所述试验区页岩气的含气量进行了重新估算。

通过对比,发现考虑超压环境后,泥页岩气含量增加约 8%,其中游离气含量贡献约 6%,吸附气含量贡献约 2%。

8.1.1.3　致密砂岩气

含煤岩系致密砂岩主要有细砂岩、中砂岩和粗砂岩,主要矿物成分是石英和长石,还有少量黏土矿物,主要特点是有机质含量低、力学强度高、水敏性弱,是储层改造的最佳层位。从试验区综合柱状图看出,砂岩主要发育在煤层之间。

致密砂岩气属于游离气,采用气体状态方程即可计算,根据试验区某工作面顶底板细砂岩分析,对其含气量进行了估算(表 8-6)。

表 8-6　砂岩含气量估算结果

层段	孔隙度/%	饱和度/%	储层压力/MPa	体积系数	密度/(kg/m³)	含气量/(m³/t)
3#+4#	6.1~11.6	98~100	3.52~4.79	0.0211~0.0287	2438~2510	0.83~2.25
15#	4.1~9.3	98~100	4.62~6.05	0.0167~0.0219	2450~2680	0.68~2.27

8.1.2　垂直井压裂模拟

由于 L-03 井 3#、4# 煤层均为厚度 1m 左右的相邻薄煤层,之间有 6m 左右厚的夹层;3#、4# 煤层以Ⅱ、Ⅲ类煤为主;夹层段以砂岩和砂质泥岩为主,含有一定量的煤系泥页岩气和致密砂岩气。所以将 3#、4# 煤层及其顶底板作为一个整体,在夹层中射孔,进行一体化压裂改造(图 8-3)。3# 和 4# 煤层夹层埋深在 500m 左右,最大水平主应力为 16.4MPa,最小水平主应力为 9.01MPa,压裂几何模型如图 8-4 所示,煤岩体主要物理参数见表 8-7。

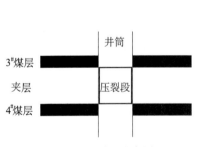

图 8-3　压裂段示意图

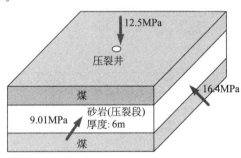

图 8-4　压裂几何模型

表 8-7　完整煤岩体主要物理力学参数

参数	泥页岩	煤
密度 ρ/(kg/m³)	2600	1400
渗透率 k_0/($10^{-3}\mu m^2$)	0.0854	0.0521
Biot 系数 α	0.8	0.7
弹性模量 E_0/GPa	23.36	8.2

续表

参数	泥页岩	煤
泊松比 μ	0.22	0.31
单轴抗压强度 σ_c/MPa	47.5	6.32
单轴抗拉强度 σ_t/MPa	3.6	0.33
极限拉应变 ε_{t_0}	0.0006	0.0004
内摩擦角 φ	37.2	25.7
黏聚力 c/MPa	13.5	3.6
GSI	85	40

8.1.2.1　有限元模型

有限元模型如图 8-5 所示,图 8-5(a)为三维模型,中间夹层厚为 6m,煤层厚度为 1m,煤层盖层厚度为 3m,因为主要压裂中间泥页岩层,为了简化网格划分,因此煤层与煤层的盖层合为 1 层,共 4m,同样砂岩以下厚度也为 4m,图 8-5(b)为水平剖面图(水平中间层,两层单元厚度),图 8-5(c)为垂直剖面图(垂直中间层,两层单元厚度),由于垂直剖面图两边对称,为了使图形显示更大,在缝网分析时,只显示一半。

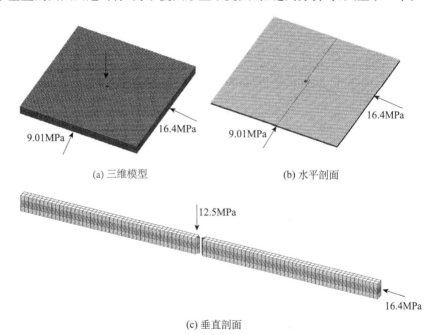

(a) 三维模型　　　　　　　　　　　　(b) 水平剖面

(c) 垂直剖面

图 8-5　有限元模型

8.1.2.2　压裂曲线

根据模拟过程中,施加的排量和压力做压力排量曲线(图 8-6)。

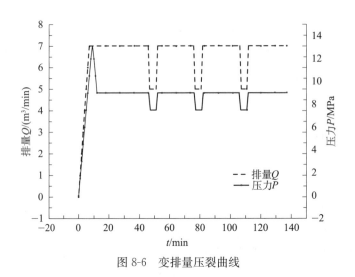

图 8-6 变排量压裂曲线

模拟共分四个阶段泵注,共注入水量 $901m^3$,第一阶段注入水量 $301m^3$,第二阶段到第四阶段各注入水量 $200m^3$,破裂压力 13.2MPa,延伸压力 9.02MPa。

8.1.2.3 缝网演化

如图 8-7 所示,在压力达到 13.2MPa 时,开始起裂,随着流体的持续注入,损伤范围逐渐增大,在注入 $301m^3$ 时,裂缝在水平方向上延伸长度为 88m,在宽度方向上的损伤距离为 32m,可以看出在井筒附近,高度方向延伸到了煤层,但沿煤层延伸距离很短。

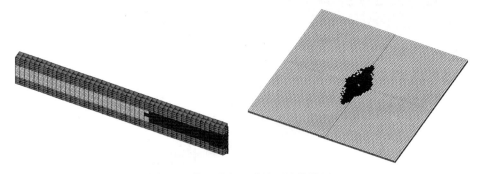

图 8-7 第一阶段压裂缝网演化扩展

如图 8-8 所示,注入 $301m^3$ 后,降低排量至 $5m^3/min$,持续一段时间后,继续增加排量至 $7m^3/min$,当累计注入 $501m^3$ 时,结束第二阶段的压裂,裂缝在水平方向上延伸长度为 132m,在宽度方向上的损伤距离为 42m。

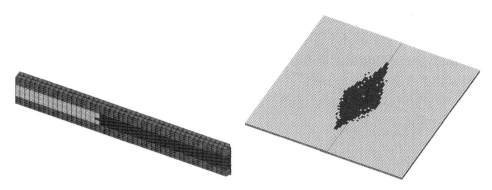

图 8-8 第二阶段压裂缝网演化扩展

以同样的方式分别注入 701m³ 时降低排量,再注入 901m³ 时停止压裂,缝网损伤演化区域如图 8-9 所示,第三阶段在长轴方向和短轴方向的值分别为 164m 和 50m,第四阶段在长轴方向和短轴方向最终值为 188m 和 56m(图 8-10)。

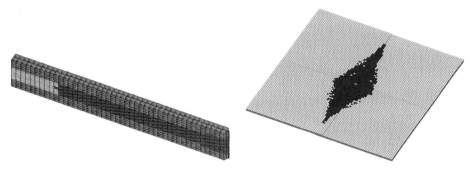

图 8-9 第三阶段压裂缝网演化扩展

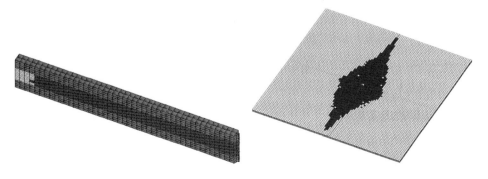

图 8-10 第四阶段压裂缝网演化扩展

8.1.2.4 普通压裂裂缝的扩展演化

普通压裂一次性注水 $901m^3$ 到压裂结束,图 8-11 和图 8-12 为损伤演化区域和压裂曲线,其在长轴方向上也达到了 164m,但在短轴方向上却只有 38m,变排量的损伤范围是普通压裂的 1.47 倍,表明变排量压裂工艺优于普通压裂工艺。

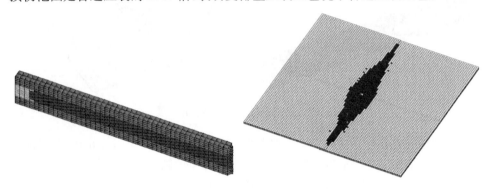

图 8-11 普通压裂缝网演化扩展

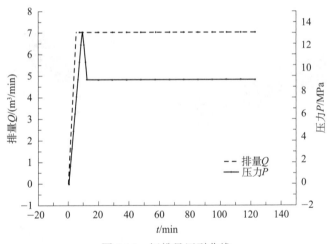

图 8-12 恒排量压裂曲线

8.1.3 缝网改造实施

8.1.3.1 压裂层段

本试验区块煤层 $3^\#+4^\#$ 煤层之间的间距为 $3.32 \sim 15.41m$,平均距离为 $6.61m$。中间发育厚度为 2m 左右的稳定砂岩层,其余为泥页岩层。因此,把两层煤及其夹层作为一个煤系气储层进行整体改造(图 8-13)。

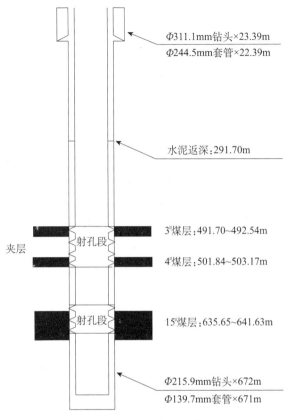

图 8-13 射孔段布置示意图

$15^\#$煤层以Ⅲ、Ⅳ类煤为主,平均厚度在 6m 左右,中间有一层 0.3m 左右的夹矸,煤层本身可改造性差。该煤层的顶板为中细砂岩和泥页岩,可改造性强。因此,将煤层和部分顶板(2m)作为产层进行改造(图 8-13)。

另外,$6^\#$、$7^\#$、$8^\#$煤层及其围岩可构成一个改造层段,厚度在 20m 以内(图 8-1)。不仅包括这三层薄煤层,而且还包括泥页岩和致密砂岩储层,是一个非常理想的煤系气赋存层段。但这一区块地面煤层气开发的主要目的是使煤矿减灾。由于这三层煤不是煤矿的开采对象,因此没有打开。如果从资源开发的角度,这一层段可作为产层加以开发。

8.1.3.2 射孔方案

采用 127 弹射孔,煤层段采用孔密 16 孔/m,岩层段采用 8 孔/m,选择 90°相位角螺旋射孔,射孔液为活性水,电缆传输负压射孔工艺,射孔液面控制在射孔层段以上 100~150m。

8.1.3.3 压裂实施

入井材料有两类,一是采用 1.5% KCl＋0.05%AN 的活性水压裂液,石英砂的粉砂、中砂和粗砂为支撑剂,采用变排量泵注、段塞式加砂。压裂过程中采用微地震进行裂缝检测。压裂施工参数见表 8-8。

该井 15# 煤层压裂施工共注入压裂液 804.10m³,其中前置液 286.74m³,携砂液 510.98m³,顶替液 6.38m³。加入 0.15～0.30mm 石英砂 5m³,0.45～0.90mm 石英砂 30m³,0.90～1.20mm 石英砂 15.49m³,总计砂量 50.49m³。平均施工砂比 9.2%。一般排量 7.04m³/min,破裂压力 14.06MPa,一般压力 11.73MPa,停泵压力 9.04MPa。15# 煤层压裂施工曲线见图 8-14。

表 8-8　L—01 井压裂施工参数表

煤层段	厚度 /m	射孔密度 /(孔/m)	射孔总数 /个	前置液量 /m³	携砂液量 /m³	顶替液量 /m³	排量 /(m³/min)	支撑剂粒径 /mm	砂比 /%	投球 /个	泵注时间 /min
3# 煤层	1.23	16									
3#—4# 夹层	9.3	8	140	250	568	8	4～7	0.15～0.3;0.45～0.9;0.9～1.2	2～18	48	148
4# 煤层	1.06	16									
15# 煤与顶板	2	8	90	250	520	8	4～8	0.15～0.3;0.45～0.9;0.9～1.2	2～16	0	144
15# 煤层	3.58	16									

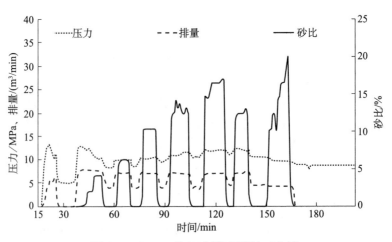

图 8-14　L—01 井(15# 煤)压裂施工曲线

该井 3#＋4# 煤层压裂施工共注入压裂液 861.87m³,其中前置液 288.83m³,

携砂液 564.95m³,顶替液 8.09m³。加入 0.15~0.30mm 石英砂 5m³,0.45~0.90mm 石英砂 30m³,0.90~1.20mm 石英砂 16.46m³,总计砂量 51.46m³。平均施工砂比 10.2%。一般排量 7.17m³/min,破裂压力 12.83MPa,一般压力 9.26MPa,停泵压力 9.26MPa。3#+4#煤层压裂施工曲线见图 8-15。

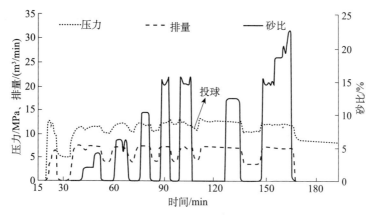

图 8-15   L—01 井(3#+4#煤)压裂施工曲线

入井材料另一类是采用 1.5% KCl+0.05%AN 的活性水压裂液的同时伴注液氮(表 8-9)。

表 8-9   L—02 井压裂施工参数表

煤层段	厚度/m	射孔密度/(孔/m)	射孔总数/个	前置液量/m³	携砂液量/m³	顶替液量/m³	排量/(m³/min)	支撑剂粒径/mm	砂比/%	投球/个	液氮/t	泵注时间/min
3#煤层	0.59	16										
3#—4#夹层	6.4	8	80	250	538	8	4~7	0.15~0.3; 0.45~0.9; 0.9~1.2	2~15	24	50	142
4#煤层	1.25	16										
15#煤上部围岩	2	8	118	250	520	8	4~8	0.15~0.3; 0.45~0.9; 0.9~1.2	2~15	20	50	118
15#煤层	5.35	16										

该井 15#煤层的压裂施工共注入压裂液 810.56m³,拌注液氮 50t。其中前置液 278.50m³,携砂液 524.09m³,顶替液 7.97m³。加入 0.15~0.30mm 石英砂 5m³,0.45~0.90mm 石英砂 30m³,0.90~1.20mm 石英砂 20.42m³,总计砂量 55.42m³,平均施工砂比 12.5%。一般排量 7.06m³/min,破裂压力 15.1MPa,一

般压力 17.4MPa,停泵压力 11.9MPa。15#煤层压裂施工曲线见图 8-16。

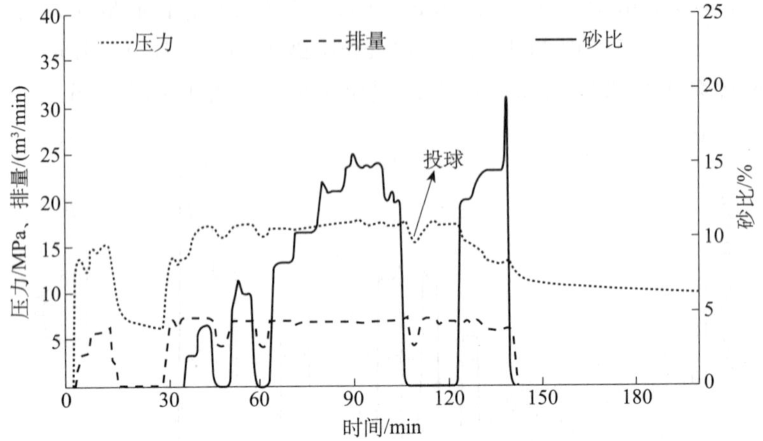

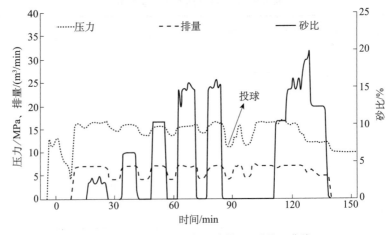

图 8-16 L—02 井(15#煤)压裂施工曲线

L—02 井 3#+4#煤层的压裂施工共注入压裂液 820.61m³,注入液氮 50t。其中前置液 249.99m³,携砂液 562.52m³,顶替液 8.1m³。加入 0.15~0.30mm 石英砂 5 m³,0.45~0.90 mm 石英砂 30 m³,0.90~1.20mm 石英砂 15.26m³,总计砂量 50.26m³。平均施工砂比 11.3%。一般排量 7.17m³/min,破裂压力 16.52MPa,一般压力 15.14MPa,停泵压力 10.26MPa。该井 3#+4#煤层压裂施工曲线见图 8-17。

图 8-17 L—02 井(3#+4#煤)压裂施工曲线

8.1.4 缝网改造效果分析

根据微地震裂缝监测分析其压裂范围,根据压裂施工曲线分析计算渗透率,通过产气量来评价缝网改造最终效果。

8.1.4.1 改造范围

两口井四个层段压裂的微地震裂缝监测结果见表8-10。与晋城和焦作地区传统的水力压裂相比,缝网改造在最大水平主应力方向上形成的裂缝长度基本相同,但在最小主应力方向上,缝网改造井裂缝长度明显高于晋城和焦作地区,比晋城地区高出51%,比焦作地区高出69%。可见缝网改造的强化缝网明显大于传统水力压裂,这正是缝网改造的优势。

表 8-10 缝网改造与传统压裂裂缝长度对比

地区	压裂层	射孔段厚度/m	最大主应力方向裂缝长度/m	最小主应力方向裂缝长度/m
试验区	L—03(3#+4#煤层)	11.37	192.7	53.70
	L—02(3#+4#煤层)	8.24	199.3	60.60
	L—03(15#煤层)	4.66	221.5	68.10
	L—02(15#煤层)	7.35	185	43.50
焦作	E—002(二$_1$煤层)	3.9	209.1	42.30
	E—004(二$_1$煤层)	6.33	169.9	41.60
	E—005(二$_1$煤层)	3.91	190.8	27.60
	E—006(二$_1$煤层)	5.5	180.7	19.40
	E—008(二$_1$煤层)	6.12	177.2	24.20
	E—014(二$_1$煤层)	8.2	173.6	32.80
	E—016(二$_1$煤层)	6.5	168.5	29.80
	G—005(二$_1$煤层)	6.25	165.3	23.30
	G—008(二$_1$煤层)	6	175.5	28.50
	J—006(二$_1$煤层)	5.16	171.8	44.30
	J—008(二$_1$煤层)	6.42	177.3	38.90
	J—016(二$_1$煤层)	6.03	185	47.50
晋城	L—014(3#煤层)	7	177.9	35.60
	L—026(3#煤层)	3.61	214.3	28.50
	L—032(3#煤层)	3.24	186.75	33.20
	L—058(3#煤层)	2.04	187.8	44.40
	2701—37(3#煤层)	5.33	215.1	45.50

8.1.4.2 煤系气储层开启情况分析

缝网改造要求对每一类岩性的煤系气储层都能够进行压裂,由试井获取最大和最小水平主应力、储层压力,结合实测的煤层气储层岩石力学参数,由式(8-6)计算各类煤系气储层的破裂压力。

$$p_b = 3\sigma_h - \sigma_H + \sigma_f - p_0 \tag{8-6}$$

式中，p_b 为破裂压力，MPa；σ_H 为储层段最大水平主应力，MPa；σ_h 为储层段最小水平主应力，MPa；σ_f 为储层抗拉强度，MPa；p_0 为储层压力，MPa。

　　由此计算的各层段破裂压力与压裂过程中的实测破裂压力相比较，来判断围岩是否开裂，如表 8-11。可以看出，除了个别因没有投球限流而没有压开岩层外，其他都实现了所有层系的开启。

表 8-11　围岩破裂程度分析

井号	层段	施工破裂压力/MPa	围岩破裂压力/MPa		围岩是否开启	
			砂岩段	泥岩段	砂岩段	泥岩段
L—01 井	3#+4#煤层-围岩	12.83	12.26	12.44	开启	开启
	15#煤层-围岩	14.06	12.79	8.35	开启	开启
L—02 井	3#+4#煤层-围岩	16.52	13.73	13.91	开启	开启
	15#煤层-围岩	15.1	15.97	14.2	未开启	开启
L—03 井	3#+4#煤层-围岩	15.05	14.72	14.9	开启	开启
	15#煤层-围岩	23.11	16.92	11.52	开启	开启
L—04 井	3#+4#煤层-围岩	12.73	10.61	10.79	开启	开启
	15#煤层-围岩	18.64	18.4	9.6	开启	开启

8.1.4.3　压裂前后渗透率

　　压前渗透率由试井获取，压后渗透率由压降曲线分析，排采阶段的渗透率由排采资料分析。压裂结束后的压降曲线可以作为注水井的压力降落测试处理。根据实际情况，试验区的压裂期注液排量是变化的，所以计算斜率用式(2-14)，进而计算出压裂后排采前的储层渗透率(图 8-18)。

　　焦作地区的压裂排量是不变的，所以计算斜率用式(2-14)，结果见图 8-19。

　　为了能够进一步了解地层裂缝在完全闭合后的渗透率，对排采前期(只产水)地层渗透率进行分析，试验区的排采水量是恒定的，所以计算斜率用式(2-10)，来求取储层的排采前期渗透率(由于合层排采，所以求得的渗透率为两层段的平均渗透率)(图 8-20)。

　　表 8-12 说明，通过排采曲线求得了未产气只产水阶段的渗透率，试验区渗透率达到 0.5~0.88mD，是原始渗透率的 21 倍。试验区最小水平主应力方向上的裂缝缝长为 43~68m，是传统压裂的 1.5~1.7 倍；最大水平主应力方向上的裂缝缝长为 185~221.5m，是传统压裂的 1.02~1.12 倍，相比传统压裂工艺，缝网改造体积显著增大。

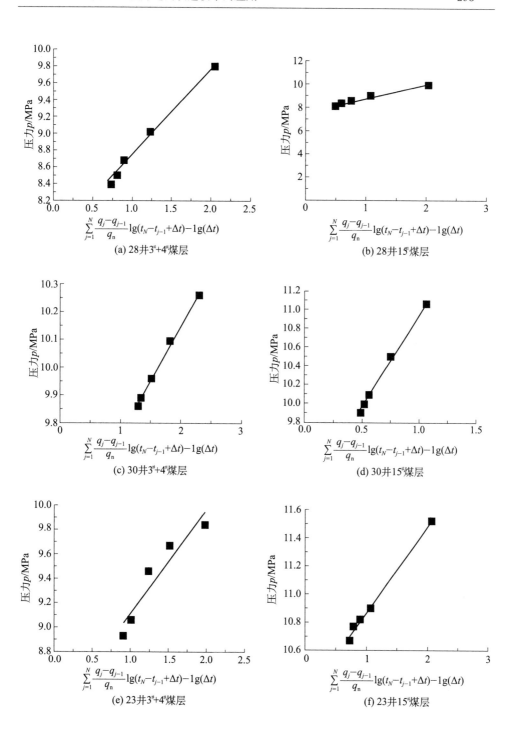

(a) 28井3#+4#煤层

(b) 28井15#煤层

(c) 30井3#+4#煤层

(d) 30井15#煤层

(e) 23井3#+4#煤层

(f) 23井15#煤层

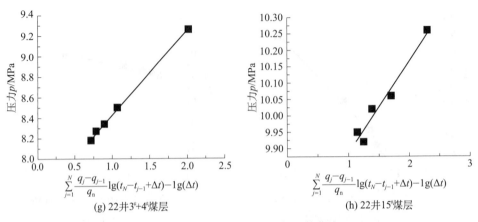

(g) 22井3#+4#煤层　　　　　　　　(h) 22井15#煤层

图 8-18　试验区四口井的叠加函数曲线

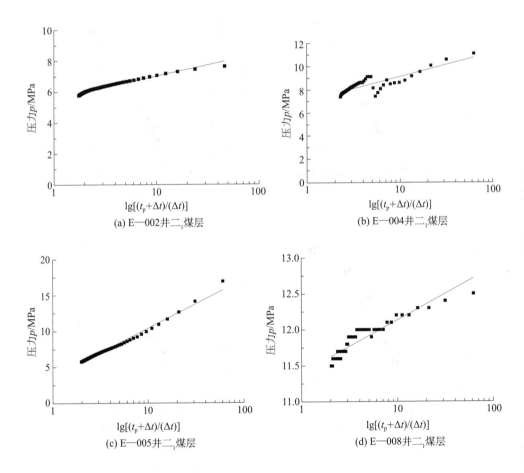

(a) E—002井二₁煤层　　　　　　　　(b) E—004井二₁煤层

(c) E—005井二₁煤层　　　　　　　　(d) E—008井二₁煤层

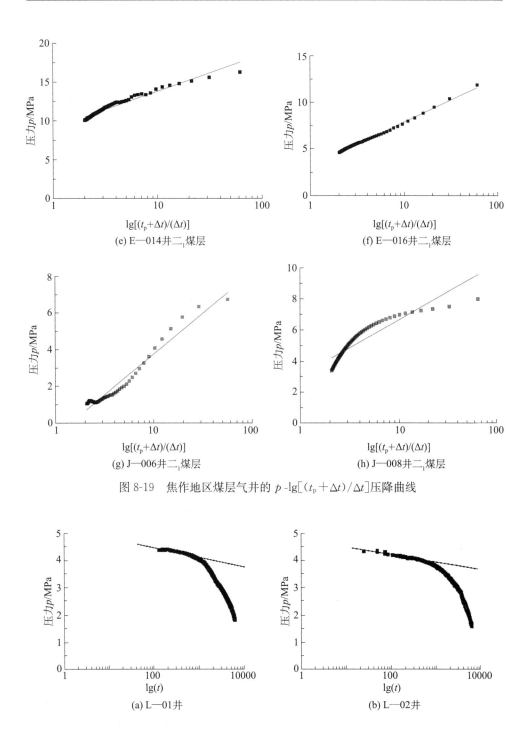

(e) E—014井二₁煤层

(f) E—016井二₁煤层

(g) J—006井二₁煤层

(h) J—008井二₁煤层

图 8-19 焦作地区煤层气井的 p -$\lg[(t_p+\Delta t)/\Delta t]$ 压降曲线

(a) L—01井

(b) L—02井

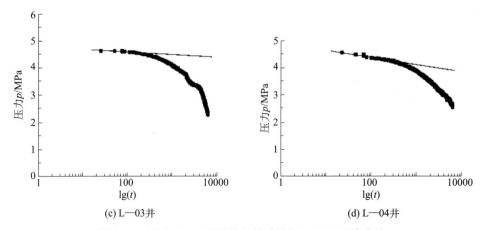

图 8-20　试验区四口压裂井的排采前期 p-$\lg(t)$ 压降曲线

表 8-12　储层改造结果

类型	井号层段	斜率	压前试井渗透率/md	闭合阶段渗透率/md	排采前期渗透率/md	裂缝长轴长度/m	裂缝短轴长度/m
缝网压裂	L—04(3#+4#煤层)	3.22	0.053	0.761 18	0.445	—	—
	L—02(3#+4#煤层)	1.58	0.053	1.056 39	0.87	192.7	53.7
	L—03(3#+4#煤层)	2.63	0.053	0.950 22	0.73	—	—
	L—01(3#+4#煤层)	2.40	0.053	1.268 12	0.88	199.3	60.6
	L—04(15#层)	2.95	0.017	2.903 82	0.445	—	—
	L—02(15#层)	3.46	0.017	2.403 31	0.87	221.5	68.1
	L—03(15#层)	1.82	0.017	1.081 35	0.73	—	—
	L—01(15#层)	1.01	0.017	0.717 34	0.88	185	43.5
传统压裂	E—002(二₁煤层)	1.75	0.02	1.326 97	—	209.1	42.3
	E—004(二₁煤层)	5.04	0.02	0.614 68	—	169.9	41.6
	E—005(二₁煤层)	5.57	0.02	0.56395	—	190.8	27.6
	E—008(二₁煤层)	1.42	0.02	2.743 06	—	177.2	24.2
	E—014(二₁煤层)	1.66	0.02	1.259 3	—	173.6	32.8
	E—016(二₁煤层)	4.98	0.02	0.503 19	—	168.5	29.8
	J—006(二₁煤层)	1.47	0.054	1.903 23	—	171.8	44.3
	J—008(二₁煤层)	10.84	0.054	0.206 46	—	177.3	38.9
	J—016(二₁煤层)	4.92	0.054	0.653 8	—	185	47.5

8.1.4.4　产气效果

　　试验区共施工 4 口井,自 2014 年 6 月排采以来,到 2015 年 10 月 29 日共计排采 450 天,各口井生产情况见表 8-13。目前 4 口井刚进入稳定产气期,L—02 井排采情况如图 8-21 所示。

表 8-13　截至 2015 年 10 月 29 日试验井的生产情况

井号	套压/MPa	3#+4#煤层流压/MPa	15#煤层流压/MPa	当前日产气量/(m³/d)	当前日产水量/(m³/d)
L—01	1.12	0.892	2.180	1166.56	1.200
L—02	0.50	0.500	0.500	1248.65	1.230
L—03	1.00	1.000	1.000	1062.39	1.220
L—04	0.40	0.400	0.400	935.73	1.200
平均	—	—	—	1103.33	1.213

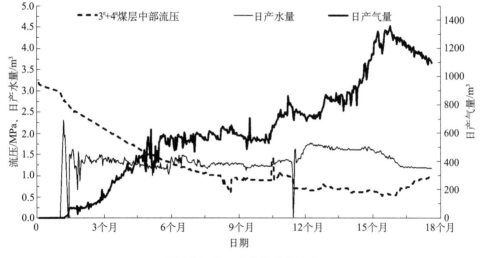

图 8-21　L—02 井排采曲线图

截至 2016 年 9 月,4 口井排采时间已两年多,日产气量分别为 1447.18m³/d (LAWLH—022 井)、1574.4m³/d(LAWLH—023 井)、1455.2m³/d(LAWLH—028 井)、1030.5m³/d(LAWLH—030 井),单井最高产气量为 1574.4m³/d,平均为 1376.82m³/d,还有 0.5～1.0MPa 的井底流压,实现了工业性气流。

该试验区与屯留井田的煤级相同,地质背景、资源条件、储层特征等有较多的相似之处。屯留井田煤层气地面开发起步较早,在其井田南二采区进行了 10 口井的先导性试验,采用活性水＋石英砂进行储层强化,10 口垂直井的排采资料显示,单井最高产气量为 834m³/d,有 1/2 的井几乎不产气,有 1/3 的井平均产气量在 150m³/d 左右(表 8-14)[375]。采用氮气泡沫压裂技术先后对屯留井田 17 口垂直井进行了储层强化,排采资料显示,单井最高产气量 1081m³/d,平均单井日产量 537.6m³ (表 8-15)。从上述生产情况来看,屯留煤层气地面开发试验情况不太理想[376,377]。

　　试验区四口煤系气井的成功开发不仅表明煤系气缝网改造具有明显优势,同时也表明表面活性剂压裂液(1.5% KCl+0.05% AN)具有明显的增产优势,在工程实践中具有很好地应用前景;也更进一步说明煤系三气联合开发和单一的煤层气开发相比具有明显的优势。左权区块是我国首个煤系气开发实现商业达产的区块。由于煤炭企业的经济形势,后续的 16 口已经完井的煤系气井未能投产,20 口井未能实施钻探。

表 8-14　屯留井田南二采区煤层气井产气情况一览表

井号	埋深/m	煤厚/m	含气量/(m³/t)	储层压力/MPa	储层压力梯度/(kPa/100m)	含气饱和度/%	平均日产气量/(m³/d)
T—01	586.5	5.98	12.45	2.44	4.16	67.5	54
T—02	583	5.85	14.45	2.39	4.10	79.0	423
T—03	589.5	6.08	13.77	5.17	8.76	57.8	81
T—04	601.5	7.63	13.77	4.42	7.37	60.4	286
T—05	600	5.92	14.17	2.51	4.20	75.9	834
T—06	602	5.43	13.71	2.4	3.99	74.9	37
T—07	620	6.20	14.11	2.9	4.68	71.3	74
T—08	614	5.85	13.98	2.71	4.42	72.6	23
T—09	614.5	6.30	13.33	2.73	4.44	69.0	32
T—10	640.5	7.15	14.17	3.1	4.84	69.8	4

表 8-15　屯留井田煤层气井产气情况一览表

井号	排采时间/天	套压/MPa	井底压力/MPa	液面高/m	日产气/(m³/d)	日产水/(m³/d)	累计产气/m³	累计产水/m³
T—11	331	0.02	0.02	0	578	21.35	30 703	4 766.49
T—12	328	0.02	0.08	0	298	17.28	23 804	3 821.07
T—13	328	0.01	0.38	16	701	17.28	16 669	2 062.31
T—14	318	0.00	0.39	19	519	7.13	50 534	1 371.06
T—15	292	0.01	0.18	0	949	13.90	75 084	2 885.65
T—16	290	0.00	0.26	5	416	14.10	26 025	2 195.20
T—17	288	0.00	0.23	2	380	14.08	23 932	3 630.45
T—18	286	0.00	0.63	42	18	0.58	1 307	2 008.62
T—19	230	0.00	1.16	95	0	10.24	163	2 903.69
T—20	205	0.17	0.18	0	1 066	1.99	64 401	659.62
T—21	202	0.16	0.17	0	406	4.02	26 111	805.21
T—22	186	0.00	0.54	31	465	0.00	53 296	366.06
T—23	182	0.24	0.26	0	688	6.28	42 166	749.42
T—24	176	0.00	0.03	0	998	1.27	87 716	378.60

续表

井号	排采时间 /天	套压 /MPa	井底压力 /MPa	液面高 /m	日产气 /(m³/d)	日产水 /(m³/d)	累计产气 /m³	累计产水 /m³
T—25	173	0.25	0.25	0	368	3.46	49 676	415.73
T—26	155	0.00	0.01	0	208	1.19	31 924	148.26
T—27	142	0.34	0.35	0	1 081	1.92	101 275	460.63
合计	142~331	0~0.3	0.02~1.16	0~95	9 139	136	704 786	29 628.07

8.1.5　下一步开发建议

此区块已经完钻的煤系气井有 20 口,计划施工的还有 20 口,投产的仅 4 口。通过此 4 口井的试验,发现一些问题,可为以后井的投产提供借鉴。

(1)入井材料不足。由于采用的是"四变压裂",800m³ 的压裂液有些捉襟见肘,下一步备液量要增加,最大排量提升到 10m³/min,这样缝网改造的效果将更好。

(2)表活剂加入的量稍显不足,可提升到 0.1%,确保水锁伤害最小化。

(3)伴注液氮适得其反。因为此区块储层压力接近正常压力,伴注氮气后冲砂、下泵发生了井喷,对储层造成了不同程度的伤害。令人意外的是两口地质条件较好的井在伴注氮气压裂后的产量还不如地质条件比较差的两口没有伴注氮气的井。即是低压储层,伴注氮气也没有多大意义,如果不降低毛管压力,靠氮气膨胀的能量是不足以降低束缚水饱和度的,伴注氮气只能是增加成本。

(4)出于资源开发的目的应该把 6#、7#、8# 煤层段打开。

8.2　煤系气储层水平井缝网改造技术应用

有一定厚度的煤系气储层,且资源丰度能够满足商业化开发的要求,可采用水平井井型,如"U"型或"L"型井。尽管水平井工艺相对复杂,投资风险高、钻井周期相对长,但因其产气量远远大于直井而备受青睐。本节以河南焦作某矿为例对其进行缝网改造,并对应用效果进行评价。

该试验也是国内外第一口直接在煤层顶板施工的水平井,兼顾煤层和围岩的煤系气抽采,主要目的是探索该工艺的可行性,并实现以孔代巷,降低煤矿瓦斯治理成本。

8.2.1　煤系气储层基本属性

试验区位于焦作煤田中部,区内无岩浆岩,区内西部断层较多,东部断层较少,全区构造复杂程度属中等。矿区内含煤地层为石炭系上统太原组、二叠系下统山西组,含煤地层总厚 170.30m,太原组为一煤组,山西组为二煤组。共含煤 13 层,煤层总厚 8.93m,含煤系数为 5.24%。其中山西组下部的二₁煤层为全区可采煤层,太原组下部的一₂煤层为大部可采煤层,可采煤层总厚为 7.61m,可采含煤系数为 4.47%(图 8-22)。

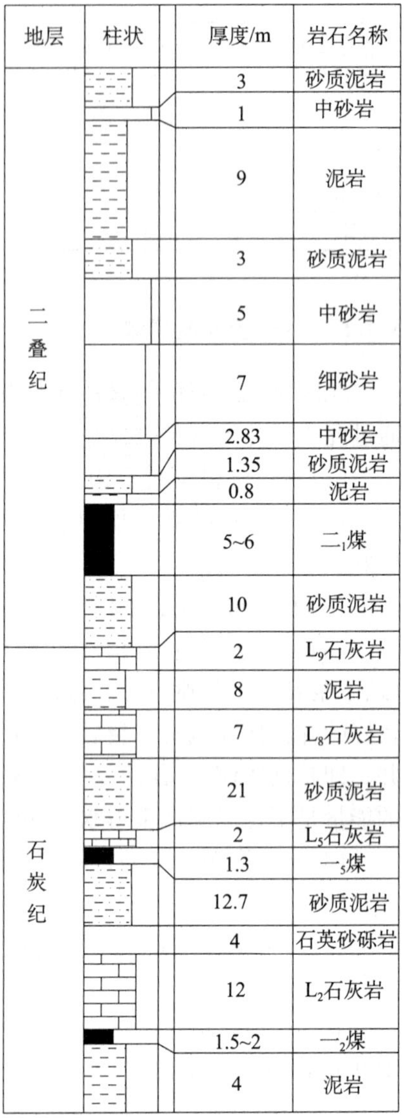

8.2.1.1　煤层气

二₁煤层位于山西组下部,下距太原组顶部 L_9 灰岩或硅质泥岩 11.95m 左右,距 L_8 石灰岩 28m,距太原组下部 L_4 石灰岩 68.81m 左右,距 L_2 石灰岩 85.03m,距本溪组铝土质泥岩 98.31m 左右,距奥陶系石灰岩 132.79m;上距香炭砂岩 19.50m 左右,距砂锅窑砂岩 67.09m 左右。煤层埋深 61~788m,煤层底板标高为 70~680m。

1. 煤体结构

二₁煤为黑色至灰黑色,条痕黑色,层状构造,以原生结构和碎裂结构煤为主,似金属光泽,贝壳状、参差状断口,在煤层的顶部和底部发育有碎粒煤和糜棱煤。

2. 含气性

区块内煤层瓦斯含量高,在采样深度为 230.31~551.25m 处,二₁煤层甲烷含量为 4.18~29.21m³/t。甲烷含量总体中部较高,东、西部较低,而且随煤层埋深的增大而升高的变化趋势。

地层	柱状	厚度/m	岩石名称
二叠纪		3	砂质泥岩
		1	中砂岩
		9	泥岩
		3	砂质泥岩
		5	中砂岩
		7	细砂岩
		2.83	中砂岩
		1.35	砂质泥岩
		0.8	泥岩
		5~6	二₁煤
石炭纪		10	砂质泥岩
		2	L_9石灰岩
		8	泥岩
		7	L_8石灰岩
		21	砂质泥岩
		2	L_5石灰岩
		1.3	一₁煤
		12.7	砂质泥岩
		4	石英砂砾岩
		12	L_2石灰岩
		1.5~2	一₂煤
		4	泥岩

图 8-22　试验区地层综合柱状图

本次取心实测数据,其中二₁煤层共采集了 7 个自然解吸样品,样品的空气干燥基气含量为 12.56~16.92cm³/g,干燥无灰基气含量为 14.59~18.82cm³/g,空气干燥基甲烷含量为 8.65~16.59cm³/g,干燥无灰基甲烷含量为 11.12~18.46cm³/g。

二₁煤层甲烷浓度为 52.44%~98.88%,平均为 90.95%;二氧化碳浓度为 0.10%~0.49%,平均为 0.30%;氮气浓度为 0.76%~47.35%,平均为 8.73%。

由 4.2 可知,在未考虑微孔超压环境之前,区块内煤层气理论含气量为 20.47m³/t,其中游离气含量约占含气量的 4.57%,吸附气含量约占含气量的 95.4%,溶解气含量约占含气量的 0.03%。考虑微孔超压环境后,煤层气的含气量为 45.73m³/t,其中游离气含量约占含气量的 14.14%,吸附气含量约占含气量的 85.79%,溶解气含量约占含气量的 0.07%。分析可知,在通常煤层气资源量评估过程中,约 10% 的游离气资源被低估,约 40% 的吸附气资源被低估,即约 50% 的总资源量被低估。

3. 吸附/解吸特性

二$_1$煤层平衡水分为 8.18%~10.91%,平均为 9.50%;平衡水分基 Langmuir 体积为 33.33~37.67cm³/g,平均为 35.62cm³/g;空气干燥基 Langmuir 体积为 36.44~42.03cm³/g,平均为 39.46cm³/g;干燥无灰基 Langmuir 体积为 44.46~46.69cm³/g,平均为 45.65cm³/g;Langmuir 压力为 1.97~2.30MPa,平均为 2.17MPa。

4. 地应力

试验区最大主应力 σ_1 近于水平,方位在 128.2°~130.4°,方向为东偏南,中间主应力 σ_2 近于水平,方位角为 42.93°~41.4°,方向为北偏东,最小主应力 σ_3 接近垂直。最大水平主应力为 10.58~11.31MPa,最小水平主应力为 9.55~10.41MPa,最大水平主应力梯度为 1.198MPa/100m,最小水平主应力梯度为 1.410MPa/100m。

5. 含水层情况

试验区主采二$_1$煤层,临近的含水层主要包括以下两个:①太原组上段灰岩含水层,由 L$_7$-L$_9$ 灰岩组成,其中 L$_7$ 与 L$_9$ 灰岩层位不稳定,厚度较薄,以 L$_8$ 灰岩为主要含水层。厚度为 3.94~12.54m,平均为 7.78m,岩溶裂隙比较发育,本含水层为二$_1$煤层底板直接充水含水层,对二$_1$煤层开采造成威胁。②二$_1$煤层顶板砂岩含水层,二$_1$煤层以上 60m 范围内是由 1~4 层砂岩组成的含水层组,以大占砂岩、香炭砂岩和冯家沟砂岩为主,厚度一般为 10~20m,西厚东薄,砂岩裂隙不发育,且与泥岩和砂质泥岩相间发育,补给条件差,导、富水性比较弱。

8.2.1.2 泥页岩气

二$_1$煤层直接顶板的岩性多为砂质泥岩或泥岩及粉砂岩,也有细粒砂岩的,老顶大多为灰白色、浅灰色厚层状中-细粒石英长石砂岩(大占砂岩);粉砂岩或泥岩多为深灰-灰色,水平层理,富含植物叶化石,较松软,与二$_1$煤层为明显接触,局部为碳质泥岩伪顶,呈过渡接触。

二$_1$煤层顶板泥岩抗压强度为 27.35~26.38MPa,平均为 26.80MPa,饱和抗压强度为 18.25~16.68MPa,平均为 17.52MPa,岩石抗拉强度为 1.75~1.65MPa,平均为 1.7MPa。岩石弹性模量为 2.69~2.77GPa,平均为 2.68GPa,松

泊比为 0.29。

二₁煤层底板泥岩抗压强度为 23.72～26.94MPa,平均为 25.30MPa,饱和抗压强度为 6.52～7.18MPa,平均为 6.69MPa,岩石抗拉强度为 1.65～1.71MPa,平均为 1.68MPa,底板泥岩弹性模量为 2.09～2.06GPa,平均为 2.09GPa,松泊比为 0.30。

泥页岩主要包括吸附气和游离气两部分,试验区煤层深度在 480m 左右,储层压力取 4.0MPa,依据实测孔隙度和泥页岩气进行估算(表 8-16 和表 8-17)。

表 8-16　焦作 U1V 井岩石渗透率测试结果

样品编号	岩性	取样深度/m	孔隙度/%	渗透率/($10^{-3}\mu m^2$)
焦作 U1V 井二₁-顶-1-3	泥岩	479.95～480.98	2.09	0.035
焦作 U1V 井二₁-底-1-6	泥岩	490.06～493.16	2.16	0.039
焦作 U1V 井二₁-顶-4-6	致密砂岩	479.20～479.85	2.38	0.046

表 8-17　试验区顶板泥页岩气含量估算结果

层段	孔隙度/%	饱和度/%	储层压力/MPa	有机质含量/%	温度/℃	密度/(kg/m³)	体积系数	未考虑超压			考虑超压		
								游离气/(m³/t)	吸附气/(m³/t)	总含气量/(m³/t)	游离气/(m³/t)	吸附气/(m³/t)	总含气量/(m³/t)
顶板	2.09～2.16	95	4.0	2.2～5.3	18	2500	0.021～0.0287	0.28～0.39	0.51～1.22	0.79～1.61	0.39～0.44	0.58～1.32	0.97～1.76

通过对比,发现考虑超压环境后,泥页岩气含量增加约 9%,其中游离气含量贡献约 3%,吸附气含量贡献约 6%。

8.2.1.3　致密砂岩气

致密砂岩气属于游离气,采用气体状态方程即可计算,根据试验区实测的孔隙度对其含气量进行估算(表 8-18)。

表 8-18　试验区顶板砂岩含气量估算结果

层段	孔隙度/%	饱和度/%	储层压力/MPa	体积系数	密度/(kg/m³)	含气量/(m³/t)
顶板	2.38	95	4.0	0.0167～0.0219	2500	0.41～0.54

8.2.2　水平井缝网改造工艺参数优化

8.2.2.1　层位选择依据

1. 煤系气储层缝网改造技术的优势

(1)钻孔不易失稳。岩体的力学强度远远高于煤体,因此钻进过程中失稳卡钻、埋钻的概率显著降低,不会出现严重的扩径,易形成一个高质量的井孔。特别是对含瓦斯煤体钻进时,因瓦斯的存在煤体力学性质发生了改变,将产生严重的孔内突出,使钻进、井孔维护困难,施工风险大。

(2)围岩的可改造性强。任何围岩,除了个别水敏性极强的泥岩外,其脆性指数、力学强度都高于煤层,水力压裂时易形成裂缝。

(3)裂缝不易因应力敏感而闭合。随排采的进行和流体压力的降低,有效应力不断增加,裂缝逐渐闭合,支撑剂将会嵌入煤层,致使其导流能力显著降低,甚至完全消失。目前采用活性水压裂的、超过 800m 深的煤层气井,难以实现高产、稳产,有些井在经历了短暂的产气后出现既不产气、又不产水的现象,其原因是压力敏感造成裂缝严重闭合。岩层的抗压强度远远高于煤层,其抗支撑剂镶嵌能力也相应高于煤层,排采过程中无法回避的应力敏感造成裂缝的闭合程度远远低于煤层。

(4)不易发生速敏效应。煤层气排采要求"连续、缓慢、稳定",即所谓的六字方针,其核心就是要控制速敏的发生。岩层的破碎能力显著低于煤层,不易形成岩粉,即使形成少量的岩粉,也不会像煤粉那样颗粒与颗粒之间存在强的结合力,滞积、包裹在泵体内,或在近井应力集中带形成致密的煤粉滞积环。对于煤层而言,如果排采控制不合理,将会出现煤粉随流体产出。产出的这些煤粉要么沉淀在口袋中,要么滞积在近井地带(往往为应力集中带),或因间断抽采、突然降低抽采强度而中途沉淀。沉淀在口袋中的煤粉可通过捞砂排出,但滞积在近井地带或中途沉淀的煤粉,将造成储层的永久伤害。

(5)适合于任何结构煤储层。对 GSI≥45 硬煤来说,在进行围岩缝网改造时,实际上改造的是围岩和煤层,比本煤层改造有一定的优势。对 GSI<45 的软煤,由于其自身不可压裂,围岩缝网改造强化的只是围岩,瓦斯的产出是先扩散到围岩裂隙,然后通过渗流产出,比本煤层直接扩散到井筒的距离要少得多;另外顶板缝网与煤层接触的面积比单个井筒要大得多。因此,软煤围岩缝网改造优势更为明显。

2. 煤系气资源一体化开发

选择在煤层顶板进行水平井施工,通过缝网改造技术把煤层和顶板整体强化,不但可以开采煤层中的煤层气,还可以对煤层顶板中赋存的泥页岩气和致密砂岩气进行综合开发。

3. 试验目的和条件

首先,试验的目的是在地应力高、瓦斯含量高的焦作某矿释放主采煤层二$_1$煤地层应力,抽采煤层瓦斯,降低煤层含气量,防治瓦斯突出。但由于该矿本煤层软煤较发育,难以强化改造,因此在其顶板周围建立瓦斯运移产出的高速通道,以达到降低煤层瓦斯含量,实现突出煤层区域消突的瓦斯抽采体系,达到取消岩巷、区域消突和资源开发目的。其次还要考虑以下三个方面:①含水层位。焦作矿区在二₁煤开采过程中发生的大型突水淹井事故都是 L_2 灰岩和 O_2 灰岩造成的,L_8 灰岩富水性局部也较强。因此,煤层底板无法布置水平井,为了安全和排采需求将水平井布置到煤层顶板围岩内。②水敏性岩层。焦作某矿 39041 已采工作面和煤田勘探钻孔资料表明,二₁煤顶板存在砂质泥岩和粉砂岩,因其几乎没有强水敏性的泥岩或者炭质泥岩,因此可以较长时间保持水平井水力压裂裂缝的导流能力。③离煤层距离。考虑到煤层深度不大,仍然要以开发煤层气为主,因此水平段不能距离煤层太远,否则难以压开或沟通煤层。

8.2.2.2　井位和井型选择

1. 井位选择依据

(1)对于生产迫切需求,且瓦斯含量高、突出严重的地区,需要进行采前预抽。由于 39061 为接替工作面,煤层瓦斯含量为 $12.56 \sim 16.92 \text{cm}^3/\text{g}$,平均为 $12.21 \text{cm}^3/\text{g}$,瓦斯等级鉴定为为突出煤层,因此生产上亟须降低瓦斯含量消突。

(2)区块相对完整,构造简单。根据焦作某矿 39041 工作面已采情况,该区构造简单,断层和褶曲不发育,煤层产状平缓、厚度稳定,降低施工风险。

(3)煤层埋深具备水平井施工的条件。该区煤层埋深 480m 左右,满足水平井增斜段曲率要求。

(4)井位设计与煤矿井下工程有一定的安全距离。39041 工作面与 U1 井最近距离为 90m 左右,基本满足了水力压裂施工安全(图 8-23)。

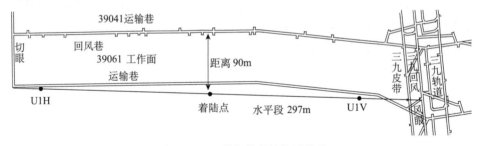

图 8-23　U1 井与巷道的位置关系

2. 井型选择依据

(1)满足条带消突需求。针对焦作矿区实现区域消突的难题,在地面沿顺槽施工水平井,利用缝网改造技术提前抽采瓦斯实现条带消突,代替煤层顶板或底板岩巷,可以节省大量瓦斯治理成本,给瓦斯预抽预留足够的时间。

(2)满足后期压裂需求。为实现缝网改造和均匀压裂的目的,首选水平井分段压裂。

(3)满足后期排采需求煤层气井后期排采需求,一般选择直井作为排采井。

(4)施工条件现行钻井技术能够进行工程施工,根据目前地质导向和对接技术现状,选择直井和水平井对接井型,即"U"型井。

8.2.2.3 井身结构设计

目前水平井一般采用三开结构(图 8-24)。一开一般是在第三系、第四系松散层或基岩风化带内采用 Φ444.5mm 钻头钻进至稳定的基岩,下 Φ339.7mm 套管;二开采用 Φ311.1mm 钻头钻进,下 Φ244.5mm 套管;三开采用 Φ215.9mm 钻头钻进,与直井连通完钻("U"型井),下 139.7mm 套管。对"U"型井,垂直井采用两开结构,一般一开采用 Φ311.1mm 钻头钻进,下 Φ244.5mm 套管;二开采用 Φ215.9mm 钻头钻进,下 139.7mm 套管。这一井身结构对后期的压裂和排采都不会造成不利影响。

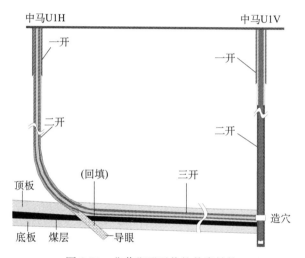

图 8-24 焦作"U"型井的井身结构

8.2.2.4 水平井压裂工艺选择

压裂井段埋藏较浅,压裂管柱沿程摩阻低,有利于提高压裂泵注排量,采用低黏度压裂液完成携砂作业;全井段为套管固井完井,有利于水平段分段压裂工艺的选择。主要原因还有以下方面:水平井段与煤矿井下巷道的最短距离为 90m,为避免压裂裂缝与煤矿巷道贯通,压裂裂缝缝长需尽量控制在安全界限以内,因此压后增产效果受到影响;压裂井段垂深仅约 480m,形成水平裂缝的可能性较大,需要进行定向射孔形成压裂导向;水平段岩性涉及软煤层段、泥岩、泥质砂岩和细砂岩层段,为压裂液的优化设计提出了较高的要求;二$_1$煤层以下 L_7、L_8 为主要含水层,需避免压裂裂缝与含水层连通。压裂规模不大也是水力喷射压裂的特点,可以定向、小排量作业,适合于本井压裂。

8.2.2.5 水力喷射压裂分段和定向选择

1. 分段依据

为了实现水力喷射分段压裂的目的,主要考虑地层裂隙发育和固井质量两个主要因素:第一个因素是避开地层裂隙发育即钻井阶段井漏位置;第二个因素是能否达到分段压裂的关键因素——固井质量,选择固井质量优良段作为压裂段,否则无法进行分段压裂,达不到段与段之间应力扰动和裂缝转向的效果。

(1)井漏因素。在焦作 U1V 井和 U1H 钻进过程中出现比较明显的漏失,这反映了溶洞与裂隙发育等特征,因此压裂尽量避开(图 8-25)。

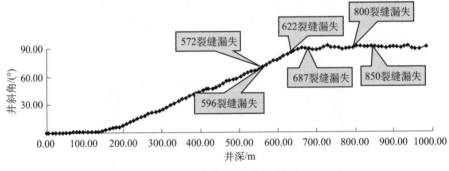

图 8-25 焦作 U1H 漏失位置

(2)固井质量。固井质量决定了水力强化分段的位置,选择固井质量良好位置作为压裂段,避免分段压裂失败,考虑到水力喷射压裂的排量较低,水平段分四次进行压裂。在分段压裂过程中,由于应力场干扰,裂缝转向,可以形成多级裂缝体系,如果分段间距过大,形成的裂缝彼此间距也较大,应力场扰动不明显或不扰动,缝与缝之间相互影响较小,只能形成沿最大主应力方向彼此孤立的径向引张裂缝,达不到缝网改造的目的。根据焦作某矿水平井所在地层的地质情况和力学性质,分四段压裂可以形成比较好的裂缝体系(表 8-19)。

表 8-19 分段压裂位置

压裂分段	F1	F2	F3	F4
起裂点斜深/m	920	852	778	710
起裂点垂深/m	478.2	479.3	481.8	481.8
斜度/(°)	91.3	91.8	90.0	91.7
方位/(°)	61.5	58.4	58.5	59.7
与下部煤层最小距离/m	5	5	1	2
与煤矿巷道最小距离/m	90	90	90	90
压裂地质设计建议井段/m	890~950	820~870	770~800	700~750
水力喷砂射孔	P1′	P2′	P3′	P4′/P5′
射孔点斜深/m	953	886	815	749/720
与下部煤层最小距离/m	5	5	1	2

2. 水力喷射定向依据

U1H 水平段在对接口和着陆点之间,煤层厚度从 7m(含夹矸)逐渐变薄至 4m,煤体结构从顶底板含有碎粒煤和糜棱煤到全部为原生结构煤,煤层顶板岩性从泥岩变为砂质泥岩和粉砂岩;井眼轨迹与煤层距离从 5m 逐渐靠近至 1~2m(图 8-26)。为了实现煤层顶板水力喷射压裂与煤层沟通,以及确保缝网覆盖面积尽可能大,水力喷射方向的原则为:当距离煤层越近时,水力喷射方向为平行于地层;当距离煤层较远时,水平与向下同时喷射压裂,最终制定的水力喷射方向见表 8-20。

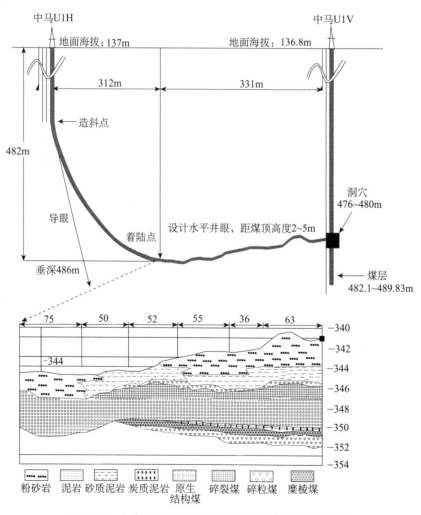

图 8-26 焦作 U1H 井井眼轨迹与煤岩体结构变化趋势

表 8-20　水力喷射方向要求

层段	喷射压裂要求	距离推测
第一段	向下射孔,避开接箍	水平井眼距离煤层约 5m
第二段	向下射孔,避开接箍	水平井眼距离煤层约 5m
第三段	平行于煤层,避开接箍	水平井眼距离煤层约 1m
第四段	平行于煤层,避开接箍	水平井眼距离煤层约 2m

8.2.3　试验区水平井缝网改造施工情况

根据水平段长度,本次依次进行了四段水力喷射压裂,压裂液总量为 1693m³,支撑剂总量为 90m³。压裂施工情况见表 8-21。

表 8-21　水平井分段压裂施工基本情况

管柱	排量/(m³/min)	摩阻压力/MPa	破裂压力/MPa	破裂泵压/MPa	试泵压力/MPa
油管	3.5	8.6	15	42.6	70
环空	2.0~2.5	0.2	15	10.5	25

第一段施工形成的裂缝一直在煤层顶板岩层中延伸,没有进入煤层[图 8-27(a)]。第二段施工裂缝进入煤层[图 8-27(b)]。第三段施工压力曲线达到最高点,说明裂缝开始在顶板中延伸,压力曲线明显下降意味着裂缝从顶板岩层进入煤层并继续延伸[图 8-27(c)]。第四段施工,16:20 左右压裂曲线明显下降,表明裂缝从顶板岩层进入到煤层并继续延伸,在 17:10 时压裂曲线出现局部起伏,说明段塞加砂实现了裂缝转向[图 8-27(d)]。

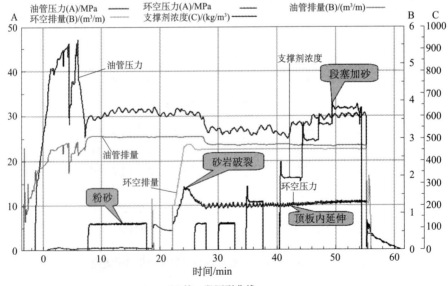

(a) 第一段压裂曲线

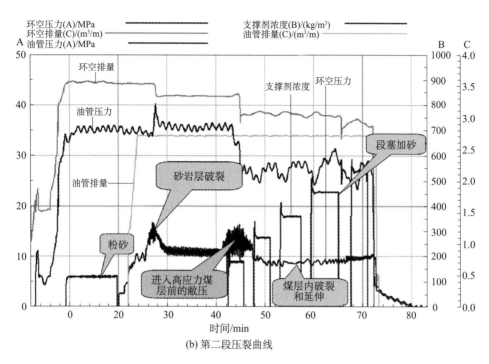

(b) 第二段压裂曲线

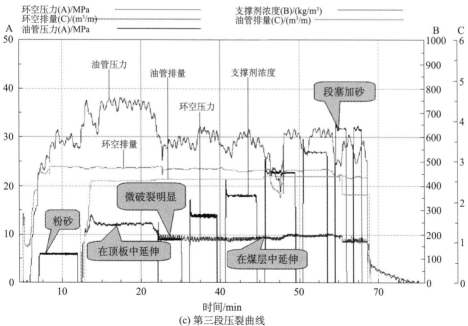

(c) 第三段压裂曲线

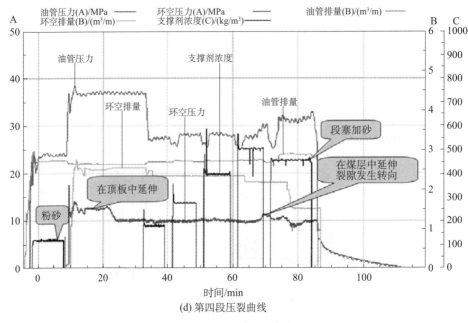

(d) 第四段压裂曲线

图 8-27　压裂施工曲线

从图 8-27 压裂曲线可以看出,第一段压裂裂缝主要在顶板中延伸,与煤层沟通效果不佳;第二段压裂时虽然突破泥岩段,但在排采过程中泥岩水敏膨胀和支撑剂嵌入将可能导致裂缝闭合;第三段和第四段压裂曲线印证了煤层顶板为粉砂岩的推断,且裂缝延伸和后期导流能力保持较好,对排采供气起主要作用。

8.2.4　试验区水平井缝网改造效果评价

8.2.4.1　压裂后排采产气情况

压裂作业完成后,进行了排采作业。排采分为以下几个阶段。

第一阶段:缓慢排采,查明地层供液能力阶段。排采初期井底流压在 0.24～0.28MPa 波动,产水量为 1～6m³/d,排量基本等于煤层供液量。通过半个月的恢复液面观察,发现地层供液能力较小,应尽量以低产水量进行排采。

第二阶段:动液面缓慢下降,压降漏斗逐渐形成阶段。当得出地层的供液能力后,为了防止压力降低过快造成储层激励,使产水量适应地层供液能力的变化,动液面缓慢下降,压降漏斗逐渐形成,经过近 4 个月的排采,井口出现套压,逐渐进入气水两相流阶段。

第三阶段:井口套压逐渐上升,控制产气速度阶段。当进入气水两相流阶段后,控制排采速度来控制套压上升速度,进而控制产气速度,让更多的水产出。

第四阶段:相对稳定产气阶段。经过 5 个多月的排采,逐渐进入稳定产气阶段。套压上升,产气量相应下降,表明现阶段,较高套压,对产气量有一定影响。进入稳定产气后,产气量稳定在 1000m³/d 以上。产气曲线见图 8-28。

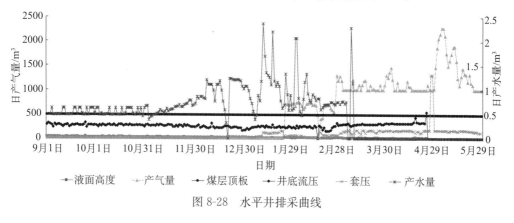

图 8-28 水平井排采曲线

通过排采,得到如下结论:①煤层的临界解吸压力为 0.15MPa,但根据实测含气量和等温吸附测试结果计算为 1.1MPa,推测为压裂尽管没有压穿 39041 巷道,但压力传递促使瓦斯运移。②返排压裂液总计 126.5m³,这相对于 1693m³ 的压裂液来说微不足道的,一方面说明了煤矿井下已经把地下水疏干,地层不含水;另一方面也说明压裂的影响范围达到了已采巷道。③起抽的井底流压只要 0.26MPa 左右,与井眼与采空区的高差相对应。④这个储层压力在理论上远远低于维持 15m³/t 左右煤层气含量所需要的最低压力,但这个含气量是实实在在的、实测到的。这充分说明毛管压力的存在是维持微孔压力环境的有力证据。

由于受巷道限制,压裂规模不够,如果实现 15~20m³/m 压裂液、0.8~1m³/m 支撑剂,其产气量将非常可观。

8.2.4.2 抽采率

造成水平井下降的原因是水平井离巷道太近,该水平井控制区煤层瓦斯储量为 296 万 m³,地面水平井抽采瓦斯量为 23.5 万 m³,临近的两条巷道巷抽瓦斯量共计 132 万 m³,因此这两个巷道之间 90m 范围的煤层瓦斯抽采量共计 155.5 万 m³,抽采率达到 52.5%。随着该巷道抽采继续,煤层瓦斯含量逐步下降,真正实现地面井压裂井下抽采的区域瓦斯治理工艺。

这是第一口施工在煤层顶板的"U"型水平井,虽然由于煤矿井下工程的干扰,地面没能获取高产,但井下巷道的抽采量非常可观。本试验充分说明煤系气联合开发,或通过强化围岩开发煤层气是可行的,这将为我国软煤发育区煤层气的开发开创一条新路。最近在淮北芦岭施工的一口同样的井,采用了较大规模的压裂,2016 年 7 月已经获得 5000m³/d 的产量,还有 2.8MPa 的井底流压,充分说明了这一工艺的可行性。

参 考 文 献

[1] 斯塔赫,杨起. 斯塔赫煤岩学教程. 北京:煤炭工业出版社,1990.

[2] 中华人民共和国国家标准. 烟煤显微组分分类(GB/T 15588—2001),2001.

[3] 韩德馨. 中国煤岩学. 徐州:中国矿业大学出版社,1996.

[4] Glenn R A. Division of fuel chemistry preprints-advantages and problems. Journal of Chemical Documentation,1963,3(2):64-65.

[5] Shinn J H. From coal to single-stage and two-stage products:A reactive model of coal structure. Fuel,1984,63(9):1187-1196.

[6] Chermin H A G, van Krevelen D W. Chemical structure and properties of coal, XVII-A mathematical model of coal pyrolysis. Fuel,1975,36:85-104.

[7] Given P H,Cronauer D C,Spackman W,et al. Dependence of coal liquefaction behavior on coal characteristics. 2. Role of petrographic composition. Fuel,1975,54(1):40-49.

[8] Given P H,Marzec A,Barton W A,et al. The concept of a mobile or molecular phase within the macromolecular network of coals:A debate. Fuel,1986,65(2):155-163.

[9] 张双全. 煤化学. 徐州:中国矿业大学出版社,2004.

[10] Li M,Zeng F,Chang H,et al. Aggregate structure evolution of low-rank coals during pyrolysis by in-situ X-ray diffraction. International Journal of Coal Geology,2013,116-117 (5):262-269.

[11] Lu L,Sahajwalla V,Kong C,et al. Quantitative X-ray diffraction analysis and its application to various coals. Carbon,2001,39(12):1821-1833.

[12] Song D,Yang C,Zhang X,et al. Structure of the organic crystallite unit in coal as determined by X-ray diffraction. Mining Science and Technology,2011,21(5):667-671.

[13] Machado A D S,Mexias A S,Vilela A C F,et al. Study of coal, char and coke fines structures and their proportions in the off-gas blast furnace samples by X-ray diffraction. Fuel,2013,114(4):224-228.

[14] Takagi H,Maruyama K,Yoshizawa N,et al. XRD analysis of carbon stacking structure in coal during heat treatment. Fuel,2004,83(17-18):2427-2433.

[15] Zercla T W,John A,Chmura K. Raman studies of coals. Fuel,1981,60(5):375-378.

[16] Ulyanov E V,Molchanov A N,Prokhorov I Y,et al. Fine structure of Raman spectra in coals of different rank. International Journal of Coal Geology,2014,121(1):37-43.

[17] Morga R,Jelonek I,Kruszewska K,et al. Relationships between quality of coals,resulting cokes,and micro-Raman spectral characteristics of these cokes. Intematicnal Journal of Coal Geology,2015,144-145:130-137.

[18] Jawhari T, Roid A, Casado J. Raman spectroscopic characterization of some commercially available carbon black materials. Carbon, 1995, 33(11): 1561-1565.

[19] Quirico E, Rouzaud J N, Bonal L, et al. Maturation grade of coals as revealed by Raman spectroscopy: Process and problems. Spectrochimica Acta Part A Molecularand Biomolecular Spectroscopy, 2015, 61(10): 2368-2377.

[20] Kudryavtsev A B, Schopf J W, Agresti D G, et al. In situ laser-Raman imagery of Precambrian microscopic fossils. Proceeding of the National Academy of Sciences of the USA, 2001, 98(3): 823.

[21] Morga R. Chemical structure of semifusinite and fusinite of steam and coking coal from the Upper Silesian Coal Basin (Poland) and its changes during heating as inferred from micro-FTIR analysis. International Journal of Coal Geology, 2010, 84(1): 1-15.

[22] Bandopadhyay A K. Determination of quartz content for Indian coals using an FTIR technique. International Journal of Coal Geology, 2010, 81(1): 73-78.

[23] Chen Y, Mastalerz M, Schimmelmann A. Characterization of chemical functional groups in macerals across different coal ranks via micro-FTIR spectroscopy. International Journal of Coal Geology, 2012, 104(1): 22-33.

[24] Sutcu E C, Toprak S. Petrographical, chemical and FT-IR properties of a suberinitic coal from Aydin-Germencik area, Western Turkey. International Journal of Coal Geology, 2013, 116-117(116-117): 36-45.

[25] Parshetti G R, Quek A, Betha R, et al. TGA – FTIR investigation of co-combustion characteristics of blends of hydrothermally carbonized oil palm biomass (EFB) and coal. Fuel Processing Technology, 2014, 118(2): 228-234.

[26] 罗陨飞, 李文华, 陈亚飞. 中低变质程度煤显微组分结构的 13C-NMR 研究. 燃料化学学报, 2005, 33(5): 540-543.

[27] Yao Y, Liu D, Che Y, et al. Petrophysical characterization of coals by low-field nuclear magnetic resonance (NMR). Fuel, 2010, 89(7): 1371-1380.

[28] Yao Y, Liu D. Comparison of low-field NMR and mercury intrusion porosimetry in characterizing pore size distributions of coals. Fuel, 2012, 95(1): 152-158.

[29] Cao X, Chappell M A, Schimmelmann A, et al. Chemical structure changes in kerogen from bituminous coal inresponse to dike intrusions as investigated by advanced solid-state 13C NMR spectroscopy. International Journal of Coal Geology, 2013, 108: 53-64.

[30] Pilawa B, Wieckowski A B, Pietrzok R, et al. Oxidation of demineralized coal and coal free of pyrite examined by EPR spectroscopy. Fuel, 2002, 81(15): 1925-1931.

[31] Golonka I, Czechowski F, Jezierski A. EPR characteristics of heat treated complexes of metals with demineralisedhumic brown coal in air and ammonia atmospheres. Geodema, 2005, 127(3): 237-252.

[32] Butuzova L, Makovskyi R, Budinova T, et al. EPR and IR studies on the role of coal genetic type in plastic layer formation. Fuel Processing Technology, 2014, 125(9): 246-250.

［33］ Wieckowski A B, Wojtowicz W, Pilawa B. EPR characteristics of petrographically complex coal samples from durain and clarain. Fuel, 2000, 79(9): 1137-1141.

［34］ Oleszko K, Mlynarczuk M, Stas L, et al. Application of image processing and different types of imaging devices for three-dimensional imaging of coal grains. Engineering Geology, 2015, 196: 286-292.

［35］ Guerrero A, Diez M A, Borrego A G. Influence of charcoal fines on the thermoplastic properties of coking coals and the optical properties of the semicoke. International Journal of Coal Geology, 2015, 147-148: 105-114.

［36］ Guerrero A, Diez M A, Borrego A G. Effect of volatile matter release on optical properties of macerals from different rank coals. Fuel, 2013, 114(4): 21-30.

［37］ Oikonomopoulos I K, Perraki M, Tougiannidis N, et al. A comparative study on structural differences of xylite and matrix lignite lithotypes by means of FT-IR, XRD, SEM and TGA analyses: An example from the Neogene Greek lignite deposits. International Journal of Coal Geology, 2013, 115(4): 1-12.

［38］ Giffin S, Littke R, Klaver J, et al. Application of BIB-SEM technology to characterize macropore morphology in coal. International Journal of Coal Geology, 2013, 114(4): 85-95.

［39］ Xia W, Yang J, Liang C. Investigation of changes in surface properties of bituminous coalduring natural weathering processes by XPS and SEM. Applied Surface Science, 2014, 293(4): 293-298.

［40］ Brien O G, Gu Y, Adair B J I, et al. The use of optical reflected light and SEM imaging systems to provide quantitative coal characterization. Minerals Engineering, 2011, 24(12): 1299-1304.

［41］ Creelman R A , Ward C R. A scanning electron microscope method for automated, quantitative analysis of mineral matter in coal. International Journal of Coal Geology, 1996, 30(3): 249-269.

［42］ Nie B, Liu X, Yang L, et al. Pore structure characterization of different rank coals using gas adsorption and scanning electron microscopy. Fuel, 2015, 158: 908-917.

［43］ Rodrigues S, Marques M, Suárez-Ruiz I, et al. Microstructural investigations of natural and synthetic graphites and semi-graphites. International Journal of Coal Geology, 2013, 111(6): 67-79.

［44］ Wisner C A. Graphite aerogels and the formation mechanism of unusual micron-size rod and helical structures. Missouri School of Mines and Metallurgy, 2014.

［45］ Zheng Z, Zhang J, Huang J Y. Observations of microstructure and reflectivity of coal graphites for two locations in China. International Journal of Coal Geology, 1996, 30(4): 277-284.

［46］ Niekerk V D. Structural elucidation, molecular representation and solvent interactions of vitrinite-rich and inertinite-rich south African coals. The Pennsylvania State University, 2008.

[47] Gadipelli S,Zheng X G. Graphene-based materials:Synthesis and gas sorption,storage and separation. Progress in Materials Science,2015,69(69):1-60.

[48] Lafdi K,Bonnamy S,Oberlin A. Tem studies of coal tars influence of distillation process at increasing temperature. Carbon,1990,28(5):631-640.

[49] Hirsch P B. X-ray scattering from coals. Proceedings of the Royal Society A,1954,226(1165):143-169.

[50] Meyer R A. Coal Structure. New York:Academic Press,1982.

[51] Asadullah M,Shu Z,Min Z H,et al. Effects of biomass char structure on its gasification reactivity. Bioresource Technology,2010,101(20):7935-7943.

[52] Keown M D,Li X,Hayashi J I,et al. Evolution of biomass char structure during oxidation in O_2 as revealed with FT-Raman spectroscopy. Fuel Processing Technology,2008,89(12):1429-1435.

[53] Li X,Hayashi J,Li C. FT-Raman spectroscopic study of the evolution of char structure during the pyrolysis of a Victorian brown coal. Fuel,2006,85(12):1700-1707.

[54] Wang S,Li T,Wu L,et al. Second-order Raman spectroscopy of char during gasification. Fuel Processing Technology,2014,7:1-7.

[55] Stach E,Mackowsky M,Teichmuller M,et al. Stach's Textbook of Coal Petrology. Berlind and Stuttgart:Gebruder Borntraeger,1982.

[56] 秦勇. 中国高煤级煤的显微岩石学特征及结构演化. 徐州:中国矿业大学出版社,1994.

[57] 苏现波,陈鑫,夏大平,等. 煤发酵制生物氢和甲烷的模拟实验. 天然气工业,2014,34(5):179-185.

[58] 王宇峰. 铁新井田太原组煤层硫化氢成因分析. 辽宁工程技术大学学报(自然科学版),2015,(10):1138-1124.

[59] 黄第潘,李晋超,张大江,等. 陆相有机质演化和成烃机理. 北京:石油工业出版社,1984.

[60] 杨永宽. 中国煤岩学图鉴. 徐州:中国矿业大学出版社,1996.

[61] Curtis J B. Fractured shale-gas systems. AAPG Bulletin,2002,86(11):1921-1938.

[62] Hill D G,Nelson C R. Gas productive fracturedshales:An overview and update. Gas TIPS,2000,6(2):4-13.

[63] 朱彤,王烽,俞凌杰,等. 四川盆地页岩气富集控制因素及类型. 石油与天然气地质,2016,37(3):399-407.

[64] 杨华,刘新社. 鄂尔多斯盆地古生界煤成气勘探进展. 石油勘探与开发,2014,41(2):129-137.

[65] 王社教,李登华,李建忠,等. 鄂尔多斯盆地页岩气勘探潜力分析. 天然气工业,2011,31(12):40-46.

[66] 张金川,金之钧,袁明生. 页岩气成藏机理和分布. 天然气工业,2004,24(7):15-18.

[67] Kim J,Moridis G J. Numerical analysis of fracture propagation during hydraulic fracturing operations in shale gas systems. International Journal of Rock Mechanics and Mining Sciences,2015,76:127-137.

[68] 唐颖,唐玄,王广源,等. 页岩气开发水力压裂技术综述. 地质通报,2011,30(2):393-399.

[69] 张厚福. 石油地质学. 北京:石油工业出版社,1999.

[70] 戴金星,倪云燕,吴小奇. 中国致密砂岩气及在勘探开发上的重要意义. 石油勘探与开发, 2012,39(3):257-264.

[71] 冯虎,徐志强. 塔里木油田克深区块致密砂岩气藏的储层改造技术. 石油钻采工艺,2014, 36(5):93-96.

[72] 王国亭,李易隆,何东博,等. "改造型"致密砂岩气藏特征:以吐哈盆地巴喀气田下侏罗统 八道湾组为例. 地质科技情报,2014,33(3):118-125.

[73] 孟元林,胡安文,乔德武,等. 松辽盆地徐家围子断陷深层区域成岩规律和成岩作用对致密 储层含气性的控制. 地质学报,2012,86(2):325-334.

[74] 秦勇,梁建设,申建,等. 沁水盆地南部致密砂岩和页岩的气测显示与气藏类型. 煤炭学报, 2014,39(8):1559-1565.

[75] 梁宏斌,林玉祥,钱铮,等. 沁水盆地南部煤系地层吸附气与游离气共生成藏研究. 中国石 油勘探,2011(2):72-78.

[76] 谢英刚,孟尚志,万欢,等. 临兴地区煤系地层多类型天然气储层地质条件分析. 煤炭科学 技术,2015,43(9):71-75,143.

[77] 王生维,陈钟惠. 煤储层孔隙、裂隙系统研究进展. 地质科技情报,1995,(1):53-60.

[78] 王生维,陈钟惠,张明. 煤基岩块孔裂隙特征及其在煤层气产出中的意义. 地球科学(中国 地质大学学报),1995,(5):557-563.

[79] 朱兴珊. 煤层孔隙特征对抽放煤层气影响. 中国煤层气,1996,(1):37-39.

[80] Kus J. Application of confocal laser-scanning microscopy (CLSM) to autofluorescent organic and mineral matter in peat, coals and siliciclastic sedimentary rocks-A qualitative approach. International Journal of Coal Geology,2015,137:1-18.

[81] 霍多特 B B. 煤与瓦斯突出. 北京:中国工业出版社,1966.

[82] Gan H,Walker P L,Nandi S P. Porosity in American Coals. Research and Development Report. Interim Report Office of Coal Research,1972.

[83] 戴金星,石昕. 无机成因油气论和无机成因的气田(藏)概略. 石油学报,2001,22(6):5-10.

[84] Dubinin M M,Walker Jr P L. Chemistry and Physics of Carbon. New York:Marcel Dekker,1966.

[85] 霍秋立,杨步增. 松辽盆地无机成因天然气及勘探方向探讨. 天然气工业,2002,22(3): 77-84.

[86] 石军太,李相方,徐兵祥,等. 煤层气解吸扩散渗流模型研究进展. 中国科学(物理学·力 学·天文学),2013,43(12):1548-1557.

[87] 吴俊. 中国煤成烃基本理论与实践. 北京:煤炭工业出版社,1994.

[88] 杨思敬,杨福蓉,高照样. 煤的孔隙系统和突出煤的空隙特征//第二届国际采矿科学技术 讨论会论文集. 徐州:中国矿业大学出版社,1991.

[89] 傅雪海,秦勇,韦重韬. 煤层气地质学. 徐州:中国矿业大学出版社,2007.

[90] 陈颙,陈凌编. 分形几何学. 第2版. 北京:地震出版社,2005.

[91] 聂海宽,张金川.页岩气储层类型和特征研究——以四川盆地及其周缘下古生界为例.石油实验地质,2011,33(3):219-225.

[92] Milner M, Mclin R, and Petriello J. Imaging Texture and Porosity in Mudstones and shales:Comparison of secondary and ionmilled backscatter SEM methods in Canadian Unconventional Resources &InternationPetorleum Conference, Alberta, Canada. Canadian Society for Unconventional Gas. CUSG/SSPE,2010:138975

[93] Loucks R G, Reed R M, Ruppel S C, et al. Morphology, genesis, and distribution of nanometer-scale pores in siliceous mudstones of the Mississippian Barnett Shale. Journal of Sedimentary Research,2009,79:848-861.

[94] SlattE M,O'Neal N R. Pore types in the barnett and woodford gas shale:Contribution to understanding gas torage and migration pathways in fine-grained rocks(Abs.). AAPG Annual Convention Abstracts,2011,20:167.

[95] Schieber J. Common themes in the formation and preservation of intrinsic porosity in shale and mudstones:Illustrated with examples across the Phanerozoic//Proceedings of SPE Unconventional Gsa Conference, SPE 132370. Allen, TX:Society of Petroleum Engineers, 2010:10.

[96] Rouquerol J, Avnir D, Fairbridge C W, et al. Recommendations for the characterization of porous solida. Pure and Applied Chemistry,1994,66(8):1739-1758.

[97] 丁文龙,李超,李春燕,等.页岩裂缝发育主控因素及其对含气性的影响.地学前缘,2012,19(2):212-220.

[98] 李金海,苏现波,林晓英,等.沁水盆地煤层气开发区岩石节理发育特征.矿业安全与环保,2008,35(5):37-39.

[99] 叶建平,史保生.中国煤储层渗透性及其主要影响因素.煤炭学报,1999,(2):118-122.

[100] Soeder D J, Randolph P L. Porosity, permeability, and porestructure of the tight Mesa Verde sandstone, Piceance Basin, Colorado. SPE Formation Evaluation, 1984, 2(2): 129-136.

[101] Berg RR. Capillary pressures in stratigraphic traps. AAPG Bulletin, 1975, 59(6): 936-956.

[102] Elkins L E. The Technology and Economics of Gas Recovery from Tight Sands. New Mexico:SPE Production Technology Symposium,1978.

[103] Surdam R C. A new paradigm for gas exploration in anomalously pressured "tight gas sands"in the Rocky Mountain Laramide Basins. AAPG Memoir 67:Seals, Traps, and the petroleum system. Tulsa:AAPG,1997.

[104] Nelson P H. Pore-throat sizes in sandstones, tight sandstones, and shales. AAPG Bulletin, 2009,93(3):329-340.

[105] 邹才能,陶士振,侯连华.非常规油气地质.北京:地质出版社,2011.

[106] 袁政文,朱家蔚,王生朗,等.东濮凹陷沙河街组天然气储层特征及分类.天然气工业,1990,(3):6-11.

[107] 关德师,牛嘉玉,郭丽娜. 中国非常规油气地质. 北京:石油工业出版社,1995.

[108] 焦作矿业学院瓦斯地质研究室. 瓦斯地质概论. 北京:煤炭工业出版社, 1990.

[109] 国家安全生产监督管理总局,国家煤矿安全监察局. 防治煤与瓦斯突出规定. 北京:煤炭工业出版社,2009.

[110] 郭红玉,苏现波,夏大平,等. 煤储层渗透率与地质强度指标的关系研究及意义. 煤炭学报,2010,35(8):1319-1322.

[111] McKee C R,Bumb A C,Koening R A. Stress-dependent permeability and porosity of coal cond other geologic fomations. SPE Formation Evaluation,1988,3(1):81-91.

[112] 郭为,熊伟,高树生. 页岩气藏应力敏感效应实验研究. 特种油气藏,2012,19(1):95-97.

[113] Hoek E,Brown E T. Practical estimates or rock mass strength. International Journal of Rock Mechanics and Mining Sciences,1997,34(8):1165-1186.

[114] 盛佳,李向东. 基于 Hoek-Brown 强度准则的岩体力学参数确定方法. 采矿技术,2009,9(2):12-14.

[115] 王成虎,何满潮. Hoek-Brown 岩体强度估算新方法及其工程应用. 西安科技大学学报,2006,26(4):456-459.

[116] 陈勉. 石油工程岩石力学. 北京:科学出版社,2008.

[117] 尤明庆. 水压致裂法测量地应力方法的研究. 岩土工程学报,2005,27(3):350-353.

[118] 楼一珊,金业权. 岩石力学与石油工程. 北京:石油工业出版社,2006.

[119] 张敏. 基于声波测井信息的地应力分析与裂缝预测研究. 青岛:中国石油大学(华东),2008.

[120] 闫萍. 利用测井资料计算地应力及其在山前构造带的应用研究. 青岛:中国石油大学(华东),2007.

[121] 鲜保安,高德利,陈彩红,等. 煤层气高效开发技术. 特种油气藏,2004,11(4):63-66.

[122] Hunt J M. Generation and migration of petroleum from abnormally pressured fluid compartments. AAPG Bulletin,1990,74(1):1-12.

[123] 中国煤田地质总局. 中国煤层气资源. 北京:中国矿业大学出版社,1998.

[124] Griffith A A. The phenomena of rupture and flow in solids. Philosophical Transactions of the Royal Society of London,1920,221:163-198.

[125] 苏现波,张丽萍. 煤层气储层异常高压的形成机制. 天然气工业,2002,22(4):15-18.

[126] 郭熙年,唐仲林,李万程. 河南省晚古生代聚煤规律. 武汉:中国地质大学出版社,1991.

[127] 苏现波,陈江峰,孙俊民,等. 煤层气地质学与勘探开发. 北京:科学出版社,2001.

[128] 林晓英,苏现波. 安阳矿区双全井田煤层气赋存特征. 矿业安全与环保,2007,34(4):18-20.

[129] Scott A R. Hydrogeologic factors affecting gas content distribution in coal beds. International Journal of Coal Geology,2002,50(1-4):363-383.

[130] Ayers W B,Kaiser W A J. Coalbed methane in the Upper Cretaceous Fruitland Formation,San Juan Basin,Colorado and New Mexico:Texas Bureau of Economic Geology Report of Investigations 218,1994:216.

[131] Su X, Zhang L, Zhang R. The abnormal pressure regime of the pennsylvanian No. 8 coalbed methane reservoir in Liulin-Wupu District, Eastern Ordos Basin, China. International Journal of Coal Geology, 2003, 53(4):227-239.

[132] 许浩, 汤达祯, 郭本广, 等. 柳林地区煤层气井排采过程中产水特征及影响因素. 煤炭学报, 2012, 37(9):1581-1585.

[133] 高洪烈. 论煤层气与地下水. 中国煤田地质, 1998, (4):45-48.

[134] 曹代勇, 姚征, 李靖. 煤系非常规天然气评价研究现状与发展趋势. 煤炭科学技术, 2014, 42(1):89-92.

[135] 徐宏杰, 胡宝林, 刘会虎, 等. 淮南煤田下二叠统山西组煤系页岩气储层特征及物性成因. 天然气地球科学, 2015, 26(6):1200-1210.

[136] 梁宏斌, 林玉祥, 钱铮, 等. 沁水盆地南部煤系地层吸附气与游离气共生成藏研究. 中国石油勘探, 2011(2):72-78.

[137] Olson T, Hobbs B, Brooks R, et al. Paying off for tom brown in white river dom field's tight sandstone, deep coals. The American Oil and Gas Reports, 2002:67-75.

[138] 何立山. 煤系地层多类型气藏共生成藏研究——以沁水盆地南部为例. 青岛:中国石油大学(华东), 2012.

[139] 苏现波, 陈润, 林晓英, 等. 吸附势理论在煤层气吸附/解吸中的应用. 地质学报, 2008, 82(10):1382-1389.

[140] 苏现波, 陈润, 林晓英, 等. 煤吸附$^{13}CH_4$与$^{12}CH_4$的特性曲线及其应用. 煤炭学报, 2007, 32(5):539-543.

[141] 郇璇, 张小兵, 韦欢文. 基于不同类型煤吸附甲烷的吸附势重要参数探讨. 煤炭学报, 2015, 40(8):1859-1864.

[142] 武晓春, 庞雄奇, 于兴河, 等. 水溶气资源富集的主控因素及其评价方法探讨. 天然气地球科学, 2003, 14(5):416-421.

[143] 苏现波, 林晓英. 煤层气地质学. 北京:煤炭工业出版社, 2009.

[144] Gayer R, Harris I. Coalbed Methane and Coal Geology. London: The Geological Society, 1996.

[145] Parekh B, Sharma M M. Cleanup of water blocks in depleted low-permeability reservoirs. SPE 89837 presented at the Annual Technical Conference and Exhibition, 2004:26-29.

[146] Bennion D B, Bietz R F, Thomas F B. Reductions in the productivity of oil and gas reservoirs due to aqueous phase trapping, paper CIM93224 presented at the CIM 1993. Annual Technical Conference, Calgary, 1993:9-12.

[147] Bahrami H, Rezaee R, Clennell B. Water blocking damage in hydraulically fractured tight sand gas reservoirs: An example from Perth Basin, Western Australia. Journal of Petroleum Science and Engineering, 2012, 88-89:100-106.

[148] 胡友林, 乌效鸣. 煤层气储层水锁损害机理及防水锁剂的研究. 煤炭学报. 2014, (6):1107-1111.

[149] Mahadevan J, Sharma M M, Yortsos Y C. Capillary wicking in gas wells. SPE Journal, 2007, 7(4), 429-437.

[150] Ni G,Cheng W,Lin B,et al. Experimental study on removing water blocking effect(WBE) from two aspects of the pore negative pressure and surfactants. Journal of National Gas Science and Engineering,2016,31:596-602.

[151] 李相方,蒲云超,孙长宇,等. 煤层气与页岩气吸附/解吸的理论再认识. 石油学报,2014, 35(6):1113-1129.

[152] Alexeev A D,Vasilenko T A,Ulyanova E V. Closed porosity in fossil coals. Fuel,1999,78 (6):635- 638.

[153] Alexeev A D,Vasylenko T A,Ulyanoa E V. Phase states of methane in fossil coals. Solid State Communications,2004,130:669-673.

[154] Pan J,Niu Q,Wang K,et al. The closed pores of tectonically deformed coal studied by small-angle X-ray scattering and liquid nitrogen adsorption. Microporous and Mesoporous Materials,2016,224:245-252.

[155] Tabak J. Coal and Oil:Energy and the Environment. New York :Facts On File, 2009.

[156] Francis W. Fuels and Fuel Technology:A Summarized Manual. Commonwealth and International Library of Science Technology Engineering and Liberal Stuclies,1980.

[157] Song Y,Liu S B,Zhang Q,et al. Coalbed methane genesis,occurrence and accumulation in China. Petroleum Science,2012,9(3):269-280.

[158] 琚宜文,李清光,颜志丰,等. 煤层气成因类型及其地球化学研究进展. 煤炭学报. 2014, (5):806-815.

[159] Whiticar M J. Carbon and hydrogen isotope systematic of bacterial formation and oxidation of methane. Chemical Geology,1999,161:291-314.

[160] 李先奇,张水昌,朱光有,等. 中国生物成因气的类型划分与研究方向. 天然气地球科学, 2005,16(4):477- 484.

[161] 张泓,崔永君,陶明信,等. 淮南煤田次生生物成因与热成因混合型煤层气成藏动力学系统演化. 科学通报,2005,50(S1):19-26.

[162] 刘国霖,孔玉明,沈蔚,等. 低渗透储层水锁伤害解除技术室内研究. 天然气与石油,2012, (4):67-69,102.

[163] 贺成祖,华明琪. 水锁效应研究. 钻井液与完井液,1996,13(6):13-15.

[164] 张慧. 煤孔隙的成因类型及其研究. 煤炭学报,2001,26(1):40-44.

[165] 郝琦. 煤的显微孔隙形态特征及其成因探讨. 煤炭学报,1987,(4):51-56,97-101.

[166] 王金星,李家英. CLSM 技术应用于化石硅藻微构造的尝试研究. 地球学报,2007,28(1): 79-85.

[167] 周家尧,关德师. 煤的显微构造及其储集性能. 天然气工业,1995,(5):6-11.

[168] 于不凡. 煤和瓦斯突出机理. 北京:煤炭工业出版社,1985.

[169] 李希建,林柏泉. 煤与瓦斯突出机理研究现状及分析. 煤田地质与勘探,2010,38(1): 7-13.

[170] Gray I, Reservoir engineering in coal seams. SPE Reservoir Engineering, 1987,2(1): 28-34.

[171] Lic M B, Bai Q. Methodology of coalbed methane resource assessment. International Journal of Coal Geology,1998,35(1-4):349-368.

[172] Mavor M J. Pratt T J, Nelson C R. Quantitative evaluation of coal seam gas content estimate accuracy. Coal Seam Gas,1995:327-340.

[173] 孙红明,傅雪海,丁永明,等. 煤层气压缩因子解析计算模型的建立. 新疆石油地质,2014,35(2):215-220.

[174] Naguib N,Ye H,Gogotsi Y,et al. Observation of water confined in nanometer channels of closed carbon nanotubes. Nano Letters,2004,4(11):2237-2243.

[175] 李相方,石军太,杜希瑶,等. 煤层气藏开发降压解吸气运移机理. 石油勘探与开发,2012,39(2):203-213.

[176] 刘夷平. 水平油气两相流流型转换及其相界面特性的研究. 上海:上海交通大学,2008.

[177] Trapp J A. The mean flow character of two-phase flow equations. International Journal of Multiphase Flow, 1986,12(2):263-276.

[178] 黄阿勇. 水平管道油-气两相流段塞流特性的实验研究. 上海:上海交通大学,2009.

[179] 刘通. 产液气井两相流机理模型研究. 成都:西南石油大学,2014.

[180] 李子文,林柏泉,郝志勇,等. 煤体多孔介质孔隙度的分形特征研究. 采矿与安全工程学报,2013,30(3):437-442.

[181] 赵爱红,廖毅,唐修义. 煤的孔隙结构分形定量研究. 煤炭学报, 1998(4):439-442.

[182] 傅雪海,秦勇,张万红,等. 基于煤层气运移的煤孔隙分形分类及自然分类研究. 科学通报, 2005,50(S1):51-55.

[183] 张松航,唐书恒,汤达祯,等. 鄂尔多斯盆地东缘煤储层渗流孔隙分形特征. 中国矿业大学学报, 2009,38(5):111-116.

[184] 降文萍,张群,姜在炳,等. 构造煤孔隙结构对煤层气产气特征的影响. 天然气地球科学,2016,27(1):173-179.

[185] 吴凡,孙黎娟,乔国安,等. 气体渗流特征及启动压力规律的研究. 天然气工业,2001,21(1):82-84.

[186] 杨建华,卢素萍,马香丽,等. 井筒化学生热解堵技术的研究与应用. 清洗世界,2008,24(9):32-34.

[187] 潘昭才,黄时祯,任广今,等. 化学生热清蜡体系试验及其矿场应用. 国外油田工程,2006,22(5):19-21.

[188] Sun X,Wang S,Bai Y,et al. Rheology and convective heat transfer properties of borate cross-linked nitrogen foam fracturing fluid. Heat Transfer Engineering,2011,32(1):69-79 .

[189] Wu J,Zhang N,Wu X,et al. Experimental research on a new encapsulated heat-generating hydraulic fracturing fluid system. Chinese Journal of Geochemistry,2006,25(2):162-166.

[190] Busch A,Gensterblum Y. CBM and CO_2-ECBM related sorption processes in coal: A review. International Journal of Coal Geology,2011,87(2):49-71.

[191] Fujioka M,Yamaguchi S,Nako M. CO_2-ECBM field tests in the Ishikari coal basin of Japan. International Journal of Coal Geology,2010,82(3):287-298.

[192] Clarkson C R, Bustin R M. Binary gas adsorption/desorption isotherms: Effect of moisture and coal composition upon carbon dioxide selectivity over methane. International Journal of Coal Geology, 2000, 42(4): 241-271.

[193] Arri L E, Dan Y, Morgan W D, et al. Modeling Coalbed Methane Production With Binary Gas Sorption. Texas: Society of Petroleum Engineers, 1992.

[194] Yukuo Katayama. Study of coalbed methane in Japan//Proceedings of United Nations International Conference on Coalbed Methane Development and Utilization. Beijing: Coal Industry Press, 1995.

[195] 吴世跃, 郭勇义. 注气开采煤层气增产机制的研究. 煤炭学报, 2001, 26(2): 199-203.

[196] 徐龙君, 刘成伦, 鲜学福. 注入增产法提高煤层气采收率的理论探讨. 重庆大学学报, 2000, 23(6): 42-44.

[197] 马志宏, 郭勇义, 吴世跃. 注入二氧化碳及氮气驱替煤层气机理的实验研究. 太原理工大学学报, 2001, 32(4): 335-338.

[198] 唐书恒, 韩德馨. 用多元气体等温吸附成果评价煤层气开发潜力. 中国矿业大学学报, 2002, 31(6): 630-633.

[199] 唐书恒, 马彩霞, 叶建平, 等. 注二氧化碳提高煤层甲烷采收率的实验模拟. 中国矿业大学学报, 2006, 35(5): 607-611.

[200] 谷春雷, 徐涛, 王瑞杰. 氮气助返排解堵技术. 油气田地面工程, 2010, 29(5): 64.

[201] 郑义平, 冉照辉, 乔东宇, 等. 液氮伴注水基泡沫压裂液技术在苏 77 井区的应用. 新疆石油天然气, 2011, 7(2): 59-63.

[202] 董贤勇. 氮气泡沫入井液体系研究及应用. 青岛: 中国石油大学(华东), 2005.

[203] 王志云. 氮气泡沫在油气井排液中的应用. 科技信息. 2009, (35): 1066, 1129.

[204] Liu D, Fan M, Yao L, et al. A new fracturing fluid with combination of single phase microemulsion and gelable polymer system. Journal of Petroleum Science and Engineering, 2010, 73(3-4): 267-271.

[205] 程秋菊, 胡艾国, 熊佩, 等. 氮气泡沫压裂液用作煤层气井性能研究. 应用化工, 2011, 40 (10): 1676-1680.

[206] 陈安定. 排烃机理及厚度探讨. 复杂油气藏, 2010, 3(3): 1-5.

[207] 陈章明. 泥质生油岩成岩微裂缝的形成及其排烃意义. 东北石油大学学报, 1980, (2): 33-37.

[208] 郝石生, 柳广弟. 油气初次运移的模拟模型. 石油学报, 1994, (2): 21-31.

[209] Busch A, Gensterblum Y, Krooss B M. Methane and CO_2 sorption and desorption measurements on dry Argonne premium coals: Pure components and mixture. International Journal of Coal Geology, 2003, 55, 205-224.

[210] 吴建光, 叶建平, 唐书恒. 注入 CO_2 提高煤层气产能的可行性研究. 高校地质学报, 2004, 10(3): 463-467.

[211] 马小燕, 刘秀英. 二氧化氯的应用研究与进展. 环境与健康杂志, 1998, (2): 48-51.

[212] 樊世忠, 王彬. 二氧化氯解堵技术. 钻井液与完井液, 2005, (s1): 113-116, 130.

［213］余海棠,郝世彦,赵晨虹,等. 二氧化氯复合解堵技术. 断块油气田,2009,16(6):112-114.

［214］黄君礼. 新型水处理剂:二氧化氯技术及其应用. 北京:化学工业出版社,2000.

［215］Larry F G. Novel method of generation of chlorine dioxide. Oxford:Miami University,1995.

［216］Cowley G,Lipsztain M,Edward J B,et al. Reduction of salt-cake and production of caustic from a chlorine dioxide generator//TAPPI 1995 Pulping Conference Proceeding. Chicago, Illinois:TAPPI,1995:157-164.

［217］陆必泰,胡仁志,张旭光. 稳定性 ClO_2 溶液的制备及其应用工艺研究. 武汉科技学院学报,2003,16(4):58-62.

［218］崔广华,孙晓然. 稳定性二氧化氯制备新工艺. 河北理工学院学报,1998(4):71-74.

［219］Liang C,Bruell C J,Marley M C,et al. Persulfate oxidation for in situ remediation of TCE. I. Activated by ferrous ion with and without a persulfate-thiosulfate redox couple. Chemosphere,2004,55(9):1213-1223.

［220］Liang C,Bruell C J,Marley M C,et al. Persulfate oxidation for in situ remediation of TCE. II. Activated by chelated ferrous ion. Chemosphere,2004,55(9):1225-1233.

［221］Tsitonaki A,Smets B F,Bjerg P L. Effects of heat activated persulfate oxidation on soil microorganisms. Water Research,2008,42(4/5):1013-1022.

［222］Deng J,Shao Y,Gao N,et al. Thermally activated persulfate (TAP) oxidation of antiepileptic drug carbamazepine in water. Chemical Engineering Journal,2013,228(28):765-771.

［223］Lin Y,Liang C,Chen J H. Feasibility study of ultraviolet activated persulfate oxidation of phenol. Chemosphere,2011,82(8):1168-1172.

［224］孙威,赵勇胜,杨玲,等. 过硫酸铵活化技术处理水中 BTEX 及其动力学. 安徽农业大学学报,2012,39(3):446-450.

［225］左传梅. Fe(II)活化过硫酸盐高级氧化技术处理燃料废水研究. 重庆:重庆大学,2012.

［226］Huie R E,Clifton C L,Neta P. Electron transfer reaction rates and equilibria of the carbonate and sulfate radical anions. International Journal of Radiation Applications and Instrumentation Part C Radiation Physics and Chemistry,1991,38(5):477-481.

［227］郭红玉,苏现波,陈俊辉,等. 二氧化氯对煤储层的化学增透实验研究. 煤炭学报,2013,38(4):633-636.

［228］郭红玉,拜阳,夏大平,等. 二氧化氯对煤储层物性改变的机理研究. 煤田地质与勘探,2015,43(1):26-29.

［229］Schoell M. Multiple origins of methane in the earth. Chemical Geology,1988,71(1-3):1-10.

［230］Penner T J,Foght J M,Budwill K. Microbial diversity of western Canadian subsurface coal beds and methanogenic coal enrichment cultures. International Journal of Coal Geology,2010,82(1/2):81-93.

［231］Ahmed M,Smith J W. Biogenic methane generation in the degradation of eastern Australian Permian coal. Organic Geochemistry,2011,32(1):163-180.

[232] Kotarba M J. Composition and origin of coalbed gases in the upper Silesian and Lubin basins,Poland. Organic Geochemistry,2001,32:163-180.

[233] Carol I B, Tim A M. Secondary biogenic coal seam gas reservoirs in New Zealand:A preliminary assessment of gas contents. International Journal of Coal Geology,2008,76: 151-165.

[234] 秦勇,唐修义,叶建平,等. 中国煤层甲烷碳同位素特征及成因探讨. 中国矿业大学学报, 2000,29(2):113-119.

[235] 郭红玉,苏现波,陈润. 煤层气的微生物分馏效应. 中国煤层气,2007,4(2):20-22.

[236] 陶明信,王万春,解光新,等. 中国部分煤田发现的次生生物成因煤层气. 科学通报,2005, 50(S1):14-18.

[237] 王一兵,赵双友,刘红兵,等. 中国低煤阶煤层气勘探探索——以沙尔湖凹陷为例. 天然气 工业,2004,24(5):21-23.

[238] Scott A R. Thermogenic and secondary biogenic gases,San Juan Basin,Colorado and New Mexico——Implications for coalbed gas producibility. AAPG Bulletin, 1994, 78: 1186-1209.

[239] Green M S,Flanegan K C,Gilcrease P C. Characterization of a methanogenic consortium enriched from a coalbed methane well in the Powder River Basin,U. S. A. International Journal of Coal Geology,2008,76(1-2):34-45.

[240] Tao M,Wang W,Xie G,et al. Secondary biogenic coalbed gas in some coal fields of China. Science Bulletin,2005,50(1):24-29.

[241] Faiz M,Stalker L,Sherwood N,et al. Bioenhancement of coal bed methane resources in the southern Sydney Basin. APPEA Journal,2003,(43/1):595-610.

[242] Smith J W,Pallasser R J. Microbial origin of Australian coalbedmethane. AAPG Bulletin, 1996,80(6):891-897.

[243] Fakoussa R M. Coal a substrate for microorganism:Investigation with microbial conversion of national coal. Bonn:Friedrich Wilhelms University,1981.

[244] Laborda F,Fernández M,Luna N. Study of the mechanisms by which microorganisms solubilize and/or liquefy Spanish coals. Fuel Processing Technology,1997,52:95-107.

[245] Cohen A,van Gernert J M,Zoetemeyer R J,et al. Main characteristics and stoichiometric spects of acidogenesis of soluble carbohydrate containing wasterwater. ProcBiochem, 1984,19:228-237.

[246] Ren N,Wang B,Huang J. Ethanol-type Fermentation from Carbohydrate in High Rate Acidogenic reactor. Biotechnol &. Bioeng,1997,54:428-433.

[247] 郭红玉,罗源,马俊强,等. 不同煤阶煤的微生物增透效果和机理分析. 煤炭学报,2014,39 (9):1886-1891.

[248] 倪晓明,苏现波,张小东. 煤层气开发地质学. 北京:化学工业出版社,2010.

[249] Fairhurst D L,Indriati S,Reynolds B W. Advanced technology completion strategies for marginal tight gas sand reservoirs:A production optimization case study in south Texas.

Journal of the American statistical Association,2007,25(169):56-57.

[250] Xu C,Komg Y,You Z,et al. Review on formation damage mechanisms and processes in shale gas reservoir:Known and to beknown. Journal of Natural Gas Science and Engineering,2016,3:96.

[251] Civan F. Reservoir formation damage:Fundamentals, modelling, assessment, and mitigation. Gulf Professional Publisher,2007.

[252] 石京平,宫文超,曹维政,等. 储层岩石速敏伤害机理研究. 成都理工大学学报(自然科学版),2003,(5):501-504.

[253] Kang Y,Xu C,You L,et al. Comprehensive evaluation of formation damage induced by working fluid loss in fractured tight gas reservoir. Journal of Natural Gas Science & Engineering,2014,18(18):353-359.

[254] Tao M,Wang W,Xie G,et al. Secondary biogenic coalbed gas in some coal fields of China. Science Bulletin,2005,50(1):24-29.

[255] 林光荣,邵创国,徐振锋. 低渗气藏水锁伤害及解除方法研究. 2002低渗透油气储层研讨会论文摘要集. 2002:117-118.

[256] Holditch S A. Factors affecting water blocking and gas flow hydraulically fractured gas wells. Journal of Petroleum Technology,1978,31(12):1515-1524.

[257] MirzaeiPaiaman A,Masihi M. Moghadasi J. Formation damage through aqueous phase trapping:A review of the evaluating methods. Petroleum Science & Technology,2011,29(11):1187-1196.

[258] Bennion D B,Thomas F B,Ma T. Formation damage processes reducing productivity of low permeability gas reservoirs. SPE,2000.

[259] 杨永利. 低渗透油藏水锁伤害机理及解水锁实验研究. 西南石油大学学报(自然科学版),2013,35(3):137-141.

[260] 范宜仁,任海涛,邓少贵,等. 毛细管理论在低阻油气层油气运移与聚集机理中的应用. 测井技术,2004,28(2):104-107.

[261] Bennion D B,Thomas F B. Formation damage issues impacting the productivity of low permeability,low initial water saturation gas producing formations. Journal of Energy Resources Technology,2005,127,240-246.

[262] Amabeoku M O,Kersey D G,BinNasser R H,et al. Relative permeability coupled saturation-height models based on hydraulic flow units in a gas field. SPE Reservoir Evaluation and Engineering,2008,11(16):1013-1028.

[263] Behr A,Mtchedlishvili G,Friedel T,et al. Consideration of damaged zone in a tight gas reservoir model with a hydraulically fractured well. SPE Production & Operations,2006,21(2):206-211.

[264] 游利军,康毅力,陈一健,等. 含水饱和度和有效应力对致密砂岩有效渗透率的影响. 天然气工业,2004,(12):105-107.

[265] 曾伟,陈舒,向海洋. 异常低含水饱和度储层的水锁损害. 天然气工业,2010,(7):42-44.

[266] 王瑞飞,陈军斌,孙卫. 特低渗透砂岩油田开发贾敏效应探讨:以鄂尔多斯盆地中生界延长组为例. 地质科技情报,2008,(5):82-86.

[267] 李劲峰,曲志浩,孔令荣. 贾敏效应对低渗透油层有不可忽视的影响. 石油勘探与开发, 1999,(2):93-95.

[268] 阎荣辉,唐洪明,李皋,等. 地层水锁损害的热处理研究. 西南石油学院学报,2003,(6): 16-18.

[269] Li G,Meng Y,Tang H. Clean up water blocking in gas reservoirs by microwave heating: Laboratory studies. SPE,2006.

[270] 崔晓飞. 水锁伤害影响因素分析及解除方法研究现状. 内蒙古石油化工,2011,(10): 16-18.

[271] Bang V,Yuan C,Pope G A,et al. Improving productivity of hydraulically fractured gas condensate wells. Offshore Technology Conference,Houston,2008.

[272] 金家锋,王彦玛,马汉卿. 气湿性纳米 SiO_2 颗粒对岩心润湿反转剂解水锁机理. 钻井液与完井液,2015,32(6):5-9.

[273] 马洪兴,史爱萍,王志敏,等. 低渗透砂岩油藏水锁伤害研究. 石油钻采工艺,2004,(4): 49-51.

[274] Bazin B,Peysson Y,Lamy F,et al. In-situ water-blocking measurements and interpretation related to fracturing in tight gas reservoirs. SPE Production and Operations,2010,25(4): 431-437.

[275] 黄维安,邱正松,王彦祺,等. 煤层气储层损害机理与保护钻井液的研究. 煤炭学报,2012, (10):1717-1721.

[276] 李金海,苏现波,林晓英,等. 煤层气井排采速率与产能的关系. 煤炭学报,2009,34(3): 376-380.

[277] 程乔. 沁南煤层气井排采储层伤害的耦合机理. 淮南:安徽理工大学,2015.

[278] 袁安意. 煤层气井煤粉产出规律实验研究. 青岛:中国石油大学(华东),2014.

[279] 张群,冯三利,杨锡禄. 试论我国煤层气的基本储层特点及开发策略. 煤炭学报,2001, (3):230-235.

[280] 郭红玉,苏现波. 煤层注水抑制瓦斯涌出机理研究. 煤炭学报,2010,35(6):928-931.

[281] 贺承祖,胡文才. 浅谈水锁效应与储层伤害. 天然气工业,1994,(6):36-38.

[282] 周小平,孙雷,陈朝刚. 低渗透气藏水锁效应研究. 特种油气藏,2005,12(5):52-54.

[283] Gunter W D,Gentzis T,Rottenfusser B A,et al. Deep coalbed methane in Alberta,Canada: A fuel resource with the potential of zero greenhouse gas emissions. Energy Conversion and Management,1997,38(96):217-222.

[284] Beaton A,Langenberg W,Pană C. Coalbed methane resources and reservoir characteristics from the Alberta Plains,Canada. International Journal of Coal Geology,2006,65:93-113.

[285] 吕彦清. 水基压裂液添加剂的研究与应用. 兰州:兰州理工大学,2011.

[286] 李建兵,张星,张君,等. 双子表活剂解除低渗透油藏水锁伤害实验研究. 重庆科技学院学报:自然科学版,2014,16(3):29-31.

［287］刘利. 复配表面活性剂减缓低渗透储层水锁效应的实验研究. 青岛：中国海洋大学，2011.

［288］廖锐全，徐永高，胡雪滨. 水锁效应对低渗透储层的损害及抑制和解除方法. 天然气工业，2002，22(6)：87-89.

［289］左景栾，吴建光，张平，等. 煤层气井新型清洁压裂液研究与应用分析. 中国煤层气，2015，(5)：9-13.

［290］夏亮亮，周明，张灵，等. 两性/阴离子表面活性剂清洁压裂液性能评价. 油田化学，2015，(3)：341-344.

［291］卢义玉，杨枫，葛兆龙，等. 清洁压裂液与水对煤层渗透率影响对比试验研究. 煤炭学报，2015，40(1)：93-97.

［292］姜伟. 煤层气储层压裂用微乳液助排剂及高效返排研究. 北京：中国科学院大学，2014.

［293］胡友林. 沁端区块 3♯煤层气储层损害机理及钻井液与完井液技术研究. 北京：中国地质大学，2015.

［294］刘谦. 水力化措施中的水锁效应及其解除方法实验研究. 徐州：中国矿业大学(徐州)，2014.

［295］赵春鹏，李文华，张益，等. 低渗气藏水锁伤害机理与防治措施分析. 断块油气田，2004，11(3)：45-46.

［296］曹彦超，曲占庆，郭天魁，等. 水基压裂液的储层伤害机理实验研究. 西安石油大学学报：自然科学版，2016，31(2)：87-92.

［297］GB/T 19560-2008. 煤的高压等温吸附试验方法.

［298］GB/T 19559-2008. 煤层气含量测定方法.

［299］郎伟伟. 变形煤的微观结构特征及其吸附相应. 焦作：河南理工大学，2016.

［300］Ouyang Z H, Elsworth D, LI Q. Characterization of hydraulic fracture with inflated dislocation moving within a semi-infinite medium. Journal of China University of Mining & Technology, 2007, 17(2):220-225.

［301］杨秀夫，刘希圣，陈勉，等. 国内外水压裂缝几何形态模拟研究的发展现状. 石油工程，1997，9(6)：8-11.

［302］Perkins T K, Kern L R. Widths of hydraulic fractures. Society of Petroleum Engineers, 1961, 13(9):369-390.

［303］Geertsma J, Klerk F D. A rapid method of predicting width and extent of hydraulically induced fractures. Journal of Petroleum Technology. 1969, 21(12):1571-1581.

［304］Daneshy A A. On the design of vertical hydraulic fractures. Journal of Petroleum Technology, 1973, 25(1):83-97.

［305］Nordgren R P. Propagation of a vertical hydraulic fracture. Society of Petroleum Engineers Journal, 1972, 12(4):306-314.

［306］Carter R D. Derivation of the general equation for estimating the extent of the fractured area. Drilling and Prod. API, 1957:261-270.

［307］Williams B B. Fluid loss from hydraulically induced fractures. Journal of Petroleum Technology, 1970, 22:882.

[308] Eekelen V. Hydraulic fracture geometry: Fracture containment in layered formations. Society of Petroleum Engineers Journal, 1982, 22(3): 341-349.

[309] Clifton R J, Abou-Sayed A S. On the computation of the three-dimensional geometry of hydraulic fractures. British Journal of Pharmacology, 1979, 43(2): 452-453.

[310] Cleary M P, Michael K, Lam K Y. Development of a fully three-dimensional simulator for analysis and design of hydraulic fracturing. Society of Petroleum Engineers of Aime Spe, 1983.

[311] 杨秀夫, 刘希圣. 国内外水力压裂技术现状及发展趋势. 钻采工艺, 1998, (4): 21-25.

[312] 朱争, 谌军. 压裂新技术、新工艺在青海油田的应用. 硅谷, 2013, 20: 126-127.

[313] 刘艳艳, 刘大伟, 刘永良, 等. 水力压裂技术研究现状及发展趋势. 钻井液与完井液, 2011, 28, (3): 75-78.

[314] Maxwell S C, Urbancic T I, Steinsberger N, et al. Microseismic imaging of hydraulic fracture complexity in the barnett shale// SPE Annual Technical Conference and Exhibition. Society of Petroleum Engineers, 2002.

[315] Fisher M K, Wright C A, Davidson B M, et al. Integrating fracture mapping technologies to optimize stimulations in the barnett shale. SPE Production & Facilities, 2005, 20(2): 85-93.

[316] Fisher M K, Heinze J R, Harris C D, et al. Optimizing horizontal completion techniques in the barnett shale using microseismic fracture mapping. Society of Petroleum Engineers, 2004.

[317] Mayerhofer M J, Lolon E P, Youngblood JE, et al. Integration of microseismic-fracture-mapping results with numerical fracture network production modeling in the Barnett shale//Society of Petroleum Engineers. New York: SPE, 2006.

[318] Mayerhofer M J, Lolon E, Warpinskin R, et al. What is Stimulated Reservoir volume. SPE Production and Operations, 2010, 25(1): 89-98.

[319] Chipperfields T, Wong J R, Warner D S, et al. Shear dilariondiagnostion: A new approach for evaluating tight gas stimulation treatments. 2007.

[320] 才博, 丁云宏, 卢拥军, 等. 提高改造体积的新裂缝转向压裂技术及其应用. 油气地质与采收率, 2012, (5): 108-110, 118.

[321] 胡永全, 贾锁刚, 赵金洲, 等. 缝网压裂控制条件研究. 西南石油大学学报(自然科学版), 2013, 35(4): 126-132.

[322] 雷群, 胥云, 蒋廷学, 等. 用于提高低-特低渗透油气藏改造效果的缝网压裂技术. 石油学报, 2009, 30(2): 237-241.

[323] 吴奇, 胥云, 王腾飞, 等. 增产改造理念的重大变革——体积改造技术概论. 天然气工业, 2011, 31(4): 7-12.

[324] 陈守雨, 刘建伟, 龚万兴, 等. 裂缝性储层缝网压裂技术研究及应用. 石油钻采工艺, 2010, 32(6): 67-71.

[325] 才博, 丁云宏, 卢拥军, 等. 非常规储层体积改造中岩石脆性特征的判别方法. 重庆科技学院学报(自然科学版), 2012, (5): 86-88.

[326] 周小平,张永兴,朱可善. 单轴拉伸条件下岩石本构理论研究. 岩土力学,2003,4(S2): 143-147.

[327] 朱万成,唐春安,杨天鸿,等. 岩石破裂过程分析(RFPA2D)系统的细观单元本构关系及验证. 岩石力学与工程学报,2003,22(1):24-29

[328] 梁正召,唐春安,张永彬,等. 岩石三维破裂过程的数值模拟研究. 岩石力学与工程学报, 2006,25(5):931-936.

[329] Wang L,Lu Z L,Gao Q. A numerical study of rock burstdevelopment and strain energy release. InternationalJournal of Mining Science and Technology,2012,22(5):675-680.

[330] Krajcinovic D. Damage mechanics. North Holland:Elsevier,1996.

[331] 周小平,张永兴,朱可善. 单轴拉伸条件下细观非均匀性岩石本构关系研究. 土木工程学报,2005,38(3):87-93.

[332] Wang L,Liao M C,Yang J H,et al. Numerical study on strain energy release of rockburst in tunnel. Journal of the China Railway Society,2012,34(1):109-114.

[333] Krajcinovic D, Silva M A G. Statistical aspects of the continuous damage theory. International Journal of Solids and Structures,1982,18(7):551-562.

[334] 徐卫亚,韦立德. 岩石损伤统计本构模型的研究. 岩石力学与工程学报,2002,21(6): 787-791.

[335] 曹文贵,赵明华,刘成学. 岩石损伤统计强度理论研究. 岩土工程学报,2004,26(6): 820-823.

[336] 曹文贵,赵明华,刘成学. 基于统计损伤理论的摩尔-库仑岩石强度判据修正方法之研究. 岩石力学与工程学报,2005,24(14):2403-2408.

[337] 杨圣奇,徐卫亚,韦立德,等. 单轴压缩下岩石损伤统计本构模型与试验研究. 河海大学学报(自然科学版),2004,32(2):200-203.

[338] 俞茂宏. 统一强度理论新体系:理论. 发展和应用. 西安:西安交通大学出版社,2012.

[339] 茂木清夫,刘文斌. 一般三轴压缩下岩石的流动和破裂. 应用数学和力学,1981,2(6): 585-597.

[340] 许东俊,耿乃光. 岩石强度随中间主应力变化规律. 固体力学学报,1985,3(1):72-80.

[341] 李庆斌. 混凝土静、动力双剪损伤本构理论. 水利学报,1995,2:27-34.

[342] 邵长江,吴永红,钱永久. 基于五参数统一强度理论的刚构桥地震损伤分析. 应用力学学报,2007,24(1):97-101.

[343] 李杭州,廖红建,盛谦. 基于统一强度理论的软岩损伤统计本构模型研究. 岩石力学与工程学报,2006,25(7):1331-1336.

[344] 王利,高谦. 基于强度理论的岩石损伤弹塑性模型. 北京科技大学学报,2008,30(5): 461-467.

[345] 赵磊. 重复压裂技术. 东营:中国石油大学出版社,2008.

[346] 中国航空研究院. 应力强度因子手册. 北京:科学出版社,1993.

[347] 刘洪,胡永全,赵金洲,等. 重复压裂气井三维诱导应力场数学模型. 石油钻采工艺,2004, 26(2):57-61.

[348] Khristianovic S A,Zheltov Y P. Formation of vertical fractures by means of highly viscous liquid//Proceedings of the fourth world petroleum congress. Rome,1995:579-586.

[349] Geertsma J,Klerk F D. A rapid method of predicting width and extent of hydraulically induced fractures. Journal of Petroleum Technology,1969,21(12):1571-1581.

[350] Abé H,Mura T,Keer L M. Growth rate of a penny-shaped crack in hydraulic fracturing of rocks. Journal of Geophysical Research Atmospheres,1976,81(29):5335-5340.

[351] Sneddon I N. The distribution of stress in the neighborhood of a crack in an elastic solid. Proceedings of the Royal Society A,1946,187(1):229-260.

[352] Sneddon I N,Elliot H A. The opening of a Griffith crack under internal pressure. Quartrly of Applied Mathematics,1946,4:262-267.

[353] Settari A,Cleary M P. Development and testing of a pseudo-three-dimensional model of hydraulic fracture geometry. SPE Production Engineering,1981,281:449-466.

[354] Morales R H,Abou-Sayed A S,Morales R H,et al. Microcomputer analysis of hydraulic fracture behavior with a pseudo-three-dimensional simulator. SPE Production Engineering, 1989,4:1(4):69-74.

[355] Chen Z,Bunger A P,Zhang X,et al. Cohesive zone finite element-based modeling of hydraulic fractures. Acta Mechanica Solida Sinica,2009,22(5):443-452.

[356] 薛炳,张广明,吴恒安,等. 油井水力压裂的三维数值模拟. 中国科学技术大学学报,2008, 38(11):1322-1347.

[357] 张广明,刘合,张劲,等. 油井水力压裂流-固耦合非线性有限元数值模拟. 石油学报, 2009,30(1):113-116.

[358] 王瀚,刘合,张劲,等. 水力裂缝的缝高控制参数影响数值模拟研究. 中国科学技术大学学报,2011,41(9):820-825.

[359] 彪仿俊,刘合,张士诚,等. 水力压裂水平裂缝影响参数的数值模拟研究. 工程力学,2011, 28(10):228-36.

[360] 潘林华,张士诚,张劲,等. 基于流-固耦合的压裂裂缝形态影响因素分析. 西安石油大学学报,2012,27(3):76-81.

[361] 张汝生,王强,张祖国,等. 水力压裂裂缝三维扩展 ABAQUS 数值模拟研究. 石油钻采工艺,2012,34(6):69-73.

[362] Mohammadnejad T,Khoei A R. An extended finite element method for hydraulic fracture propagation in deformable porous media with the cohesive crack model. Finite Elements in Analysis & Design,2013,73(15):77-95.

[363] Gordeliy E,Peirce A. Implicit level set schemes for modeling hydraulic fractures using the XFEM. Computer Methods in Applied Mechanics & Engineering, 2013, 266 (11): 125-143.

[364] Gordeliy E,Peirce A. Coupling schemes for modeling hydraulic fracture propagation using the XFEM. Computer Methods in Applied Mechanics & Engineering, 2013, 253 (1): 305-322.

[365] Gordeliy E, Peirce A. Enrichment strategies and convergence properties of the XFEM for hydraulic fracture problems. Computer Methods in Applied Mechanics & Engineering, 2015, 283(283):474-502.

[366] 杨天鸿,唐春安,梁正超,等. 脆性岩石破裂过程损伤与渗流耦合数值模拟研究. 力学学报,2003,35(5):533-541.

[367] 李连崇,梁正超,李根,等. 水力压裂裂缝穿层及扭转扩展的三维模拟分析. 岩石力学与工程学报,2010,29(S1):3208-3216.

[368] 刘东,许江,尹光志,等. 多场耦合煤矿动力灾害大型模拟试验系统研制与应用. 岩石力学与工程学报,2013,32(5):966-975.

[369] 刘东,许江,尹光志,等. 多场耦合煤层气开采物理模拟试验系统的研制和应用. 岩石力学与工程学报,2014,33(S2):3505-3514.

[370] Rhein T, Loayza M, Kirkham B, et al. Channel fracturing in horizontal wellbores:The new edge of stimulation techniques in the Eagle Ford formation//SPE Annual Technical Conference and Exhibition 30 October-2 November 2011, Denver, Colorado, USA.

[371] Johnson J, Turner M, Weinstock C, et al. Channel fracturing-a Paradigm Shift in sight gas stimulation//SPE Hydraulic Fracturing Technology Conference, 24-26 January 2011, The Woodlands, Texas, USA.

[372] 朱可尚. 油井端部脱砂压裂技术研究. 上海:上海交通大学,2005.

[373] 吴奇. 水平井体积压裂改造技术(总册). 北京:石油工业出版社,2013.

[374] 王怀. 反循环空气动力煤储层改造技术在煤层气勘查开发中的应用研究. 焦作:河南理工大学,2011.

[375] 王永华. 五阳煤矿煤层气先导性抽采试验地质设计. 山西潞安环能股份有限公司,2011.

[376] 郑科宁,张遂安. 山西潞安环能股份有限公司五阳矿井田煤层气(煤矿瓦斯)地面抽采技术方案. 中国石油大学(北京)煤层气研究中心,2011.

[377] 曹运兴. 潞安矿区煤层气井储层保护压裂增产开发工艺技术研究. 山西潞安矿业(集团)有限公司 & 河南理工大学,2013.